光盘使用说明

U0321198

光盘主要内容

本光盘为《AutoCAD 2014应用与开发系列》丛书的配套多媒体教学光盘，光盘中的内容包括与图书内容同步的视频教学录像、相关素材和源文件以及多款CAD设计软件。

光盘操作方法

将DVD光盘放入DVD光驱，几秒钟后光盘将自动运行。如果光盘没有自动运行，可双击桌面上的【我的电脑】图标，在打开的窗口中双击DVD光驱所在盘符，或者右击该盘符，在弹出的快捷菜单中选择【自动播放】命令，即可启动光盘进入多媒体互动教学光盘主界面。

光盘运行后会自动播放一段片头动画，若您想直接进入主界面，可单击鼠标跳过片头动画。

光盘运行环境

★ 赛扬1.0GHz以上CPU

★ 512MB以上内存

★ 500MB以上硬盘空间

★ Windows XP/Vista/7/8操作系统

★ 屏幕分辨率1024×768以上

★ 8倍速以上的DVD光驱

- 打开案例的源文件
- 打开案例的视频教学文件
- 打开赠送的CAD设计软件
- 阅读丛书内容介绍
- 点击进入丛书支持站点
- 点击打开问题反馈邮件
- 退出光盘学习

查看案例的源文件

图 — 01

图 — 02

光盘使用说明

●   **\DWG\【常用图形】文件夹：**提供了机械设计时常用的图形文件，其中包括螺栓与螺母、螺钉、轴承、密封件、弹簧、型钢、油杯、泵与马达以及电机等设计图形。

    \DWG\【国家标准】文件夹：提供了两个文件，其中"GB/T 14665—1998机械工程CAD制图规则.pdf"文件为国家标准《机械工程CAD制图规则》(GB/T 14665—1998)；"GB/T 131—93表面粗糙度符号代号及其注法.pdf"文件为国家标准《机械制图表面粗糙度符号、代号及其注法》(GB/T 131—93)，供读者参考。

查看案例的视频教学文件

图 - 01

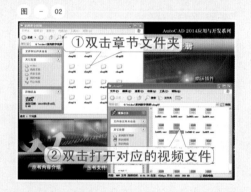

图 - 02

图 - 03

    本说明是以**Windows Media Player**为例，给用户演示视频的播放，在播放界面上单击相应的按钮，可以控制视频的播放进度。此外，用户也可以安装其他视频播放软件打开视频教学文件。

查看赠送的CAD设计软件

图 - 01

图 - 02

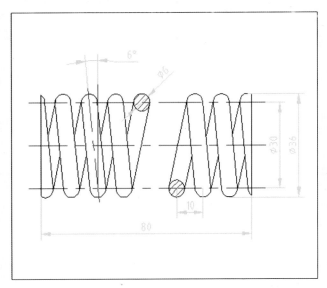

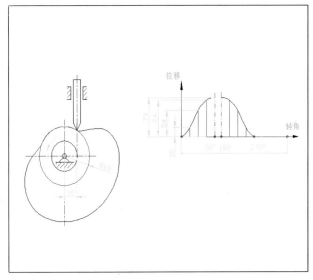

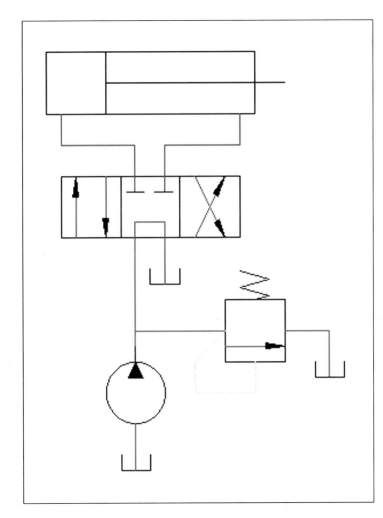

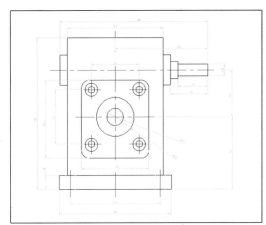

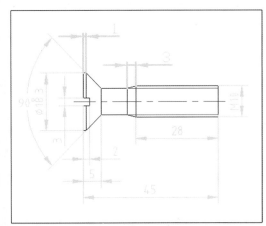

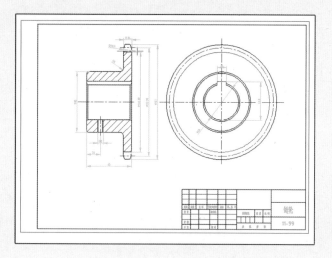

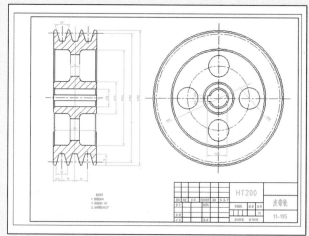

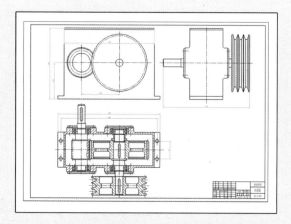

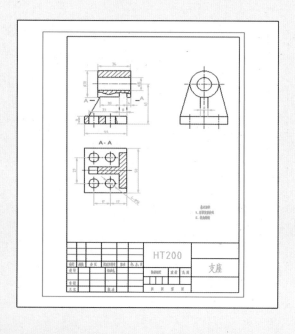

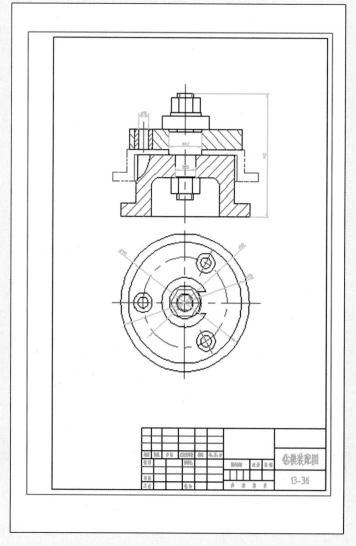

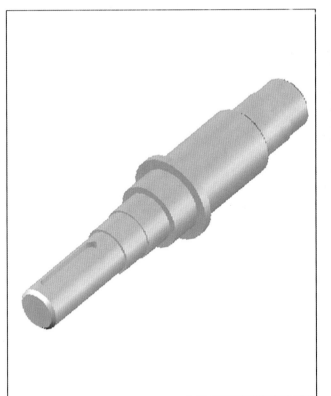

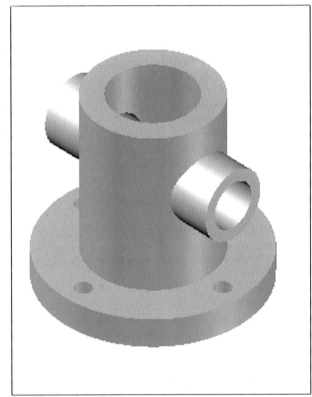

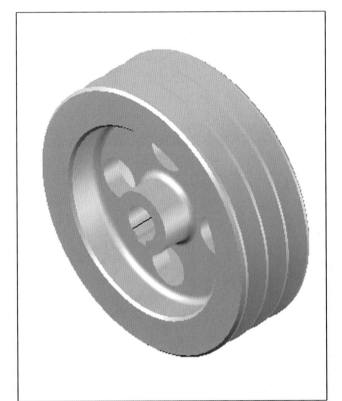

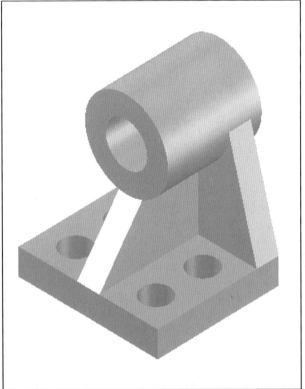

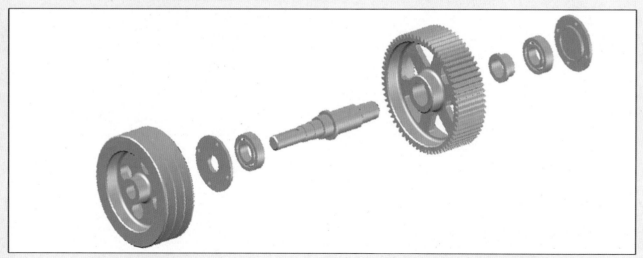

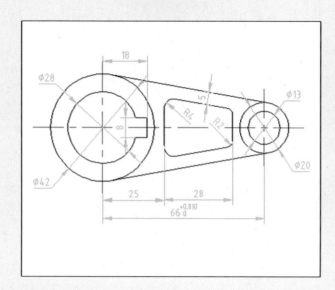

AutoCAD 2014
应用与开发系列

中文版
AutoCAD 2014
机械图形设计

崔洪斌◎编著

清华大学出版社
北　京

内 容 简 介

本书介绍了 AutoCAD 2014 在机械图形绘制方面的应用，内容丰富翔实，具有很高的参考价值。

本书分基础篇和实践篇两部分。基础篇介绍了 AutoCAD 2014 的基本概念与基本操作。其中包括：绘制与编辑二维图形、图层设置、精确绘图、图形显示控制、填充图案、标注文字、创建块与属性、标注尺寸、三维绘图的基本概念与基本操作、创建和编辑三维模型等内容。实践篇循序渐进地介绍了绘制各种常见机械图形的方法与技巧。其中包括：定义样板文件、绘制简单图形、绘制常用标准件和常用零件、将常用图形定义成块和图库、根据零件图绘制装配图、根据装配图拆分零件图、创建零件的三维实体模型、由三维实体模型生成二维图、实体装配等内容。

本书介绍的内容和实例具有很强的实用性、针对性和专业性，可使读者达到举一反三的目的。本书既可作为从事机械设计与制造以及相关专业的工程技术人员的专业参考书，也可以作为高等院校相关专业的教学参考书。

为方便读者的学习，本书随附光盘提供了与书中的大部分绘图实例对应的绘图视频、实例源文件、机械设计常用图形以及机械 CAD 相关规则等。

本书的辅助电子教案可以到 http://www.tupwk.com.cn/AutoCAD 下载，并可以通过该网站进行答疑。

图书在版编目(CIP)数据

中文版 AutoCAD 2014 机械图形设计/崔洪斌 编著. —北京：清华大学出版社，2014
(AutoCAD 2014 应用与开发系列)

ISBN 978-7-302-37665-1

Ⅰ. ①中…　Ⅱ. ①崔…　Ⅲ. ①机械制图—AutoCAD 软件　Ⅳ. ①TH126

中国版本图书馆 CIP 数据核字(2014)第 186467 号

责任编辑：胡辰浩　马玉萍
装帧设计：牛艳敏
责任校对：成凤进
责任印制：杨　艳

出版发行：清华大学出版社
　　　　　网　　　址：http://www.tup.com.cn，http://www.wqbook.com
　　　　　地　　　址：北京清华大学学研大厦 A 座　　　　邮　　　编：100084
　　　　　社 总 机：010-62770175　　　　　　　　　　　邮　　　购：010-62786544
　　　　　投稿与读者服务：010-62776969，c-service@tup. tsinghua. edu. cn
　　　　　质 量 反 馈：010-62772015，zhiliang@tup. tsinghua. edu. cn
印 刷 者：清华大学印刷厂
装 订 者：北京市密云县京文制本装订厂
经　　销：全国新华书店
开　　本：203mm×260mm　印 张：24.5　插 页：4　字　　数：590 千字
　　　　　(附光盘 1 张)
版　　次：2014 年 10 月第 1 版　　　　　　　　　　　印　　次：2014 年 10 月第 1 次印刷
印　　数：1～3500
定　　价：49.00 元

产品编号：054239-01

编审委员会

丛 书 序

出版目的

AutoCAD 2014 版的成功推出,标志着 Autodesk 公司顺利实现了又一次战略性转移。同 AutoCAD 以前的版本相比,在功能方面,AutoCAD 2014 对许多原有的绘图命令和工具都做了重要改进,同时保持了与 AutoCAD 2013 及以前版本的完全兼容,功能更加强大,操作更加快捷,界面更加个性化。

为了满足广大用户的需要,我们组织了一批长期从事 AutoCAD 教学、开发和应用的专业人士,潜心测试并研究了 AutoCAD 2014 的新增功能和特点,精心策划并编写了"AutoCAD 2014 应用与开发"系列丛书,具体书目如下:

- 精通 AutoCAD 2014 中文版
- 中文版 AutoCAD 2014 机械图形设计
- 中文版 AutoCAD 2014 建筑图形设计
- 中文版 AutoCAD 2014 室内装潢设计
- 中文版 AutoCAD 2014 电气设计
- AutoCAD 2014 从入门到精通
- 中文版 AutoCAD 2014 完全自学手册

读者定位

本丛书既有引导初学者入门的教程,又有面向不同行业中高级用户的软件功能的全面展示和实际应用。既深入剖析了 AutoCAD 2014 的核心技术,又以实例形式具体介绍了 AutoCAD 2014 在机械、建筑、电气等领域的实际应用。

涵盖领域

整套丛书各分册内容关联,自成体系,为不同层次、不同行业的用户提供了系统完整的 AutoCAD 2014 应用与开发解决方案。

本丛书对每个功能和实例的讲解都从必备的基础知识和基本操作开始,使新用户轻松入门,并以丰富的图示、大量明晰的操作步骤和典型的应用实例向用户介绍实用的软件技术和应用技巧,使用户真正对所学软件融会贯通、熟练在手。

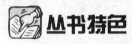 ## 丛书特色

本套丛书实例丰富，体例设计新颖，版式美观，是 AutoCAD 用户不可多得的一套精品丛书。

(1) 内容丰富，知识结构体系完善

本丛书具有完整的知识结构，丰富的内容，信息量大，特色鲜明，对 AutoCAD 2014 进行了全面详细的讲解。此外，丛书编写语言通俗易懂，编排方式图文并茂，使用户可以领悟每一个知识点，轻松地学通软件。

(2) 实用性强，实例具有针对性和专业性

本丛书精心安排了大量的实例讲解，每个实例解决一个问题或是介绍一项技巧，以便使用户在最短的时间内掌握 AutoCAD 2014 的操作方法，解决实践工作中的问题，因此，本丛书有着很强的实用性。

(3) 结构清晰，学习目标明确

对于用户而言，学习 AutoCAD 最重要的是掌握学习方法，树立学习目标，否则很难收到好的学习效果。因此，本丛书特别为用户设计了明确的学习目标，让用户有目的地去学习，同时在每个章节之前对本章要点进行了说明，以便使用户更清晰地了解章节的要点和精髓。

(4) 讲解细致，关键步骤介绍透彻

本丛书在理论讲解的同时结合了大量实例，目的是使用户掌握实际应用，并能够举一反三，解决实际应用中的具体问题。

(5) 版式新颖，美观实用

本丛书的版式美观新颖，图片、文字的占用空间比例合理，通过简洁明快的风格，大大提高了用户的阅读兴趣。

周到体贴的售后服务

如果读者在阅读图书或使用计算机的过程中有疑惑或需要帮助，可以登录本丛书的信息支持网站 http://www.tupwk.com.cn/autocad，也可以在网站的互动论坛上留言，本丛书的作者或技术人员会提供相应的技术支持。本书编辑的信箱：huchenhao@263.net，电话：010-62796045。

前　言

AutoCAD 是美国 Autodesk 公司推出的通用计算机辅助绘图软件包，具有性能优越、使用方便和体系结构开放等特点，深受广大工程技术人员的欢迎。AutoCAD 广泛应用于各个设计领域，并已成为机械设计中应用最为普及的绘图软件之一。

为满足 AutoCAD 用户的需要，Autodesk 公司最近又推出了 AutoCAD 的新版本—— AutoCAD 2014。在原有版本的基础上，其功能得到进一步加强，相信将受到广大 AutoCAD 用户的喜爱。

每当 Autodesk 公司推出新版本的 AutoCAD 后，就会出现众多与之配套的书籍介绍该软件的功能与使用方法，但大部分书籍具有一定的局限性，它们一般按命令分类，逐一介绍如何使用 AutoCAD 的命令，综合应用方面的内容较少，针对性及专业性也较差。因此，用户学完之后，虽然能够掌握基本的 AutoCAD 的绘图功能及操作过程，并能绘制一些图形，但不能很好地结合自己的专业进行绘图设计。在 Autodesk 公司推出 AutoCAD 2014 之际，笔者基于多年的教学经验，结合学员在学习AutoCAD 时普遍存在的问题，特编写此书。

本书分为基础篇和实践篇两部分。基础篇介绍了 AutoCAD 2014 的基本概念与基本操作。其中包括：绘制与编辑二维图形、图层设置、精确绘图、图形显示控制、填充图案、标注文字、创建块与属性、标注尺寸、三维绘图的基本概念与基本操作、创建和编辑三维模型等内容。实践篇循序渐进地介绍了绘制各种常见机械图形的方法与技巧。其中包括：定义样板文件、绘制简单图形、绘制常用标准件和常用零件、将常用图形定义成块和图库、根据零件图绘制装配图、根据装配图拆分零件图、创建零件的三维实体模型、由三维实体模型生成二维图、实体装配等内容。

本书具有以下几个特点。

- 专业性：本书专门针对从事机械类工作的人员编写。
- 实用性：本书介绍的代表性例子多，实用性强。书中首先介绍了用 AutoCAD 2014 进行机械设计时的基本概念和基本操作，然后从简到繁、循序渐进地阐述了绘制各种常见机械图形的方法与技巧。
- 示范性：即使读者对 AutoCAD 知之甚少，只要按照本书中的绘图实例给出的步骤进行操作，就能够绘制出相应的图形，从而逐渐掌握 AutoCAD 2014 的使用方法。另外，本书在介绍各操作实例时，努力做到前后呼应。当前几次使用某个 AutoCAD 命令时，本书会较为详细地介绍其使用方法。在绘图过程中，对于同类型的图形，在不同的例子中，本书有时会采用不同的命令来实现，以使读者能够更全面地掌握 AutoCAD 提供的功能，并对各种方法进行比较。
- 全面性：本书涉及的 AutoCAD 功能较为广泛，介绍的实例涵盖了机械设计中的常见内容。

基于上述特点，相信本书能够帮助读者全面、快速地掌握 AutoCAD 2014 的使用方法和技巧。

对于从事机械类专业的工程技术人员来说，本书极具参考价值。虽然本书以 AutoCAD 2014 为版本进行编写，但书中的许多例子也适用于 AutoCAD 2012 和 AutoCAD 2013 等版本的用户。

除封面署名的作者外，参加本书编写的人员还有陈笑、曹小震、高娟妮、李亮辉、洪妍、孔祥亮、陈跃华、杜思明、熊晓磊、曹汉鸣、陶晓云、王通、方峻、李小凤、曹晓松、蒋晓冬、邱培强等人。由于作者水平所限，本书难免有不足之处，欢迎广大读者批评指正。我们的邮箱是 huchenhao@263.net，电话是 010-62796045。

编　者

2014 年 3 月

目录

目录

第1部分 基 础 篇

中文版 AutoCAD 2014 机械图形设计

第1章 基本概念与基本操作

AutoCAD 是由美国 Autodesk 公司开发的通用计算机辅助绘图软件包，是当今设计领域广泛使用的绘图工具之一。为适应计算机技术的不断发展和用户的设计需要，AutoCAD 自 1982 年诞生以来，先后进行了一系列升级，每次升级都伴随着软件性能的大幅度提高：从最初的基本二维绘图软件发展成为当今集二维绘图、三维绘图、渲染显示及数据库管理等为一体的通用计算机辅助设计软件包。现在，Autodesk 公司又推出了 AutoCAD 的新版本——AutoCAD 2014。该版本的功能得到了进一步提高与完善，深受广大 AutoCAD 用户的喜爱，并为提高用户的 CAD 应用水平作出了新的贡献。

本章主要介绍与 AutoCAD 2014 相关的基本概念和操作方法。其中包括：安装和启动 AutoCAD 2014、AutoCAD 2014 经典工作界面、AutoCAD 命令的执行方式、图形文件管理、点位置的确定方法、绘图基本设置以及 AutoCAD 2014 的帮助功能等。

中文版 AutoCAD 2014 机械图形设计

1.1 安装和启动 AutoCAD 2014

1.1.1 安装 AutoCAD 2014

AutoCAD 2014 软件包以光盘形式提供，光盘中有一个名为 SETUP.EXE 的安装文件。执行 SETUP.EXE 文件(将 AutoCAD 2014 安装盘放入光驱后系统一般会自动执行 SETUP.EXE 文件)，首先弹出如图 1-1 所示的安装初始化界面。经过初始化操作后，会弹出如图 1-2 所示的安装选择界面。单击"安装 在此计算机上安装"选项，即可进行相应的安装操作。

需要说明的是，安装 AutoCAD 2014 时，用户应根据个人需要进行相应的选择。

图 1-1 安装初始化界面 　　　　　　　　　图 1-2 安装选择界面

1.1.2 启动 AutoCAD 2014

安装 AutoCAD 2014 后，系统自动在 Windows 桌面上生成相应的快捷方式图标。双击该图标，即可启动 AutoCAD 2014。与其他 Windows 应用程序一样，用户也可以通过 Windows 资源管理器等启动 AutoCAD 2014。

1.2 AutoCAD 2014 经典工作界面

AutoCAD 2014 提供了 AutoCAD 经典、草图与注释、三维建模和三维基础 4 种工作界面。图 1-3 所示为 AutoCAD 2014 的经典工作界面。

提示

切换工作界面的方法之一：单击状态栏(位于绘图界面的最下面一栏)的"切换工作空间"按钮，AutoCAD 会弹出对应的菜单，如图 1-4 所示，从中选择对应的绘图工作空间即可。

从图 1-3 可以看出，AutoCAD 2014 的经典工作界面主要由标题栏、菜单栏、多个工具栏、绘图文件选项卡、绘图窗口、光标、命令窗口、状态栏、坐标系图标、模型/布局选项卡、滚动条和菜单浏览器等组成。下面对各个组成部分给予简要介绍。

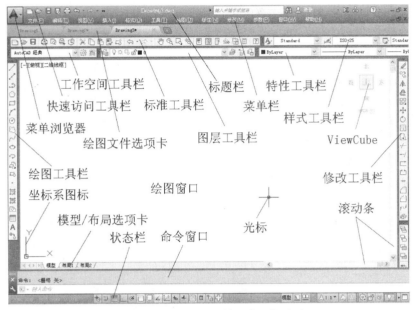

图 1-3　AutoCAD 2014 的经典工作界面

图 1-4　切换工作空间菜单

1. 标题栏

标题栏位于工作界面的最上方，用于显示 AutoCAD 2014 的程序图标以及当前所操作图形文件的名称等。位于标题栏右侧的窗口管理按钮分别用于实现 AutoCAD 2014 窗口的最小化、还原(或最大化)或关闭等。

2. 菜单栏

菜单栏是 AutoCAD 2014 下拉菜单的主菜单。利用 AutoCAD 2014 提供的菜单，可以执行 AutoCAD 的大部分命令。单击菜单栏中的某一选项，会打开相应的下拉菜单。如图 1-5 所示为"修改"下拉菜单(部分)。

AutoCAD 2014 的下拉菜单有以下几个特点。

- AutoCAD 2014 的下拉菜单中，右边有小三角按钮的菜单项，表示它有子菜单。如图 1-5 显示出了"对象"子菜单等。

图 1-5　"修改"下拉菜单(部分)

- AutoCAD 2014 的下拉菜单中，右边有省略号标记的菜单项，表示单击该菜单项后会打开一个对话框。

● AutoCAD 2014 的右边没有内容的菜单项，表示单击后会执行对应的 AutoCAD 命令。

提示

AutoCAD 2014 还提供各种快捷菜单，右击可打开快捷菜单。当前操作不同或光标所处的位置不同，打开的快捷菜单也不同。

3. 工具栏

AutoCAD 2014 提供了许多工具栏。利用这些工具栏中的按钮，可以方便地启动相应的 AutoCAD 命令。默认设置下，AutoCAD 2014 在工作界面上显示"标准"、"样式"、"工作空间"、"快速访问"、"图层"、"特性"、"绘图"和"修改"等工具栏(参见图 1-3)。如果将 AutoCAD 2014 的全部工具栏都打开，实际绘图区域会变得较小。通常，当需要频繁使用某一工具栏时，打开该工具栏；当不使用它们时，将其关闭。

打开或关闭工具栏的操作方法：将光标置于已打开的工具栏上，右击，会弹出一个列有工具栏目录的快捷菜单，在此快捷菜单中选择，即可打开或关闭任意一个工具栏；通过选择与下拉菜单"工具" | "工具栏" | AutoCAD 对应的子菜单命令，也可以打开 AutoCAD 的各工具栏。

AutoCAD 的工具栏可以是浮动的，用户可以将各工具栏拖放到工作界面的任意位置。

4. 绘图文件选项卡

当在 AutoCAD 环境中打开或绘制不同文件名的多个图形时，AutoCAD 会将各图形文件的名称显示在对应的选项卡上。单击某一选项卡，可将该图形文件切换为当前绘图文件。

5. 绘图窗口

绘图窗口类似于手工绘图时的图纸，是用户使用 AutoCAD 2014 绘图并显示所绘图形的区域。

6. 光标

当光标位于绘图窗口时为十字形状，十字线的交点为光标的当前位置。AutoCAD 的光标用于绘图、选择对象、通过菜单或工具栏按钮启动命令等操作。

7. 坐标系图标

坐标系图标通常位于绘图窗口的左下角，表示当前绘图使用的坐标系的形式以及坐标方向等。AutoCAD 提供了世界坐标系(World Coordinate System，WCS)和用户坐标系(User Coordinate System，UCS)。世界坐标系为默认坐标系，且默认时水平向右为 X 轴的正方向，垂直向上为 Y 轴的正方向。

8. 命令窗口

命令窗口是 AutoCAD 显示用户从键盘输入的命令和提示信息的位置。

9. 状态栏

状态栏用于显示或设置当前的绘图状态。状态栏上位于左面的一组数字反映当前光标的坐标，其余按钮从左到右分别表示当前是否启用推断约束、捕捉模式、栅格显示、正交模式、极轴追踪、对象捕捉、三维对象捕捉、对象捕捉追踪、允许/禁止动态 UCS、动态输入以及显示/隐藏线宽等。单击某一按钮可以实现启用或关闭对应功能之间的切换。当按钮为蓝色时，表示启用对应的功能；当按钮为灰色时，则表示关闭该功能。

10. 模型/布局选项卡

模型/布局选项卡用于实现模型空间与图纸空间之间的切换。

11. 滚动条

利用水平和垂直滚动条，可以使图纸沿水平或垂直方向移动，即平移绘图窗口中所显示的内容。

12. 菜单浏览器

AutoCAD 2014 提供了菜单浏览器(参见图 1-3)。单击此菜单浏览器，AutoCAD 会将浏览器展开，如图 1-6 所示。利用该浏览器可以执行 AutoCAD 的相应命令。

提示

利用"工具"菜单的"工作空间"子菜单，如图 1-7 所示，也可以切换绘图工作空间。

图 1-6　菜单浏览器

图 1-7　"工作空间"子菜单

13. ViewCube

ViewCube 是一种导航工具，利用它可以方便地将视图按不同的方位显示。AutoCAD 默认打开 ViewCube，但对于二维绘图而言，此功能的作用不大。可以通过"视图"|"显示"|ViewCube 菜单命令设置是否显示 ViewCube。

1.3 AutoCAD 命令的执行方式

AutoCAD 2014 的功能大多是通过执行相应的命令来完成。一般情况下，可以通过以下方式执行 AutoCAD 2014 的命令。

1. 通过键盘输入命令

当命令窗口中的最后一行提示为"命令:"时，可以通过键盘输入命令，然后通过按 Enter 键或 Space 键的方式来执行该命令，但这种操作方式需要用户牢记 AutoCAD 的各种命令。

2. 通过菜单执行命令

选择下拉菜单中的菜单命令，可执行相应的 AutoCAD 命令。

3. 通过工具栏执行命令

单击工具栏上的按钮，也可执行相应的 AutoCAD 命令。

显然，通过菜单和工具栏来执行命令的方式更加方便、简单。

4. 重复执行命令

当完成某一命令的执行后，如果需要重复执行该命令，除了可以通过上述 3 种方式外，还可以用以下方式重复执行命令。

- 直接按键盘上的 Enter 键或 Space 键。
- 使光标置于绘图窗口，右击，AutoCAD 弹出快捷菜单，并在菜单的第一行显示重复执行上一次所执行的命令，选择此命令即可。

在命令的执行过程中，可以通过按 Esc 键，或通过右击并从弹出的快捷菜单中选择"取消"命令的方式终止 AutoCAD 命令的执行。

1.4 图形文件管理

本节将详细介绍创建新图形、打开已有图形以及保存所绘图形等图形文件管理的操作方法。AutoCAD 图形文件的扩展名为 dwg。

1.4.1　创建新图形

用于创建新图形的命令是 NEW(AutoCAD 的命令不区分大小写，本书统一将命令用大写字母表示)，工具栏按钮为"标准" | ▢(新建)按钮，菜单命令为"文件" | "新建"命令。

执行 NEW 命令，AutoCAD 打开"选择样板"对话框，如图 1-8 所示。

图 1-8　"选择样板"对话框

在该对话框中选择相应的样板(初学者一般选择样板文件 acadiso.dwt 即可)，然后单击"打开"按钮，即可以相应的样板为模板建立新图形。

提示

AutoCAD 的样板文件是扩展名为 dwt 的文件。样板文件上通常包括一些通用图形对象，如图框、标题栏等，还包含一些与绘图相关的标准(或通用)设置，如图层、文字样式及尺寸标注样式的设置等。用户可以根据需要建立自己的样板文件，具体设置方法见第 8 章。

1.4.2　打开图形

用于打开 AutoCAD 图形文件的命令是 OPEN，工具栏按钮为"标准" | ▷(打开)按钮，菜单命令为"文件" | "打开"命令。

执行 OPEN 命令，AutoCAD 会打开"选择文件"对话框，此对话框与图 1-8 类似，只是将"文件类型"改为"图形(*.dwg)"，可通过此对话框确定要打开的文件并将其打开。

AutoCAD 2014 支持多文档操作，既可以同时打开多个图形文件，又可以通过"窗口"下拉菜单中的相应选项指定所打开的多个图形(窗口)的排列形式。

1.4.3　保存图形

AutoCAD 2014 提供了多种将所绘图形保存到文件的方式。

1. 用 QSAVE 命令保存图形

用 QSAVE 命令保存图形是指将当前图形保存到文件。对应的工具栏按钮为"标准"| ▤ (保存)按钮，菜单命令为"文件"|"保存"命令。

执行 QSAVE 命令，如果当前图形没有命名保存过，AutoCAD 会打开"图形另存为"对话框。在该对话框中指定文件的保存位置及名称，然后单击"保存"按钮，即可完成保存图形操作。如果执行 QSAVE 命令前已对当前绘制的图形命名保存过，那么执行 QSAVE 命令后，AutoCAD 直接以原文件名保存图形，不再要求用户指定文件的保存位置和文件名。

2. 换名存盘

换名存盘是指将当前绘制的图形以新文件名存盘，对应的命令是 SAVEAS，菜单命令为"文件"|"另存为"命令。

执行 SAVEAS 命令，AutoCAD 会打开"图形另存为"对话框，用户在其中确定文件的保存位置及文件名即可。

1.5 确定点的位置

用 AutoCAD 2014 绘图时，经常需要指定点的位置，如指定直线段的起点或终点、指定圆或圆弧的圆心等。本节将介绍使用 AutoCAD 2014 绘图时常用的确定点的方法。

绘图过程中，当 AutoCAD 2014 提示用户指定点的位置时，通常用以下 3 种方式确定点。

1. 用鼠标在屏幕上拾取点

移动鼠标，使光标移到相应的位置(AutoCAD 一般会在状态栏动态地显示出光标的当前坐标)，单击鼠标拾取键(一般为鼠标左键)，即可在屏幕上拾取点。

2. 利用对象捕捉方式捕捉特殊点

利用 AutoCAD 提供的对象捕捉功能，用户可以准确地捕捉到一些特殊点，如圆心、切点、中点及垂足点等(详见第 4.2.2、4.2.3 节)。

3. 通过键盘输入点的坐标

用户可以直接通过键盘输入点的坐标。输入时既可采用绝对坐标，也可采用相对坐标，而在每一种坐标方式中又有直角坐标、极坐标、球坐标和柱坐标之分。

1.5.1 绝对坐标

点的绝对坐标是指相对于当前坐标系坐标原点的坐标，有直角坐标、极坐标、球坐标和柱坐标 4 种形式。

1. 直角坐标

直角坐标用点的 X、Y 及 Z 坐标值表示该点，且各坐标值之间用逗号隔开。例如，要指定一个点，其 X 坐标值为 100，Y 坐标值为 28，Z 坐标值为 320，则应在指定点的提示后输入 "100,28,320" (不输入双引号)。

当绘制二维图形时，点的 Z 坐标值为 0，用户不需要指定或输入该坐标值。

2. 极坐标

极坐标用于表示二维点，其表示方法为：距离<角度。其中，距离表示该点与坐标系原点之间的距离；角度表示坐标系原点和该点的连线与 X 轴正方向的夹角。例如，某二维点距坐标系原点的距离为 180，坐标系原点与该点的连线相对于 X 轴正方向的夹角为 35°，那么该点的极坐标为：180<35。

3. 球坐标

球坐标用于确定三维空间的点，它用 3 个参数表示一个点：点与坐标系原点的距离 L；坐标系原点与空间点的连线在 XY 面上的投影与 X 轴正方向的夹角(简称在 XY 面内与 X 轴的夹角) α；坐标系原点与空间点的连线同 XY 面的夹角(简称与 XY 面的夹角)β，且各参数之间用符号 < 隔开，即 $L<\alpha<\beta$。例如，150<45<35 表示一个点的球坐标，各参数的含义如图 1-9 所示。

4. 柱坐标

柱坐标也是通过 3 个参数描述一点：该点在 XY 面上的投影与当前坐标系原点的距离 ρ；坐标系原点与该点的连线在 XY 面上的投影同 X 轴正方向的夹角 α；以及该点的 Z 坐标值 z。距离与角度之间用符号 < 隔开，角度与 Z 坐标值之间用逗号隔开，即 $\rho<\alpha,z$。例如，100<45,85 表示一个点的柱坐标，各参数的含义如图 1-10 所示。

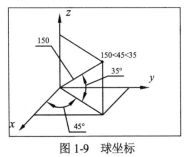
图 1-9 球坐标

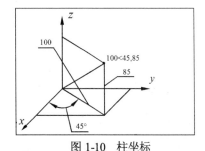
图 1-10 柱坐标

1.5.2 相对坐标

相对坐标是指相对于前一坐标点的坐标。相对坐标也有直角坐标、极坐标、球坐标和柱坐标 4 种形式，其输入格式与绝对坐标相同，但需要在输入的坐标前加前缀@。例如，已知前一点的直角坐标为(100,350)，如果在指定点的提示后输入：

@100,-45

则相当于新确定的点的绝对坐标为(200,305)。

1.6 绘图基本设置与操作

本节主要介绍使用 AutoCAD 2014 绘图时的一些基本设置,如设置图形界限和绘图单位格式等。

1.6.1 设置图形界限

设置图形界限类似于手工绘图时选择图纸(图幅)的大小,但其操作更加灵活。用于执行此操作的命令是 LIMITS,菜单命令为"格式"|"图形界限"命令。

执行 LIMITS 命令,AutoCAD 提示如下。

> 指定左下角点或 [开(ON)/关(OFF)] <0.0000,0.0000>:(指定图形界限的左下角位置,直接按 Enter 键或 Space 键采用默认值)
> 指定右上角点:(指定图形界限的右上角位置)

另外,在第一个提示"指定左下角点或 [开(ON)/关(OFF)]"中,"开(ON)"选项用于打开绘图界限检验功能,即选择该选项后,用户只能在设定的图形范围内绘图,如果所绘图形超出界限,AutoCAD 将拒绝执行操作,并给出相应的提示信息;"关(OFF)"选项用于关闭 AutoCAD 的图形界限检验功能,即选择该选项后,用户所绘图形的范围不再受所设界限的限制。

用 LIMITS 命令设置图形界限后,一般应选择"视图"|"缩放"|"全部"命令,即执行 ZOOM 命令的"全部(A)"选项(有关 ZOOM 命令的功能及使用参见 4.3 节),该操作可以使所设置的绘图范围位于绘图窗口之内。

例如,如果将图形界限设置为竖装 A4 图幅(即尺寸为 210×297),并使所设图形界限有效,步骤如下。

01 执行 LIMITS 命令,AutoCAD 提示如下。

> 指定左下角点或 [开(ON)/关(OFF)] <0.0000,0.0000>:✓(本书中,用符号✓表示按 Enter 键或按 Space 键)
> 指定右上角点:210,297✓(也可以输入相对坐标@210,297)

02 重复执行 LIMITS 命令,AutoCAD 提示如下。

> 指定左下角点或 [开(ON)/关(OFF)] <0.0000,0.0000>: ON✓(使所设图形界限生效)

03 选择"视图"|"缩放"|"全部"命令,使所设绘图范围充满绘图窗口。

1.6.2 设置绘图单位格式

设置绘图单位格式是指设置绘图长度单位和角度单位的格式以及它们的精度。对应的命令是 UNITS,菜单命令为"格式"|"单位"命令。

执行 UNITS 命令，打开"图形单位"对话框，如图 1-11 所示。下面介绍对话框中各主要选项的功能。

图 1-11　"图形单位"对话框

1. "长度"选项组

该选项组用于设置长度单位的格式及其精度。

● "类型"下拉列表框

"类型"下拉列表框用于确定测量单位的当前格式，列表中有"分数"、"工程"、"建筑"、"科学"和"小数"5 个选项。其中，"工程"和"建筑"格式提供英尺和英寸显示并假设每个图形单位表示一英寸，其他格式则可以表示任何真实的世界单位。我国的工程制图通常采用"小数"格式。

● "精度"下拉列表框

"精度"下拉列表框用于设置长度单位的精度，根据需要从列表中进行选择即可。

2. "角度"选项组

该选项组用于确定图形的角度单位、精度及正方向。

● "类型"下拉列表框

"类型"下拉列表框用于设置当前的角度格式，列表中有"百分度"、"度/分/秒"、"弧度"、"勘测单位"和"十进制度数"5 个选项，默认设置为"十进制度数"。AutoCAD 将角度格式的标记规定为：十进制度数以十进制数表示；百分度用小写字母 g 为后缀；度/分/秒格式，用小写字母 d 表示度，用符号 ' 表示分，用符号 " 表示秒；弧度用小写字母 r 为后缀；勘测单位也有其专门的表示方式。

● "精度"下拉列表框

设置当前角度显示的精度，根据需要从相应的列表中选择即可。

● "顺时针"复选框

用于确定角度的正方向。如果选中此复选框，则表示顺时针方向为角度的正方向；如果取消选中此复选框，表示逆时针方向是角度的正方向，它是 AutoCAD 的默认角度正方向。

3. "方向"按钮

用于确定角度的 0 度方向。单击该按钮，从弹出的对应对话框中进行设置即可。

1.6.3　系统变量

通过 AutoCAD 的系统变量可以控制 AutoCAD 的某些功能和工作环境。AutoCAD 的每个系统变量都有其相应的数据类型，如整数、实数、字符串和开关类型等。其中，开关类型变量有 On(开)和 Off(关)两个值，这两个值也可以分别用 1 和 0 表示。

用户可以根据需要浏览、更改系统变量的值(如果允许更改的话)。方法为：在命令窗口中，在"命令:"提示后输入系统变量的名称并按 Enter 键或 Space 键，AutoCAD 会显示系统变量的当前值，此时，用户可以根据需要输入新值(如果允许设置新值)。

例如，系统变量 SAVETIME(AutoCAD 2014 的系统变量不区分大小写，本书统一使用大写字母表示)用于控制系统自动保存 AutoCAD 图形的时间间隔，其默认值为 10(单位：分钟)。如果在"命令:"提示下输入 SAVETIME，然后按 Enter 键或 Space 键，AutoCAD 提示如下。

> 输入 SAVETIME 的新值<10>:

提示中，位于尖括号内的 10 表示系统变量的当前默认值。如果直接按 Enter 键或 Space 键，变量值保持不变；如果输入新值后按 Enter 键或 Space 键，则变量更改为新值。

需要说明的是，有些系统变量的名称与 AutoCAD 命令的名称相同。例如，命令 AREA 用于求面积，而系统变量 AREA 则用于存储由 AREA 命令计算的最后一个面积值。对于这样的系统变量，当设置或浏览它的值时，应首先执行 SETVAR 命令，即在命令行中输入 SETVAR，然后按 Enter 键或 Space 键，再根据提示输入相应的变量名。例如：

> 命令: SETVAR↙
> 输入变量名或 [?]:

在该提示下如果输入符号？后按 Enter 键或 Space 键，AutoCAD 会列出系统中全部的系统变量；如果输入某一变量名后按 Enter 键或 Space 键，则会显示该变量的当前值，且用户可以为其设置新值(如果允许设置新值)。

用户可以利用 AutoCAD 2014 提供的帮助功能，浏览 AutoCAD 2014 提供的全部系统变量及其功能。

此外，也可以利用 AutoCAD 提供的"选项"对话框设置绘图环境。通过"工具"|"选项"命令可以打开此对话框。

1.7　AutoCAD 帮助

AutoCAD 2014 提供了强大的帮助功能，用户在绘图或开发过程中可以随时通过该功能得到相应的帮助。如图 1-12 所示为 AutoCAD 2014 的"帮助"菜单。

选择"帮助"|"帮助"菜单命令，AutoCAD 打开 AutoCAD 2014 帮助窗口，用户可以通过此窗口，获得相关的帮助信息，或浏览 AutoCAD 2014 的全部命令与系统变量等。

此外，还可以通过"帮助"菜单了解其他信息，如通过"其他资源"子菜单了解支持知识库、联机培训资源、开发人员培训等方面的新信息。

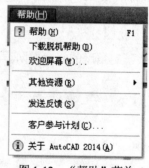

图 1-12　"帮助"菜单

第2章 绘制基本二维图形

　　二维图形绘制是 AutoCAD 2014 的主要功能之一。本章将介绍 AutoCAD 2014 的基本二维绘图功能。其中包括：绘制直线对象，如绘制线段、射线及构造线；绘制矩形和正多边形；绘制曲线对象，如绘制圆、圆环、圆弧、椭圆及椭圆弧；设置点的样式、绘制点对象以及绘制多段线等。二维图形绘制是利用 AutoCAD 进行各类工程制图的基础，只有很好地掌握这些基本图形的绘制过程，才能熟练地绘制各类图形。

2.1　绘制直线

利用 AutoCAD 2014，可以绘制直线段、射线以及构造线等直线对象。

2.1.1　绘制直线段

用于绘制直线段的命令是 LINE，工具栏按钮为"绘图"| ✐(直线)按钮，菜单命令为"绘图"|"直线"命令。

执行 LINE 命令，AutoCAD 提示如下。

> 指定第一个点:(确定直线段的起始点)
> 指定下一点或 [放弃(U)]:(确定直线段的另一端点位置，或执行"放弃(U)"选项重新确定起始点)
> 指定下一点或 [放弃(U)]:(可以直接按 Enter 键或 Space 键结束命令，或确定直线段的另一端点位置，或执行"放弃(U)"选项取消前一次操作)
> 指定下一点或 [闭合(C)/放弃(U)]:(可以直接按 Enter 键或 Space 键结束命令，或确定直线段的另一端点位置，或执行"放弃(U)"选项取消前一次操作，或执行"闭合(C)"选项创建封闭多边形)
> 指定下一点或 [闭合(C)/放弃(U)]:✓(也可以继续确定端点位置，执行"放弃(U)"选项，或执行"闭合(C)"选项)

绘图命令执行结果：AutoCAD 绘制出连接对应点的一系列直线段。

需要说明的是，当执行 AutoCAD 的某一命令，且 AutoCAD 给出的提示中包含多个选择项时(例如，提示"指定下一点或 [闭合(C)/放弃(U)]"中有 3 个选择项，即"指定下一点"、"闭合(C)"和"放弃(U)"选项)，用户可以直接执行默认选项(如指定一点执行"指定下一点"选项)，或从键盘输入要执行选项的关键字母(即位于选择项括号内的字母。输入的字母不区分大小写，本书统一采用大写)后按 Enter 键或 Space 键来执行对应的选择项；或右击，从弹出的快捷菜单中指定选择项。

2.1.2　绘制射线

射线是沿某一方向无限长的直线，一般用作辅助线。用于绘制射线的命令是 RAY，菜单命令为"绘图"|"射线"命令。

执行 RAY 命令，AutoCAD 提示如下。

> 指定起点:(确定射线的起始点位置)
> 指定通过点:(确定射线通过的任意一点。确定后 AutoCAD 绘制出通过起点与该点的射线)
> 指定通过点:✓(也可以继续指定通过点，绘制过同一起始点的一系列射线)

2.1.3　绘制构造线

构造线是沿两个方向无限长的直线，一般用作辅助线。用于绘制构造线的命令是 XLINE，工具

栏按钮为"绘图" | ✏(构造线)按钮，菜单命令为"绘图" | "构造线"命令。

执行 XLINE 命令，AutoCAD 提示如下。

指定点或 [水平(H)/垂直(V)/角度(A)/二等分(B)/偏移(O)]:

下面简要介绍提示中各选项的含义及其操作方法。

1. 指定点

绘制通过指定两点的构造线，为默认选项。如果在上面的提示下确定点的位置，即执行默认选项，AutoCAD 提示如下。

指定通过点:

在此提示下再确定一点，AutoCAD 绘制出通过这两点的构造线，同时提示如下。

指定通过点:

在此提示下如果继续确定点的位置，AutoCAD 将绘制出通过第一点与该点的构造线；如果按 Enter 键或 Space 键，即可结束命令的执行。

2. 水平(H)、垂直(V)

绘制通过指定点的水平(或垂直)构造线。执行该选项，AutoCAD 提示如下。

指定通过点:

在此提示下确定一点，AutoCAD 绘制出通过该点的水平(或垂直)构造线，同时提示如下。

指定通过点:

在此提示下继续确定点的位置，AutoCAD 将绘制出通过指定点的水平(或垂直)构造线；按 Enter 键或 Space 键，即可结束命令的执行。

3. 角度(A)

绘制沿指定方向或与指定直线之间的夹角为指定角度的构造线。执行该选项，AutoCAD 提示如下。

输入构造线的角度(0)或 [参照(R)]:

如果在该提示下直接输入角度值，即响应默认选项"输入构造线的角度"，AutoCAD 提示如下。

指定通过点:

在此提示下确定点的位置，AutoCAD 通常会绘制出通过该点且与 X 轴正方向之间的夹角为给定角度的构造线，而后 AutoCAD 将继续提示"指定通过点:"。在该提示下，可以绘制出多条与 X 轴正方向之间的夹角为指定角度的平行构造线。

如果在"输入构造线的角度(0)或 [参照(R)]:"提示下执行"参照(R)"选项，表示绘制与已知直线之间的夹角为指定角度的构造线，AutoCAD 提示如下。

选择直线对象：

在该提示下选择已有直线，AutoCAD 提示如下。

输入构造线的角度：

输入角度值后按 Enter 键或 Space 键，AutoCAD 提示如下。

指定通过点：

在该提示下确定一点，AutoCAD 绘制出通过该点，且与指定直线之间的夹角为给定角度的构造线。同样，如果在后续的"指定通过点:"提示下继续指定新点，可以绘制出多条平行构造线；按 Enter 键或 Space 键，即可结束命令的执行。

4. 二等分(B)

通过确定 3 点分别作为一个角的顶点、起点和另一个端点来绘制平分该角的构造线。执行该选项，AutoCAD 提示如下。

指定角的顶点:(确定角的顶点位置)
指定角的起点:(确定角的起始点位置)
指定角的端点:(确定角的另一端点的位置)

执行结果：绘制出通过指定的顶点且平分由指定 3 点所确定的角的构造线。

5. 偏移(O)

绘制与指定直线平行的构造线。执行该命令，AutoCAD 提示如下。

指定偏移距离或 [通过(T)]:

此时，可以通过两种方法绘制构造线。如果执行"通过(T)"命令，表示绘制通过指定点且与指定直线平行的构造线，此时，AutoCAD 提示如下。

选择直线对象:(选择被平行的直线)
指定通过点:(确定构造线所通过的点的位置)

执行结果：AutoCAD 绘制出与指定直线平行且通过指定点的构造线，而后继续提示如下。

选择直线对象：

此时，可以继续重复上述过程绘制构造线，也可以按 Enter 键或 Space 键结束命令的执行。

如果在"指定偏移距离或 [通过(T)]:"提示信息下输入某一数值，表示要绘制与指定直线平行，且与其距离为该值的构造线，此时，AutoCAD 提示如下。

选择直线对象:(选择被平行的直线)

指定向哪侧偏移:(相对于所选择直线，在构造线所在一侧的任意位置单击鼠标拾取键)

选择直线对象:(继续选择直线对象绘制与其平行的构造线，或按 Enter 键或 Space 键结束命令的执行)

执行结果：AutoCAD 绘制出满足条件的构造线。

2.2　绘制曲线

利用 AutoCAD 2014，可以绘制圆、圆环、圆弧和椭圆等曲线对象。

2.2.1　绘制圆

用于绘制圆的命令是 CIRCLE，工具栏按钮为"绘图"|　⊙(圆)按钮，菜单命令为"绘图"|"圆"命令。

执行 CIRCLE 命令，AutoCAD 提示如下。

指定圆的圆心或 [三点(3P)/两点(2P)/切点、切点、半径(T)]

下面介绍提示中各选项的含义及其操作方法。

1. 指定圆的圆心

根据圆心位置和圆的半径(或直径)绘制圆，为默认选项。执行该默认选项，即确定圆心位置后，AutoCAD 提示如下。

指定圆的半径或 [直径(D)]:

此时，可以直接输入半径值并绘制圆，也可以执行"直径(D)"选项，通过指定圆的直径来绘制圆。

AutoCAD 提供了如图 2-1 所示的绘制圆的子菜单，也可以利用子菜单中的"圆心、半径"和"圆心、直径"选项执行相应的操作。

图 2-1　绘制圆的子菜单

2. 三点(3P)

绘制通过指定 3 点的圆。执行该选项，AutoCAD 依次提示如下。

指定圆上的第一个点:

指定圆上的第二个点:

指定圆上的第三个点:

根据提示依次指定点后，AutoCAD 绘制出通过指定 3 点的圆。用户也可以通过绘圆子菜单中的"三点"选项执行此操作。

3. 两点(2P)

绘制过指定两点且以这两点之间的距离为直径的圆。执行该选项，AutoCAD 依次提示如下。

> 指定圆直径的第一个端点:
> 指定圆直径的第二个端点:

根据提示指定两点后，AutoCAD 绘制出通过指定两点，且以这两点间的距离为直径的圆。用户也可以通过绘圆子菜单中的"两点"选项执行此操作。

4. 切点、切点、半径(T)

绘制与已有两个对象相切，且半径为指定值的圆。执行该选项，AutoCAD 依次提示如下。

> 指定对象与圆的第一个切点:
> 指定对象与圆的第二个切点:
> 指定圆的半径:

根据提示依次选择相切对象并输入圆的半径，AutoCAD 绘制出相应的圆。也可以通过绘圆子菜单中的"相切、相切、半径"选项执行此操作。

2.2.2 绘制圆环

用于绘制圆环的命令是 DONUT，菜单命令为"绘图"|"圆环"命令。
执行 DONUT 命令，AutoCAD 提示如下。

> 指定圆环的内径:(输入圆环的内径)
> 指定圆环的外径:(输入圆环的外径)
> 指定圆环的中心点或<退出>:(确定圆环的中心点位置，或按 Enter 键或 Space 键结束命令的执行)

当执行 DONUT 命令时，如果在"指定圆环的内径:"提示信息下输入 0，AutoCAD 则会绘制出填充的圆。

2.2.3 绘制圆弧

用于绘制圆弧的命令是 ARC，工具栏按钮为"绘图"|
(圆弧)按钮，菜单命令为"绘图"|"圆弧"命令。

AutoCAD 提供了多种绘制圆弧的方法,图 2-2 所示是"圆弧"子菜单。

执行 ARC 命令后，AutoCAD 给出不同的提示，以便使用户根据不同的已知条件绘制圆弧。下面通过菜单命令介绍圆弧的绘制方法。

图 2-2 "圆弧"子菜单

1. 根据 3 点绘制圆弧

3 点是指圆弧的起点、圆弧上的任意一点以及圆弧的终点。选择"绘图"|"圆弧"|"三点"命令，AutoCAD 提示如下。

> 指定圆弧的起点或 [圆心(C)]:(确定圆弧的起始点位置)
> 指定圆弧的第二个点或 [圆心(C)/端点(E)]:(确定圆弧上的任意一点)
> 指定圆弧的端点:(确定圆弧的终点位置)

执行结果：AutoCAD 绘制出由指定 3 点确定的圆弧。

2. 根据圆弧的起始点、圆心和终止点绘制圆弧

选择"绘图"|"圆弧"|"起点、圆心、端点"命令，AutoCAD 提示如下。

> 指定圆弧的起点或 [圆心(C)]:(确定圆弧的起始点位置)
> 指定圆弧的第二个点或 [圆心(C)/端点(E)]:_c 指定圆弧的圆心:(确定圆弧的圆心。在给出的提示中，"_c 指定圆弧的圆心:"是 AutoCAD 自动执行的选择项以及给出的对应提示)
> 指定圆弧的端点或 [角度(A)/弦长(L)]:(确定圆弧的另一端点)

执行结果：AutoCAD 绘制出满足指定条件的圆弧。

3. 根据圆弧的起始点、圆心和圆弧的包含角(圆心角)绘制圆弧

选择"绘图"|"圆弧"|"起点、圆心、角度"命令，AutoCAD 提示如下。

> 指定圆弧的起点或 [圆心(C)]:(确定圆弧的起始点位置)
> 指定圆弧的第二个点或 [圆心(C)/端点(E)]:_c 指定圆弧的圆心:(确定圆弧的圆心位置)
> 指定圆弧的端点或 [角度(A)/弦长(L)]:_a 指定包含角:(输入圆弧的包含角)

执行结果：AutoCAD 绘制出满足指定条件的圆弧。

4. 根据圆弧的起始点、圆心和圆弧的弦长绘制圆弧

选择"绘图"|"圆弧"|"起点、圆心、长度"命令，AutoCAD 提示如下。

> 指定圆弧的起点或 [圆心(C)]:(确定圆弧的起始点位置)
> 指定圆弧的第二个点或 [圆心(C)/端点(E)]:_c 指定圆弧的圆心:(确定圆弧的圆心位置)
> 指定圆弧的端点或 [角度(A)/弦长(L)]:_l 指定弦长:(输入圆弧的弦长)

执行结果：AutoCAD 绘制出满足指定条件的圆弧。

5. 根据圆弧的起始点、终点和圆弧的包含角绘制圆弧

选择"绘图"|"圆弧"|"起点、端点、角度"命令，AutoCAD 提示如下。

> 指定圆弧的起点或 [圆心(C)]:(确定圆弧的起始点位置)
> 指定圆弧的第二个点或 [圆心(C)/端点(E)]:_e 指定圆弧的端点:(确定圆弧的终点位置)

指定圆弧的圆心或 [角度(A)/方向(D)/半径(R)]: _a 指定包含角:(确定圆弧的包含角)

执行结果：AutoCAD 绘制出满足指定条件的圆弧。

6. 其他绘制圆弧的方法

选择"绘图"|"圆弧"|"起点、端点、方向"命令，可以根据圆弧的起始点、终点和圆弧在起始点处的切线方向绘制圆弧；选择"绘图"|"圆弧"|"起点、端点、半径"命令，可以根据圆弧的起始点、终止点和圆弧的半径绘制圆弧；选择"绘图"|"圆弧"|"圆心、起点、端点"命令，可以根据圆弧的圆心、起始点和终点位置绘制圆弧；选择"绘图"|"圆弧"|"圆心、起点、角度"命令，可以根据圆弧的圆心、起始点和圆弧的包含角绘制圆弧；选择"绘图"|"圆弧"|"圆心、起点、长度"命令，可以根据圆弧的圆心、起始点和圆弧的弦长绘制圆弧；选择"绘图"|"圆弧"|"继续"命令，可以绘制连续圆弧，即 AutoCAD 会以最后一次绘制直线或绘制圆弧时确定的终止点作为新圆弧的起始点，并以最后所绘制的直线的方向或以所绘制的圆弧在终止点处的切线方向作为新圆弧在起始点处的切线方向开始绘制圆弧。

2.2.4 绘制椭圆和椭圆弧

用于绘制椭圆或椭圆弧的命令是 ELLIPSE，工具栏按钮为"绘图"| ⊙(椭圆)按钮，菜单命令为"绘图"|"椭圆"命令。

执行 ELLIPSE 命令，AutoCAD 提示如下。

指定椭圆的轴端点或 [圆弧(A)/中心点(C)]:

下面分别介绍各选项的含义及其操作方法。

1. 指定椭圆的轴端点

根据椭圆某一条轴上的两个端点的位置以及其他条件绘制椭圆，为默认选项。用户确定了椭圆上某一条轴的端点位置后，AutoCAD 提示如下。

指定轴的另一个端点:(确定同一轴上的另一端点位置)
指定另一条半轴长度或 [旋转(R)]:

在此提示下，如果直接输入另一条轴的半轴长度，即执行默认选项，AutoCAD 绘制出对应的椭圆。如果执行"旋转(R)"选项，AutoCAD 提示如下。

指定绕长轴旋转的角度:

在此提示下输入角度值，AutoCAD 即可绘制出椭圆，该椭圆是过所确定的两点，且以这两点之间的距离为直径的圆绕所确定椭圆轴旋转指定的角度后得到的投影椭圆。

2. 中心点(C)

根据椭圆的中心位置等条件绘制椭圆。执行该选项，AutoCAD 提示如下。

> 指定椭圆的中心点:(确定椭圆的中心位置)
> 指定轴的端点:(确定椭圆某一条轴的一个端点位置)
> 指定另一条半轴长度或 [旋转(R)]:(输入另一条轴的半长，或通过"旋转(R)"选项确定椭圆)

3. 圆弧(A)

绘制椭圆弧。执行该选项，AutoCAD 提示如下。

> 指定椭圆弧的轴端点或 [中心点(C)]:

在此提示下的操作与前面介绍的绘制椭圆的方法完全相同。确定椭圆的形状后，AutoCAD 继续提示如下。

> 指定起始角度或 [参数(P)]:

下面介绍这两个选项的含义及其操作方法。

● 指定起始角度

通过确定椭圆弧的起始角(椭圆圆心与椭圆的第一条轴端点的连线方向为 0°方向)来绘制椭圆弧，为默认选项。输入椭圆弧的起始角后，AutoCAD 提示如下。

> 指定终止角度或 [参数(P)/包含角度(I)]:

此提示中的 3 个选项中，"指定终止角度"选项要求用户根据椭圆弧的终止角度确定椭圆弧另一端点的位置；"包含角度(I)"选项用于根据椭圆弧的包含角度确定椭圆弧；"参数(P)"选项将通过参数确定椭圆弧的另一个端点位置。

● 参数(P)

此选项允许通过指定的参数绘制椭圆弧。执行该选项，AutoCAD 提示如下。

> 指定起始参数或 [角度(A)]:

通过"角度(A)"选项可以切换到利用角度确定椭圆弧的方式。执行默认选项，AutoCAD 将按下面的公式来确定椭圆弧的起始角 $P(n)$。

> $P(n)=c+a\times\cos(n)+b\times\sin(n)$

在此计算公式中，n 为用户输入的参数；c 为椭圆弧的半焦距；a 和 b 分别为椭圆长轴与短轴的半轴长。

输入起始参数后，AutoCAD 提示如下。

> 指定终止参数或 [角度(A)/包含角度(I)]:

在此提示下可通过"角度(A)"选项确定椭圆弧另一端点位置；通过"包含角度(I)"选项确定椭圆弧的包含角。如果利用默认选项"指定终止参数"提供椭圆弧的另一参数，AutoCAD 仍会利用前面介绍的公式确定椭圆弧的另一端点位置。

2.3 绘制矩形和正多边形

利用 AutoCAD 2014，可以方便地绘制矩形和正多边形(等边多边形)。

2.3.1 绘制矩形

用于绘制矩形的命令是 RECTANG，工具栏按钮为"绘图" | □(矩形)按钮，菜单命令为"绘图" | "矩形"命令。

执行 RECTANG 命令，AutoCAD 提示如下。

指定第一个角点或 [倒角(C)/标高(E)/圆角(F)/厚度(T)/宽度(W)]:

下面介绍提示中各选项的含义及其操作方法。

1. 指定第一个角点

指定矩形的某一角点位置，为默认选项。执行该选项，即确定矩形的一角点位置后，AutoCAD 提示如下。

指定另一个角点或 [面积(A)/尺寸(D)/旋转(R)]:

- 指定另一个角点

指定矩形的另一角点位置，即确定矩形中与已指定角点成对角关系的另一角点位置。确定该点后，AutoCAD 绘制出对应的矩形。

- 面积(A)

根据面积绘制矩形。执行该选项，AutoCAD 提示如下。

输入以当前单位计算的矩形面积:(输入所绘矩形的面积)
计算矩形标注时依据 [长度(L)/宽度(W)] <长度>: (利用"长度(L)"或"宽度(W)"选项输入矩形的长或宽。用户响应后，AutoCAD 按指定的面积和对应的尺寸绘制出矩形)

- 尺寸(D)

根据矩形的长和宽绘制矩形。执行该选项，AutoCAD 提示如下。

指定矩形的长度:(输入矩形的长度)
指定矩形的宽度:(输入矩形的宽度)
指定另一个角点或 [面积(A)/尺寸(D)/旋转(R)]:(拖动鼠标确定所绘矩形相对于第一角点的对角点的位置，确定后单击，AutoCAD 按指定的长和宽绘制出矩形)

- 旋转(R)

绘制按指定角度放置的矩形。执行该选项，AutoCAD 提示如下。

> 指定旋转角度或 [拾取点(P)] :(输入旋转角度，或通过拾取点的方式确定角度)
> 指定另一个角点或 [面积(A)/尺寸(D)/旋转(R)]:(通过执行某一选项绘制出对应的矩形)

2. 倒角(C)

确定矩形的倒角尺寸，使所绘矩形在各角点处按设置的尺寸进行倒角。执行该选项，AutoCAD
提示如下。

> 指定矩形的第一个倒角距离:(输入矩形的第一倒角距离)
> 指定矩形的第二个倒角距离:(输入矩形的第二倒角距离)
> 指定第一个角点或 [倒角(C)/标高(E)/圆角(F)/厚度(T)/宽度(W)]:(确定矩形的角点位置或进行其他设置)

3. 标高(E)

确定矩形的绘图高度，即确定绘图面与 XY 面之间的距离。此功能一般用于三维绘图。执行该
选项，AutoCAD 提示如下。

> 指定矩形的标高:(输入高度值)
> 指定第一个角点或 [倒角(C)/标高(E)/圆角(F)/厚度(T)/宽度(W)]:(确定矩形的角点位置或进行其他设置)

4. 圆角(F)

确定矩形角点处的圆角半径，使所绘矩形在各角点处按该半径绘制圆角。执行该选项，AutoCAD
提示如下。

> 指定矩形的圆角半径:(输入圆角的半径值)
> 指定第一个角点或 [倒角(C)/标高(E)/圆角(F)/厚度(T)/宽度(W)]:(确定矩形的角点位置或进行其他设置)

5. 厚度(T)

确定矩形的绘图厚度，使所绘矩形具有一定的厚度，多用于三维绘图。执行该选项，AutoCAD
提示如下。

> 指定矩形的厚度:(输入厚度值)
> 指定第一个角点或 [倒角(C)/标高(E)/圆角(F)/厚度(T)/宽度(W)]:(确定矩形的角点位置或进行其他设置)

6. 宽度(W)

设置矩形的线宽。执行该选项，AutoCAD 提示如下。

> 指定矩形的线宽:(输入宽度值)

指定第一个角点或 [倒角(C)/标高(E)/圆角(F)/厚度(T)/宽度(W)]:(确定矩形的角点位置或进行其他设置)

当绘制具有特殊要求的矩形时(如有倒角或圆角的矩形)，应首先进行相应的设置，然后再确定矩形的角点位置。

2.3.2 绘制正多边形

绘制正多边形(即等边多边形)的命令是 POLYGON，工具栏按钮为"绘图" | ⬡ (多边形)按钮，菜单命令为"绘图" | "多边形"命令。

执行 POLYGON 命令，AutoCAD 提示如下。

输入侧面数:(确定多边形的边数，其允许值为 3~1024)
指定正多边形的中心点或 [边(E)]:

下面介绍提示中各选项的含义及其操作方法。

1. 指定正多边形的中心点

该默认选项要求用户确定正多边形的中心点，然后利用正多边形的假想外接圆或内切圆来绘制正多边形。执行该选项，即确定正多边形的中心点后，AutoCAD 提示如下。

输入选项 [内接于圆(I)/外切于圆(C)]:

此提示中的"内接于圆(I)"选项表示所绘正多边形将内接于假想的圆。执行该选项，AutoCAD 提示如下。

指定圆的半径:

输入圆的半径后，AutoCAD 会假设有一个半径为输入值、圆心位于正多边形中心的圆，并按照指定的边数绘制出与该圆内接的正多边形。

如果在"输入选项 [内接于圆(I)/外切于圆(C)]:"提示信息下执行"外切于圆(C)"选项，所绘制的正多边形将外切于假想的圆。执行该选项，AutoCAD 提示如下。

指定圆的半径:

输入圆的半径后，AutoCAD 会假设有一个半径为输入值、圆心位于正多边形中心的圆，并按照指定的边数绘制出与该圆外切的正多边形。

2. 边(E)

根据多边形某一条边的两个端点绘制多边形。执行该选项，AutoCAD 依次提示如下。

指定边的第一个端点:
指定边的第二个端点:

依次确定边的两个端点后，AutoCAD 将以这两个点作为正多边形的一条边的两个端点，并按指定的边数绘制出等边多边形。

2.4　绘制点

点是最基本的图形对象之一。利用 AutoCAD 2014，不但可以绘制出点，还可以设置点的显示样式。

2.4.1　点的绘制

用于绘制点的命令是 POINT，工具栏按钮为"绘图"｜ ·(点)按钮，菜单命令为"绘图"｜"点"｜"单点"命令或"绘图"｜"点"｜"多点"命令(同时绘制多个点)。

执行 POINT 命令，AutoCAD 提示如下。

> 指定点:

在该提示下确定点的位置，AutoCAD 会在指定点位置绘制出相应的点，而后 AutoCAD 继续提示如下。

> 指定点:

此时，可以继续绘制点，也可以按 Esc 键结束命令。

2.4.2　点的样式与大小

用于设置点的样式与大小的命令是 DDPTYPE，菜单命令为"格式"｜"点样式"命令。

执行 DDPTYPE 命令，打开如图 2-3 所示的"点样式"对话框，可以在该对话框中选择需要的点样式。此外，还可以利用该对话框中的"点大小"文本框设置点的大小。

图 2-3　"点样式"对话框

2.5　绘制二维多段线

二维多段线由直线段和圆弧段构成，且可以有宽度的图形对象，如图 2-4 所示。

用于绘制二维多段线的命令是 PLINE，工具栏按钮为"绘图"｜ (多段线)按钮，菜单命令为"绘图"｜"多段线"命令。

执行 PLINE 命令，AutoCAD 提示如下。

图 2-4　多段线

指定起点:(确定多段线的起始点)
当前线宽为 0.0000(说明当前的绘图线宽)
指定下一个点或 [圆弧(A)/半宽(H)/长度(L)/放弃(U)/宽度(W)]:

如果在此提示下再确定一点，即执行“指定下一个点”选项，AutoCAD 将按当前线宽设置绘制出连接两点的直线段，同时给出如下提示。

指定下一点或 [圆弧(A)/闭合(C)/半宽(H)/长度(L)/放弃(U)/宽度(W)]:

该提示比前面的提示多了一个“闭合(C)”选项。下面介绍以上提示中各选项的含义及其操作方法。

1. 指定下一点

确定多段线另一端点的位置，为默认选项。用户响应后，AutoCAD 按当前线宽设置从前一点向该点绘出一条直线段,而后重复给出提示“指定下一点或 [圆弧(A)/闭合(C)/半宽(H)/长度(L)/放弃(U)/宽度(W)]:”。

2. 圆弧(A)

将 PLINE 命令由绘制直线方式改为绘制圆弧方式。执行该选项，AutoCAD 提示如下。

指定圆弧的端点或
[角度(A)/圆心(CE)/闭合(CL)/方向(D)/半宽(H)/直线(L)/半径(R)/第二个点(S)/放弃(U)/宽度(W)]:

如果在此提示下直接确定圆弧的端点，即响应默认选项，AutoCAD 将绘制出以上一点和该点为两个端点、以上一次所绘直线的方向或所绘弧的终点切线方向为起始点方向的圆弧，而后继续给出上面所示的绘制圆弧提示。

下面介绍绘制圆弧提示中其他各选项的含义及其操作方法。

● 角度(A)

根据圆弧的包含角绘制圆弧。执行此选项，AutoCAD 提示如下。

指定包含角:

在此提示下输入圆弧的包含角。同样，在默认的正角度方向设置下，输入正角度值表示沿逆时针方向绘制圆弧，否则沿顺时针方向绘制圆弧。输入包含角后，AutoCAD 提示如下。

指定圆弧的端点或 [圆心(CE)/半径(R)]:

此时，可以根据提示，通过确定圆弧的另一端点、圆心或半径来绘制圆弧。

● 圆心(CE)

根据圆弧的圆心绘制圆弧。执行该选项，AutoCAD 提示如下。

指定圆弧的圆心:

在该提示下应确定圆弧的圆心位置。需要注意的是，应通过输入 CE 来执行该选项。确定圆弧的圆心位置后，AutoCAD 提示如下。

指定圆弧的端点或 [角度(A)/长度(L)]:

此时，可以根据提示，通过确定圆弧的另一端点、包含角或弦长的方式来绘制圆弧。

- 闭合(CL)

利用圆弧封闭多段线。闭合后，AutoCAD 结束 PLINE 命令的执行。

- 方向(D)

确定所绘制圆弧在起始点处的切线方向。执行该选项，AutoCAD 提示如下。

指定圆弧的起点切向:

此时，可以通过输入起始方向与水平方向的夹角来确定圆弧的起点切向。确定起点切向后，AutoCAD 提示如下。

指定圆弧的端点:

在该提示下确定圆弧的另一个端点，即可绘制出圆弧。

- 半宽(H)

确定圆弧的起始半宽与终止半宽。执行该选项，AutoCAD 依次提示如下。

指定起点半宽:(输入起始半宽)
指定端点半宽:(输入终止半宽)

确定起始半宽和终止半宽后，再次绘制圆弧时，将按此设置直接绘制。

- 直线(L)

将绘制圆弧方式更改为绘制直线方式。执行该选项，AutoCAD 返回到"指定下一个点或 [圆弧(A)/半宽(H)/长度(L)/放弃(U)/宽度(W)]:"提示。

- 半径(R)

根据半径绘制圆弧。执行该选项，AutoCAD 提示如下。

指定圆弧的半径:(输入圆弧的半径值)
指定圆弧的端点或 [角度(A)]:

此时，可以根据提示通过确定圆弧的另一端点或包含角来绘制圆弧。

- 第二个点(S)

根据圆弧上的其他两点绘制圆弧。执行该选项，AutoCAD 依次提示如下。

指定圆弧上的第二个点:
指定圆弧的端点:

用户响应即可。

- 放弃(U)

取消上一次绘制的圆弧。利用该选项可以修改绘图过程中的错误操作。

- 宽度(W)

确定所绘制圆弧的起始和终止宽度。执行此选项，AutoCAD 依次提示如下。

指定起点宽度:
指定端点宽度:

用户根据提示响应即可。设置宽度后，下一段圆弧将按此宽度设置直接绘制。

3. 闭合(C)

AutoCAD 从当前点向多段线的起始点采用当前宽度绘制直线段，即封闭所绘多段线，然后结束命令的执行。

4. 半宽(H)

确定所绘多段线的半宽度，即所设值为多段线宽度的一半。执行该选项，AutoCAD 依次提示如下。

```
指定起点半宽:
指定端点半宽:
```

用户依次响应即可。

5. 长度(L)

从当前点绘制指定长度的直线段。执行该选项，AutoCAD 提示如下。

```
指定直线的长度:
```

在此提示下输入长度值，AutoCAD 将沿着上一段直线方向绘制长度为输入值的直线段。如果上一段对象为圆弧，则所绘直线的方向沿着该圆弧终点的切线方向。

6. 放弃(U)

删除最后绘制的直线段或圆弧段。执行该选项，可以及时修改在绘制多段线过程中出现的错误操作。

7. 宽度(W)

确定多段线的宽度。执行该选项，AutoCAD 依次提示如下。

```
指定起点宽度:
指定端点宽度:
```

用户根据提示响应即可。

 提示

- 执行一次 PLINE 命令所绘制的多段线属于一个图形对象。
- 在第 2.3 节介绍的绘图命令中，由 RECTANG 命令(绘制矩形)和 POLYGON 命令(绘制正多边形)绘制的图形对象均属于多段线对象。
- 可以用 EXPLODE 命令(菜单命令: "修改" | "分解" 命令)，将多段线对象中构成多段线的直线段和圆弧段分解成单独的对象，即将原来属于一个对象的多段线分解成多个直线和圆弧对象，且分解后不再有线宽信息。

第3章 编辑图形

本章介绍 AutoCAD 2014 提供的常用编辑功能。其中包括：删除、移动、复制、旋转、缩放、偏移、镜像、阵列、拉伸、修剪、延伸、打断、创建倒角和圆角等。虽然利用第 2 章介绍的功能可以绘制出基本二维图形对象，如直线、圆、矩形等，但当绘制稍微复杂一些的工程图时，这些功能还远远不够，绘图效率会很低。只有将基本绘图功能和本章介绍的编辑功能相结合，用户才能以较高的效率绘制出各种复杂的图形。

中文版 AutoCAD 2014 机械图形设计

3.1 删除对象

用于删除指定对象的命令是 ERASE，工具栏按钮为"修改" | (删除)按钮，菜单命令为"修改" | "删除"命令。

执行 ERASE 命令，AutoCAD 提示如下。

> 选择对象:(选择要删除的对象)
> 选择对象:✓(可以继续选择对象)

执行结果：AutoCAD 删除选中的对象。

提示

> 在"选择对象:"提示下选择被操作对象时，通常可以采用多种方式，其中包括直接拾取、选择全部、不同形式的窗口选择以及选择前一次操作过的对象等。

3.2 移动对象

移动对象是指将选中的对象从当前位置移动到另一位置，即更改图形的位置。用于实现此操作的命令是 MOVE，工具栏按钮为"修改" | (移动)按钮，菜单命令为"修改" | "移动"命令。

执行 MOVE 命令，AutoCAD 提示如下。

> 选择对象:(选择要移动位置的对象)
> 选择对象:✓(可以继续选择对象)
> 指定基点或 [位移(D)] <位移>:

下面介绍各选项的含义及其操作方法。

1. 指定基点

确定移动基点，为默认选项。执行该默认选项，即指定移动基点后，AutoCAD 提示如下。

> 指定第二个点或 <使用第一个点作为位移>:

在此提示下再确定一点，即执行"指定第二个点"选项，AutoCAD 将选择的对象从当前位置按指定两点所确定的位移矢量移动；如果在此提示下直接按 Enter 键或 Space 键，AutoCAD 则将所指定的第一点的各坐标分量作为移动位移量移动对象。

2. 位移(D)

根据位移量移动对象。执行该选项，AutoCAD 提示如下。

> 指定位移:

如果在此提示下输入位移量，AutoCAD 将所选对象按对应的位移量移动。例如，在"指定位移:"提示下输入"50,70,80"，然后按 Enter 键，则对象沿 X、Y 和 Z 坐标方向的移动位移量分别为 50、70、80。

3.3 复制对象

复制对象是指将选定的对象复制到指定的位置。用于实现此操作的命令是 COPY，工具栏按钮为"修改" | ⊞(复制)按钮，菜单命令为"修改" | "复制"命令。

执行 COPY 命令，AutoCAD 提示如下。

> 选择对象:(选择要复制的对象)
> 选择对象:✓(可以继续选择对象)
> 指定基点或 [位移(D)/模式(O)] <位移>:

下面介绍各选项的含义及其操作方法。

1. 指定基点

确定复制基点，为默认选项。指定复制基点后，AutoCAD 提示如下。

> 指定第二个点或 [阵列(A)] <使用第一个点作为位移>:

在此提示下再确定一点，AutoCAD 将所选择对象按由两点确定的位移矢量复制到指定位置；如果在该提示下直接按 Enter 键或 Space 键，AutoCAD 将第一点的各坐标分量作为位移量复制对象。完成复制操作后，AutoCAD 可能会继续提示如下。

> 指定第二个点或 [阵列(A)/退出(E)/放弃(U)] <退出>:

如果在该提示下再依次确定位移的第二点，AutoCAD 将所选对象按基点与对应点确定的各位移矢量关系进行多次复制。如果按 Space 键或 Esc 键，AutoCAD 结束复制操作。提示中，"阵列(A)"选项表示会将选中的对象进行阵列复制。

2. 位移(D)

根据位移量复制对象。执行该选项，AutoCAD 提示如下。

> 指定位移:

如果在此提示下输入位移量，AutoCAD 将所选择对象按对应的位移量进行复制。

3. 模式(O)

选择复制模式。执行该选项，AutoCAD 提示如下。

> 输入复制模式选项 [单个(S)/多个(M)] <多个>:

其中，"单个(S)"选项表示执行 COPY 命令后只能对选择的对象执行一次复制操作，而"多个(M)"选项表示可以对所选择的对象执行多次复制操作，AutoCAD 默认选项为"多个(M)"。

33

3.4 缩放对象

缩放对象是指放大或缩小指定的对象。用于实现此操作的命令是 SCALE，工具栏按钮为"修改"|
(缩放)按钮，菜单命令为"修改"|"缩放"命令。

执行 SCALE 命令，AutoCAD 提示如下。

> 选择对象:(选择要缩放的对象)
> 选择对象:✓(也可以继续选择对象)
> 指定基点:(确定基点位置)
> 指定比例因子或 [复制(C)/参照(R)]:

下面介绍提示中各选项的含义及其操作方法。

1. 指定比例因子

用于确定缩放的比例因子。输入比例因子后，按 Enter 键或 Space 键，AutoCAD 将所选择对象
根据此比例因子相对于基点进行缩放，且比例因子>1 时放大对象，反之则缩小对象。

2. 复制(C)

创建缩小或放大的对象后仍保留原对象。执行该选项后，根据提示指定缩放比例因子即可。

3. 参照(R)

将对象按参照方式缩放。执行该选项，AutoCAD 提示如下。

> 指定参照长度:(输入参照长度的值)
> 指定新的长度或 [点(P)]:(输入新的长度值或通过"点(P)"选项指定两点来确定长度值)

执行结果: AutoCAD 会根据参照长度与新长度的值自动计算比例因子(比例因子=新长度值÷参照
长度值)，并进行对应的缩放操作。

3.5 旋转对象

旋转对象是指将指定的对象绕指定点(称其为基点)旋转指定的角度。用于实现此操作的命令是
ROTATE，工具栏按钮为"修改"| (旋转)按钮，菜单命令为"修改"|"旋转"命令。

执行 ROTATE 命令，AutoCAD 提示如下。

> 选择对象:(选择要旋转的对象)
> 选择对象:✓(可以继续选择对象)
> 指定基点:(确定旋转基点)
> 指定旋转角度，或[复制(C)/参照(R)]:

下面介绍提示中各选项的含义及其操作。

1. 指定旋转角度

确定旋转角度。如果直接在上面的提示下输入角度值后按 Enter 键或 Space 键，即执行默认选项，AutoCAD 将对象绕基点转动该角度，且在默认状态下，角度为正值时对象按逆时针方向旋转，反之则按顺时针方向旋转。

2. 复制(C)

创建旋转对象后仍保留原对象。执行该选项后，根据提示指定旋转角度即可。

3. 参照(R)

以参照方式旋转对象。执行该选项，AutoCAD 提示如下。

> 指定参照角:(输入参照角度值)
> 指定新角度或 [点(P)] <0>:(输入新角度值，或通过"点(P)"选项指定两点来确定新角度)

执行结果：AutoCAD 根据参照角度与新角度的值自动计算旋转角度(旋转角度=新角度-参照角度)，并将对象绕基点旋转计算所得角度。

3.6　偏移对象

偏移对象又称为偏移复制，指对已有的对象创建同心圆、平行线或等距曲线，如图 3-1 所示。

(a) 原图形

(b) 偏移结果

图 3-1　偏移示例

用于实现偏移操作的命令是 OFFSET，工具栏按钮为"修改"| (偏移)按钮，菜单命令为"修改"|"偏移"命令。

执行 OFFSET 命令，AutoCAD 提示如下。

> 指定偏移距离或 [通过(T)/删除(E)/图层(L)] <通过>:

下面介绍提示中各选项的含义及其操作方法。

1. 指定偏移距离

根据偏移距离偏移复制对象。如果在"指定偏移距离或 [通过(T)/删除(E)/图层(L)]:"提示下输入距离值，AutoCAD 提示如下。

选择要偏移的对象，或 [退出(E)/放弃(U)] <退出>:(选择偏移对象，也可以按 Enter 键或 Space 键退出命令的执行)

指定要偏移的那一侧上的点，或 [退出(E)/多个(M)/放弃(U)] <退出>:(在要复制到的一侧任意确定一点，即在任意位置单击。"多个(M)"选项用于实现多次偏移复制；"退出(E)"选项用于结束命令的执行；"放弃(U)"选项用于取消上一次的偏移复制操作)

选择要偏移的对象，或 [退出(E)/放弃(U)] <退出>:✓(也可以继续选择对象进行偏移复制)

2. 通过(T)

使偏移复制后得到的对象通过指定的点。执行该选项，AutoCAD 提示如下。

选择要偏移的对象，或[退出(E)/放弃(U)] <退出>:(选择偏移对象，也可以按 Enter 键或 Space 键退出命令的执行)

指定通过点或 [退出(E)/多个(M)/放弃(U)] <退出>:(确定对象要通过的点。"多个(M)"选项用于实现多次偏移复制；"退出(E)"选项用于结束命令的执行；"放弃(U)"选项用于取消上一次的偏移复制操作)

选择要偏移的对象，或 [退出(E)/放弃(U)] <退出>:✓(也可以继续选择对象进行偏移复制)

3. 删除(E)

执行偏移操作后，删除源对象。执行"删除(E)"选项，AutoCAD 提示如下。

要在偏移后删除源对象吗？[是(Y)/否(N)] <否>:

用户选择后，AutoCAD 提示如下。

指定偏移距离或 [通过(T)/删除(E)/图层(L)] <通过>:

此时，根据提示继续执行操作即可。

4. 图层(L)

确定将偏移对象创建在当前图层上，还是创建在源对象所在的图层上(图层介绍详见第 5 章)。执行"图层(L)"选项，AutoCAD 提示如下。

输入偏移对象的图层选项 [当前(C)/源(S)] <源>:

此时，可通过"当前(C)"选项将偏移对象创建在当前图层，或通过"源(S)"选项将偏移对象创建在源对象所在的图层上。用户选择后，AutoCAD 提示如下。

指定偏移距离或 [通过(T)/删除(E)/图层(L)] <通过>:

根据提示进行操作即可。

3.7 阵列对象

利用 AutoCAD 2014，可以实现矩形阵列、环形阵列等多种阵列。图 3-2、图 3-3 分别是用于阵列操作的下拉菜单和工具栏。

图 3-2 阵列下拉菜单

图 3-3 阵列工具栏

3.7.1 矩形阵列

矩形阵列对象是指将选定的对象以矩形方式进行多重复制,如图 3-4 所示即为一个矩形阵列示例。

(a) 已有对象

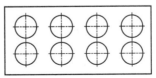

(b) 按 2 行、4 列阵列

图 3-4 矩形阵列示例

用于实现矩形阵列的命令是 ARRAYRECT,工具栏按钮为"修改"|(矩形阵列),菜单命令为"修改"|"阵列"|"矩形阵列"命令。

执行 ARRAYRECT 命令,AutoCAD 提示如下。

> 选择对象:(选择要阵列的对象)
> 选择对象:✓ (也可以继续选择阵列对象)
> 选择夹点以编辑阵列或 [关联(AS)/基点(B)/计数(COU)/间距(S)/列数(COL)/行数(R)/层数(L)/退出(X)] <退出>:

下面介绍在二维绘图中常用选项的功能。

1. 关联(AS)

指定阵列后得到的对象(包括源对象)是关联的还是独立的。如果选择关联,阵列后得到的对象(包括源对象)是一个整体,否则阵列后各图形对象为独立的对象。执行该选项,AutoCAD 提示如下。

> 创建关联阵列 [是(Y)/否(N)] <否>:

根据需要选择即可。

 提示

以"关联"方式阵列后,可通过分解功能将其分解,即取消关联(通过菜单的"修改"|"分解"命令实现)。

2. 计数(C)

指定阵列的行数和列数。执行该选项,AutoCAD 提示如下。

> 输入列数数或 [表达式(E)]:(输入阵列列数,也可以通过表达式确定列数)
> 输入行数数或 [表达式(E)]:(输入阵列行数,也可以通过表达式确定行数)
> 选择夹点以编辑阵列或 [关联(AS)/基点(B)/计数(COU)/间距(S)/列数(COL)/行数(R)/层数(L)/退出(X)] <退出>:(继续操作)

3. 间距(S)

设置阵列的列间距和行间距。执行该选项，AutoCAD 提示如下。

指定列之间的距离或 [单位单元(U)]: (指定列间距)
指定行之间的距离: (指定行间距)
选择夹点以编辑阵列或 [关联(AS)/基点(B)/计数(COU)/间距(S)/列数(COL)/行数(R)/层数(L)/退出(X)] <退出>:(继续操作)

4. 列数(COL)、行数(R)、层数(L)

分别设置阵列的列数、列间距；行数、行间距；层数(三维阵列)、层间距。

3.7.2 环形阵列

环形阵列是指将选定的对象围绕指定的圆心实现多重复制。如图 3-5 所示即为一个环形阵列示例。

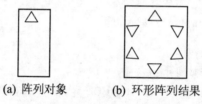

(a) 阵列对象   (b) 环形阵列结果

图 3-5 环形阵列示例

用于实现环形阵列的命令是 ARRAYPOLAR，工具栏按钮为"修改"| (环形阵列)，菜单命令为"修改"|"阵列"|"环形阵列"命令。

执行 ARRAYPOLAR 命令，AutoCAD 提示如下。

选择对象:(选择阵列对象)
选择对象:✓(也可以继续选择阵列对象)
指定阵列的中心点或 [基点(B)/旋转轴(A)]:

其中，"指定阵列的中心点"选项用于确定环形阵列时的阵列中心点。在"指定阵列的中心点或 [基点(B)/旋转轴(A)]:"提示下确定阵列中心点后，AutoCAD 提示如下。

选择夹点以编辑阵列或 [关联(AS)/基点(B)/项目(I)/项目间角度(A)/填充角度(F)/行(ROW)/层(L)/旋转项目(ROT)/退出(X)] <退出>:

其中，"项目(I)"选项用于设置阵列后所显示的对象数目；"项目间角度(A)"选项用于设置环形阵列后相邻两个对象之间的夹角；"填充角度(F)"选项用于设置阵列后第一个和最后一个项目之间的角度。

3.8 镜像对象

镜像对象是指将选中的对象相对于指定的镜像线进行镜像。此功能适用于绘制对称图形。用于

实现镜像对象操作的命令是 MIRROR，工具栏按钮为"修改"|▲(镜像)按钮，菜单命令为"修改"|
"镜像"命令。

执行 MIRROR 命令，AutoCAD 提示如下。

> 选择对象:(选择要镜像的对象)
> 选择对象:✓(可以继续选择对象)
> 指定镜像线的第一点:(确定镜像线上的一点)
> 指定镜像线的第二点:(确定镜像线上的另一点)
> 要删除源对象吗? [是(Y)/否(N)] <N>:

此提示询问用户是否要删除源操作对象。如果直接按 Enter 键或 Space 键，即执行默认选项"否
(N)"，AutoCAD 镜像复制对象，即镜像后保留源对象；如果执行"是(Y)"选项，AutoCAD 执行镜
像操作后删除源对象。

3.9 拉伸对象

拉伸对象通常用于将指定的对象拉长或压缩，但在一定条件下也可以移动图形。用于实现此操
作的命令是 STRETCH，工具栏按钮为"修改"|▣(拉伸)按钮，菜单命令为"修改"|"拉伸"命令。

执行 STRETCH 命令，AutoCAD 提示如下。

> 以交叉窗口或交叉多边形选择要拉伸的对象... (此提示说明用户只能以交叉窗口方式(即交叉矩形窗口，一般
> 用 C 响应)或交叉多边形方式(即不规则交叉窗口方式，用 CP 响应)选择对象)
> 选择对象:C✓ (或用 CP 响应)
> 指定第一个角点:(指定窗口的第一角点)
> 指定对角点:(指定窗口的对角点)
> 选择对象:✓(可以继续选择拉伸对象)
> 指定基点或 [位移(D)] <位移>:

下面介绍提示中各选项的含义及其操作方法。

1. 指定基点

确定拉伸或移动的基点，为默认选项。指定基点后，AutoCAD 提示如下。

> 指定第二个点或 <使用第一个点作为位移>:

在此提示下再确定一点，即执行"指定第二个点"选项，AutoCAD 将选择的对象从当前位置按
由所指定两点确定的位移矢量实现移动或拉伸，即 AutoCAD 移动位于选择窗口内的全部对象；将与
窗口边界相交的对象按规则拉伸或压缩，具体拉伸规则见后面的介绍。如果直接按 Enter 键或 Space
键，AutoCAD 将所指定的第一点的各坐标分量作为位移量拉伸或移动对象。

2. 位移(D)

根据位移量来移动对象。执行该选项，AutoCAD 提示如下。

指定位移:

如果在此提示下输入位移量,AutoCAD 将所选择对象根据该位移量按规则拉伸或移动。

一般来说,启动 STRETCH 命令后,当在"选择对象:"提示下选择对象时,对于用 LINE 和 ARC 等命令绘制的整个直线或圆弧对象均位于选择窗口内,执行结果是对它们进行移动。若对象的一端位于选择窗口内,另一端位于选择窗口外,即对象与选择窗口的边界相交,则有以下拉伸规则。

- 线段:位于选择窗口内的端点不动而位于选择窗口外的端点移动,直线由此发生对应的改变。
- 圆弧:与直线类似,但在圆弧改变过程中,圆弧的弦高保持不变,并由此调整圆心位置。
- 多段线:与直线或圆弧相似,但多段线两端的宽度、切线方向以及曲线的拟合信息均不改变。
- 其他对象:如果对象的定义点位于选择窗口内,对象发生移动,否则不移动。其中,圆的定义点为圆心,块的定义点为块插入点,文字和属性定义的定义点为字符串的位置定义点。

3.10 修剪对象

修剪对象是指用作为剪切边的对象修剪指定的对象,即将被修剪对象沿剪切边断开,并删除位于剪切边一侧或位于两条剪切边之间的对象。图 3-6 所示的是一个修剪对象的例子。

(a) 已有图形

(b) 修剪结果

图 3-6 修剪示例

用于实现修剪操作的命令是 TRIM,工具栏按钮为"修改" | ⟋ (修剪)按钮,菜单命令为"修改" | "修剪"命令。

执行 TRIM 命令,AutoCAD 提示如下。

> 选择剪切边...
> 选择对象或 <全部选择>:(选择作为剪切边的对象,按 Enter 键则选择全部对象)
> 选择对象✓(也可以继续选择对象)
> 选择要修剪的对象,或按住 Shift 键选择要延伸的对象,或
> [栏选(F)/窗交(C)/投影(P)/边(E)/删除(R)/放弃(U)]:

下面介绍提示中各选项的含义及其操作方法。

🖉 1. 选择要修剪的对象,或按住 Shift 键选择要延伸的对象

选择对象进行修剪或将其延伸到剪切边,为默认选项。用户在该提示下选择被修剪对象,AutoCAD 会以剪切边为边界,将被修剪对象位于拾取点一侧的多余部分或位于两条剪切边之间的对象剪切掉。如果被修剪对象没有与剪切边相交,在该提示下按住 Shift 键后选择对应的对象,AutoCAD 会将其延伸到剪切边。

2. 栏选(F)

以栏选方式确定被修剪对象。执行该选项，AutoCAD 提示如下。

指定第一个栏选点:(指定第一个栏选点)

指定下一个栏选点或 [放弃(U)]:(依次在此提示下确定各栏选点)

指定下一个栏选点或 [放弃(U)]:↙(AutoCAD 执行对应的修剪)

选择要修剪的对象，或按住 Shift 键选择要延伸的对象，或

[栏选(F)/窗交(C)/投影(P)/边(E)/删除(R)/放弃(U)]:↙(也可以继续选择操作对象，或进行其他操作或设置)

3. 窗交(C)

将与选择窗口边界相交的对象作为被修剪对象。执行该选项，AutoCAD 提示如下。

指定第一个角点:(确定窗口的第一角点)

指定对角点:(确定窗口的另一角点，AutoCAD 执行对应的修剪)

选择要修剪的对象，或按住 Shift 键选择要延伸的对象，或

[栏选(F)/窗交(C)/投影(P)/边(E)/删除(R)/放弃(U)]: ↙(也可以继续选择操作对象，或进行其他操作或设置)

4. 投影(P)

确定执行修剪操作的空间。

5. 边(E)

确定剪切边的隐含延伸模式。执行该选项，AutoCAD 提示如下。

输入隐含边延伸模式 [延伸(E)/不延伸(N)]:

● 延伸(E)

按延伸方式实现修剪。如果剪切边过短，未与被修剪对象相交，那么 AutoCAD 会假设延长剪切边，然后进行修剪操作。

● 不延伸(N)

只按边的实际相交情况进行修剪。如果剪切边过短，未与被修剪对象相交，则 AutoCAD 不给予修剪。

6. 删除(R)

删除指定的对象。执行该选项，AutoCAD 提示如下。

选择要删除的对象或 <退出>:(选择要删除的对象)

选择要删除的对象:↙(AutoCAD 执行对应的删除，也可以继续选择要删除的对象)

选择要修剪的对象，或按住 Shift 键选择要延伸的对象，或

[栏选(F)/窗交(C)/投影(P)/边(E)/删除(R)/放弃(U)]:(也可以继续选择操作对象，或进行其他操作或设置)

7. 放弃(U)

取消上一次操作。

3.11　延伸对象

　　延伸对象是指将指定的要延伸对象延伸到指定的边界对象(边界边)。用于实现此操作的命令是 EXTEND，工具栏按钮为"修改"|　⫞(延伸)按钮，菜单命令为"修改"|"延伸"命令。

　　执行 EXTEND 命令，AutoCAD 提示如下。

> 选择边界的边...
> 选择对象或 <全部选择>:(选择作为边界边的对象，按 Enter 键选择全部对象)
> 选择对象:✓(可以继续选择对象)
> 选择要延伸的对象，或按住 Shift 键选择要修剪的对象，或
> [栏选(F)/窗交(C)/投影(P)/边(E)/放弃(U)]:

　　下面介绍提示中各选项的含义及其操作方法。

1. 选择要延伸的对象，或按住 Shift 键选择要修剪的对象

　　选择对象进行延伸或修剪，为默认选项。在该提示下选择要延伸的对象，AutoCAD 将其延长到指定的边界对象。如果延伸对象与边界交叉，那么在该提示下按住 Shift 键，然后选择对应的对象，AutoCAD 会对其进行修剪操作，即用边界对象将位于拾取点一侧的对象修剪掉。

2. 栏选(F)

　　以栏选方式确定被延伸的对象。执行该选项，AutoCAD 提示如下。

> 指定第一个栏选点:(指定第一个栏选点)
> 指定下一个栏选点或 [放弃(U)]:(依次在此提示下确定其他各栏选点)
> 指定下一个栏选点或 [放弃(U)]:✓(AutoCAD 执行对应的延伸)
> 选择要延伸的对象，或按住 Shift 键选择要修剪的对象，或
> [栏选(F)/窗交(C)/投影(P)/边(E)/放弃(U)]: ✓(可以继续选择操作对象，或进行其他操作或设置)

3. 窗交(C)

　　使与选择窗口边界相交的对象作为被延伸对象。执行该选项，AutoCAD 提示如下。

> 指定第一个角点:(确定窗口的第一角点)
> 指定对角点:(确定窗口的另一角点，而后 AutoCAD 执行对应的延伸)
> 选择要延伸的对象，或按住 Shift 键选择要修剪的对象，或
> [栏选(F)/窗交(C)/投影(P)/边(E)/放弃(U)]: ✓(可以继续选择操作对象，或进行其他操作或设置)

4. 投影(P)

　　确定执行延伸操作的空间。

5. 边(E)

　　确定延伸的模式。执行该选项，AutoCAD 提示如下。

输入隐含边延伸模式 [延伸(E)/不延伸(N)]:

- 延伸(E)

按延伸模式进行延伸操作。即如果边界对象过短，并且被延伸对象延伸后不能与其相交，AutoCAD 会假设延长边界对象，使被延伸对象延伸到与其相交的位置。

- 不延伸(N)

按边的实际位置进行延伸操作。即如果边界对象过短，并且被延伸对象延伸后不能与其相交，则不进行延伸操作。

6. 放弃(U)

取消上一次操作。

3.12 打断对象

打断对象是指将已有对象在指定点处分成两部分，或删除对象上所指定两点之间的部分。用于实现此操作的命令是 BREAK，工具栏按钮为"修改"|（打断)按钮或"修改"|（打断于点)按钮，菜单命令为"修改"|"打断"命令。

执行 BREAK 命令，AutoCAD 提示如下。

选择对象:(选择要断开的对象。请注意：此时只能用直接拾取的方式选择一个对象)
指定第二个打断点或 [第一点(F)]:

下面介绍提示中各选项的含义及其操作方法。

1. 指定第二个打断点

AutoCAD 以用户选择对象时的选择点作为第一断点，并提示用户确定第二断点。用户可以有以下几种选择。

- 如果直接在对象上的另一点处单击，AutoCAD 将对象上位于两个选择点之间的对象删除。
- 如果输入符号@，然后按 Enter 键或 Space 键，AutoCAD 将在选择对象时的选择点处将对象一分为二。
- 如果在对象的某一端之外任意拾取一点，AutoCAD 将位于两个选择点之间的对象部分删除。

2. 第一点(F)

重新确定第一断点。执行该选项，AutoCAD 提示如下。

指定第一个打断点:(重新确定第一断点)
指定第二个打断点:

在此提示下，按前面介绍的 3 种方法确定第二断点即可。

3.13 创建倒角

创建倒角是指在两条直线之间创建倒角。用于实现此操作的命令是 CHAMFER，工具栏按钮为"修改" | ◻(倒角)按钮，菜单命令为"修改" | "倒角"命令。

执行 CHAMFER 命令，AutoCAD 提示如下。

> （"修剪"模式）当前倒角距离 1 = 0.0000，距离 2 = 0.0000
> 选择第一条直线或 [放弃(U)/多段线(P)/距离(D)/角度(A)/修剪(T)/方式(E)/多个(M)]:

提示的第一行说明当前的倒角操作属于"修剪"模式，且第一、第二倒角距离均为 0。下面介绍第二行提示中各选项的含义及其操作方法。

1. 选择第一条直线

选择进行倒角的第一条线段，为默认选项。执行该默认选项后，AutoCAD 继续提示如下。

> 选择第二条直线，或按住 Shift 键选择要应用角点或 [距离(D)/角度(A)/方法(M)]:

在该提示下选择相邻的另一条线段，AutoCAD 按当前的倒角设置对它们倒角。如果按下 Shift 键，然后选择相邻的另一条线段，AutoCAD 则可以创建零距离倒角，使两条直线准确相交。

执行 CHAMFER 命令，如果当前的倒角设置不符合要求，则需要先通过其他选项进行设置(如设置倒角距离等)，然后再通过选择"选择第一条直线"选项进行倒角操作。

2. 多段线(P)

对整条多段线倒角。执行该选项，AutoCAD 提示如下。

> 选择二维多段线:

在该提示下选择多段线后，AutoCAD 会在多段线的各角点处倒角。

3. 距离(D)

设置倒角距离。执行该选项，AutoCAD 依次提示如下。

> 指定第一个倒角距离:(输入第一倒角距离)
> 指定第二个倒角距离:(输入第二倒角距离)
> 选择第一条直线或 [放弃(U)/多段线(P)/距离(D)/角度(A)/修剪(T)/方式(E)/多个(M)]:(进行其他设置或操作)

如果设置了不同的倒角距离，AutoCAD 将对所拾取的第一、第二条直线分别按第一、第二倒角距离倒角；如果将倒角距离设为零，AutoCAD 会延长或修剪这两条直线，使二者相交于一点。

4. 角度(A)

根据倒角距离和角度来设置倒角尺寸。倒角距离和倒角角度的含义如图 3-7 所示。执行"角度(A)"选项，AutoCAD 依次提示如下。

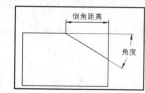

图 3-7 倒角距离与倒角角度的含义

指定第一条直线的倒角长度:(指定第一条直线的倒角距离)
指定第一条直线的倒角角度:(指定第一条直线的倒角角度)
选择第一条直线或 [放弃(U)/多段线(P)/距离(D)/角度(A)/修剪(T)/方式(E)/多个(M)]:(进行其他设置或操作)

5. 修剪(T)

确定倒角后是否对相应的倒角边进行修剪。执行该选项，AutoCAD 提示如下。

输入修剪模式选项 [修剪(T)/不修剪(N)]<修剪>:

其中，"修剪(T)"选项表示倒角后对倒角边进行修剪；"不修剪(N)"选项则表示不对倒角边进行修剪。

6. 方式(E)

确定倒角的方式，选择根据已设置的两个倒角距离倒角或根据距离和角度设置倒角。执行该选项，AutoCAD 提示如下。

输入修剪方法 [距离(D)/角度(A)]<距离>:

其中，执行"距离(D)"选项表示将按两条边的倒角距离设置进行倒角；执行"角度(A)"选项则表示根据边距离和倒角角度设置进行倒角。

7. 多个(M)

如果执行该选项，当用户选择两条直线完成倒角后，可以继续对其他直线倒角，不必重新执行 CHAMFER 命令。

8. 放弃(U)

放弃已进行的设置或操作。

3.14　创建圆角

创建圆角是指在两个对象(一般为直线或圆弧)之间创建出圆角。用于实现此操作的命令为 FILLET，工具栏按钮为"修改"|　(圆角)按钮，菜单命令为"修改"|"圆角"命令。

执行 FILLET 命令，AutoCAD 提示如下。

当前设置: 模式 = 修剪，半径 = 0.0000
选择第一个对象或 [放弃(U)/多段线(P)/半径(R)/修剪(T)/多个(M)]:

提示的第一行说明当前的创建圆角操作采用了"修剪"模式，且圆角半径为 0。下面介绍第二行提示中各选项的含义及其操作方法。

1. 选择第一个对象

该提示要求选择创建圆角的第一个对象为默认选项。选择对象后，AutoCAD 继续提示如下。

选择第二个对象，或按住 Shift 键选择要应用角点的对象或 [半径(R)]:

在此提示下选择另一个对象，AutoCAD 按当前的圆角半径设置对它们创建圆角。如果按住 Shift 键，选择相邻的另一个对象，则可以使两个对象准确相交。

2. 多段线(P)

对二维多段线创建圆角，执行该选项，AutoCAD 提示如下。

选择二维多段线:

在此提示下选择二维多段线后，AutoCAD 按当前的圆角半径设置在多段线的各顶点处创建圆角。

3. 半径(R)

设置圆角半径。执行该选项，AutoCAD 提示如下。

指定圆角半径:

此提示要求输入圆角的半径值。用户响应后，AutoCAD 继续提示如下。

选择第一个对象或 [放弃(U)/多段线(P)/半径(R)/修剪(T)/多个(M)]:

4. 修剪(T)

确定创建圆角操作的修剪模式。执行该选项，AutoCAD 提示如下。

输入修剪模式选项 [修剪(T)/不修剪(N)] <不修剪>:

其中，执行"修剪(T)"选项表示在创建圆角的同时对相应的两个对象进行修剪；执行"不修剪(N)"选项则表示不进行修剪。

5. 多个(M)

用户执行该选项且选择两个对象创建圆角后，可以继续对其他对象创建圆角，不必重新执行 FILLET 命令。

6. 放弃(U)

放弃已进行的设置或操作。

第4章　图层设置、精确绘图和图形显示控制

利用 AutoCAD 的图层功能，可以设置绘图线型与颜色等。利用精确绘图功能，可以提高绘图的效率与准确性。利用图形显示控制功能，能够控制图形的显示比例与显示位置。本章主要介绍如何设置图层。AutoCAD 提供的精确绘图工具包括：栅格捕捉与栅格显示功能、正交功能、对象捕捉功能、极轴追踪功能等，以及如何控制图形的显示比例与显示位置。

中文版 AutoCAD 2014 机械图形设计

4.1 图层

4.1.1 图层操作

用于管理图层的命令是 LAYER，工具栏按钮为"图层" | (图层特性管理器)按钮，菜单命令为"格式" | "图层"命令。

执行 LAYER 命令，打开如图 4-1 所示的图层特性管理器(图中的"图层 1"~"图层 6"是笔者创建的图层)。

图 4-1 图层特性管理器

该对话框由树状图窗格(位于左侧的树状图区域)、列表框窗格(位于右侧的大列表框)以及按钮等组成。下面介绍对话框中主要选项的功能。

1. "新建图层"按钮

用于建立新图层。步骤：单击该按钮，AutoCAD 自动建立名为"图层 n"的图层(n 为起始于 1 且按已定义图层的数量顺序排列的数字)。用户可以修改新建图层的名称。步骤：在图层列表框中选中对应的图层，单击其名称，名称变为编辑模式，然后在对应的文本框中输入新名称即可。

2. "删除图层"按钮

用于删除图层。步骤：在图层列表框中选中要删除的图层，单击"删除图层"按钮，选中图层行的"状态"列显示一个小叉图标，单击对话框中的"应用"按钮，即可删除该图层。

提示

要删除的图层必须是空图层，即图层上没有图形对象，否则 AutoCAD 会拒绝执行删除操作。

3. "置为当前"按钮

用于将某一图层置为当前绘图图层。步骤：在图层列表框选中图层，单击"置为当前"按钮，AutoCAD 会在此按钮右边的标签框中显示当前图层的名称，并在选中图层行的"状态"列显示图标。

4. 树状图窗格

用于显示图形中图层和过滤器的层次结构列表。顶层节点"全部"可显示出图形中的所有图层。

5. 图层列表框

用于显示满足过滤条件的已有图层(或新建图层)以及相关设置。图层列表框中的第一行为标题行。下面介绍标题行中各标题的含义。

- "状态"列

用于通过列表显示图层的当前状态，即图层是否为当前图层(当前图层的图标为 ✔)等。

- "名称"列

用于显示各图层的名称。如图 4-1 所示的对话框说明当前已有名为 0(默认图层)、"图层 1"~"图层 6"的图层。单击"名称"标题，可以调整图层的排列顺序，使图层根据其名称按顺序或逆序的列表显示。

- "开"列

用于说明图层是处于打开状态还是关闭状态。如果图层被打开，该层上的图形可以在显示器上显示或在绘图仪上绘出。被关闭的图层仍然为图形的一部分，但关闭图层上的图形不显示，也不能通过输出设备输出到图纸。可以根据需要打开或关闭图层。

在图层列表框中，与"开"对应的列是小灯泡图标。通过单击小灯泡图标可以实现打开和关闭图层之间的切换。如果灯泡为黄色，表示对应层是打开图层；如果为灰色，则表示对应层是关闭图层。

如果要关闭当前层，AutoCAD 会显示对应的提示信息，警告正在关闭当前图层，但用户可以关闭当前图层。显然，关闭当前图层后，所绘制的图形均不能显示。

- "冻结"列

用于说明图层处于被冻结还是解冻状态。如果图层被冻结，该层上的图形对象不能被显示或输出到图纸上，而且也不参与图形之间的运算，被解冻的图层则正好相反。从可见性来说，冻结图层与关闭图层相同，但冻结图层上的对象不参与处理过程的运算，而关闭图层上的对象可以参与运算。因此在复杂图形中，冻结不需要的图层可以加快系统重新生成图形的速度。

在图层列表框中，"冻结"列显示为太阳或雪花图标。太阳表示对应的图层没有被冻结，雪花则表示图层被冻结。单击这些图标可以实现图层冻结与解冻之间的切换。用户不能冻结当前图层，也不能将冻结图层设为当前层。

单击"冻结"标题，可以调整各图层的排列顺序，将当前冻结的图层放在列表的最前面或最后面。

- "锁定"列

用于说明图层是被锁定的还是解锁的。锁定并不影响图层上图形对象的显示，但用户不能改变锁定图层上的对象，不能对其进行编辑操作。如果锁定图层为当前层，用户仍可以在该图层上绘图。

图层列表框中，"锁定"列显示为关闭或打开的锁图标。锁打开表示该图层为非锁定层；锁关闭则表示对应图层为锁定层。单击这些图标可以实现图层锁定与解锁之间的切换。

同样，单击图层列表框中的"锁定"标题，可以调整图层的排列顺序，使当前锁定图层位于列表的前面或后面。

- "颜色"列

用于说明图层的颜色(图层的颜色是指在图层上绘图时图形对象的颜色)。与"颜色"对应列上的各小方块状图标的颜色反映了对应图层的颜色，同时在图标的右侧还将显示出颜色的名称。如果要改变某一图层的颜色，单击对应的图标，打开"选择颜色"对话框，从中进行选择即可。

- "线型"列

用于说明图层的线型(图层的线型是指在该层上绘图时图形对象的线型)。如果要改变某一图层的线型，单击该图层的原有线型名称，打开"选择线型"对话框，从中进行选择即可。

- "线宽"列

用于说明图层的线宽(图层的线宽是指在该层上绘图时图形对象的线宽)。如果要改变某一图层的线宽，单击该层上的对应项，AutoCAD 打开"线宽"对话框，从中进行选择即可。

使用 AutoCAD 绘制工程图时，有两种确定线宽的方式。一种方法与手工绘图类似，即直接为构成图形对象的不同线型设置对应的宽度，在所绘图形中可以显示线宽。另一种方法是将有不同线宽要求的图形对象用不同的颜色表示，但其绘图线宽仍采用 AutoCAD 的默认宽度，不设置具体的宽度，当通过打印机或绘图仪输出图形时，利用打印样式，将不同颜色的对象设成不同的线宽，即在 AutoCAD 环境中显示的图形没有线宽，而通过绘图仪或打印机将图形输出到图纸后才反映出线宽。本书采用了后一种方法，具体设置详见 8.1.7 节。

- "打印样式"列

用于修改与选中图层相关联的打印样式。

- "打印"列

用于确定是否打印选中图层上的图形，单击相应的按钮选择即可。此功能只对可见图层起作用，即只对没有冻结和没有关闭的图层起作用。

本书 8.1.2 节给出了一个图层设置的应用示例。

4.1.2 图层工具栏

前面已经介绍过，当在某一图层上绘图时，首先应将该图层设置为当前图层，用户可以对图层执行关闭、冻结及锁定等操作。利用如图 4-2 所示的"图层"工具栏，可方便地实现这些操作。

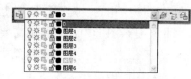

图 4-2 "图层"工具栏

在"图层"工具栏中，(图层特性管理器)按钮用于打开图层特性管理器。

图层控制下拉列表框中列出了当前已有的图层以及图层状态。绘图时，在列表中单击对应的图层名，即可将该图层设为当前图层。还可以通过该列表将图层设置为打开或关闭、冻结或解冻、锁定或解锁等状态，单击列表中对应的图标即可实现相应的设置。

(将对象的图层置为当前)按钮用于将指定对象所在的图层置为当前图层。单击此按钮，AutoCAD 提示如下。

选择将使其图层成为当前图层的对象:

在该提示下选择对应对象，即可将该对象所在的图层置为当前图层。

(上一个图层)按钮用于取消最后一次对图层的设置或修改，恢复到前一个图层设置。

4.2 精确绘图

本节介绍 AutoCAD 2014 提供的一些精确绘图工具，包括栅格显示与栅格捕捉功能、正交功能、对象捕捉功能以及极轴追踪功能等。

4.2.1　栅格显示与栅格捕捉

1. 栅格显示

指在绘图屏幕上显示出按指定的行间距和列间距均匀分布的栅格点，如图 4-3 所示。

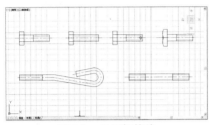

图 4-3　显示栅格线

从图 4-3 可以看出，这些栅格线与坐标纸的功能相似。绘图过程中利用栅格可以方便地实现图形之间的对齐，或确定图形对象之间的距离等。

可以通过如下方式实现栅格显示与否(即是否显示栅格线)之间的切换。

- 单击状态栏上的▦(栅格显示)按钮。按钮变蓝时启用栅格显示功能，即在绘图窗口内显示出栅格线；按钮变灰则关闭栅格线的显示。
- 按 F7 键。

2. 栅格捕捉

指 AutoCAD 可以生成按指定行间距和列间距隐含均匀分布于屏幕上的栅格点，绘制图形时，当通过鼠标移动光标确定点的位置时，栅格点能够捕捉光标，使光标只能落到其中的一个栅格点上(故称其为捕捉栅格)。利用栅格捕捉功能，可以使光标按指定的步距，即栅格捕捉间距精确移动。

可以通过以下方式实现启用栅格捕捉与否之间的切换。

- 单击状态栏上的▦(捕捉模式)按钮。按钮变蓝时启用栅格捕捉功能；否则关闭栅格捕捉功能。
- 按 F9 键。

利用 AutoCAD 提供的"草图设置"对话框中的"捕捉和栅格"选项卡，用户可以设置栅格捕捉时的光标移动步距和栅格线显示时的线间距，如图 4-4 所示。选择"工具"|"绘图设置"命令可打开"草图设置"对话框。

在图 4-4 所示的"捕捉和栅格"选项卡中，"启用捕捉"复选框用于确定是否启用栅格捕捉功能。在选项卡的"捕捉

图 4-4　"捕捉和栅格"选项卡

间距"选项组中，"捕捉 X 轴间距"和"捕捉 Y 轴间距"文本框分别用于确定捕捉栅格点之间沿 X 轴方向和沿 Y 轴方向的距离(它们的值既可以相等也可以不等)，即列间距和行间距，在对应文本框中输入距离值即可。

"启用栅格"复选框用于确定是否显示栅格，选中该复选框显示栅格，否则不显示。在"栅格间

距"选项组中，"栅格 X 轴间距"和"栅格 Y 轴间距"文本框分别用于确定栅格线之间沿 X 方向和沿 Y 方向的距离(它们的值可以相等，也可以不等)，即列间距和行间距，在对应文本框中输入数值即可。

在"栅格行为"选项组中，选中"显示超出界限的栅格"复选框，启用栅格显示后，会在整个绘图窗口中显示栅格线。如果取消选中"显示超出界限的栅格"复选框，启用栅格显示后，栅格线则只显示在由 LIMITS 命令设置的绘图范围内。

需要说明的是，栅格捕捉与显示栅格的栅格间距既可以相同，也可以不同。

本书 9.4 节给出了一个利用栅格显示、栅格捕捉功能绘图的例子。

4.2.2 对象捕捉

使用 AutoCAD 绘图时可能会出现以下情况：当用户希望通过拾取点的方式确定某些特殊点时(如圆心、切点、线或圆弧的端点与中点等)，要准确地拾取到这些点十分困难，甚至不可能。例如，用 LINE 命令，以某圆的圆心为起始点绘制直线时，直接用拾取的方式找此圆心非常困难。为解决诸如此类的问题，AutoCAD 2014 提供了对象捕捉功能，利用该功能，可以迅速、准确地捕捉到某些特殊点，从而能够迅速、准确地绘制出图形。

利用 AutoCAD 2014 提供的如图 4-5 所示的"对象捕捉"工具栏和如图 4-6 所示的对象捕捉快捷菜单(打开该菜单的方式是：按下 Shift 键后右击)，可执行对应的对象捕捉功能。

图 4-5　对象捕捉工具栏　　　　　图 4-6　对象捕捉快捷菜单

表 4-1 列出了如图 4-5 所示的工具栏和如图 4-6 所示的菜单中的主要对象捕捉功能。

表 4-1　对象捕捉模式

菜 单 项	工具栏按钮	功　　能
临时追踪点	⊷ (临时追踪点)	确定临时追踪点
自	🗋 (捕捉自)	临时指定一点为基点，用于相对于该点确定另一点
端点	⁄ (捕捉到端点)	捕捉线段、圆弧、椭圆弧、多段线、样条曲线、射线等对象的端点
中点	⁄ (捕捉到中点)	捕捉线段、圆弧、椭圆弧、多线、多段线、样条曲线等对象的中点
交点	✕ (捕捉到交点)	捕捉线、圆弧、圆、椭圆、椭圆弧、多线、多段线、射线、样条曲线、构造线等对象之间的交叉点
外观交点	✕ (捕捉到外观交点)	如果延伸线段、圆弧、圆等对象后，它们之间能够相互交叉形成交叉点，捕捉这样的交叉点
延长线	— (捕捉到延长线)	通过将已有线或弧的端点假想地延伸一定距离来确定另一点

（续表）

菜 单 项	工具栏按钮	功　　能
圆心	◎ (捕捉到圆心)	捕捉圆、圆弧、椭圆、椭圆弧的圆心
象限点	◇ (捕捉到象限点)	捕捉圆、圆弧、椭圆、椭圆弧上的象限点
切点	○ (捕捉到切点)	捕捉切点
垂足	⊥ (捕捉到垂足)	捕捉垂足点
平行线	∥ (捕捉到平行线)	确定与指定对象平行的线上的一点
插入点	⊡ (捕捉到插入点)	捕捉块、文字等的插入点
节点	○ (捕捉到节点)	捕捉用 POINT、DIVIDE、MEASURE 等命令生成的点对象、以及尺寸定义点、尺寸文字定义点
最近点	⊠ (捕捉到最近点)	捕捉离拾取点最近的线段、圆、圆弧等对象上的点
无	⊠ (无捕捉)	取消捕捉模式
两点之间的中点	无	根据指定的两点确定位于该两点连线上的中点
点过滤器	无	确定与指定点某一坐标分量相同的点

　　打开本书光盘中的文件"DWG\第 04 章\图 4-7a.dwg"，如图 4-7(a)所示。绘制图形中的其他部分，结果如图 4-7(b)所示。

　　具体步骤如下。

01 从 A 点向圆绘制切线

　　选择"绘图"|"直线"命令，或单击"绘图"工具栏中的直线按钮／，即执行 LINE 命令，AutoCAD 提示如下。

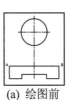

(a) 绘图前　　　(b) 绘图后

图 4-7　利用对象捕捉绘制直线

　　指定第一个点:

> **注意**
>
> 　　AutoCAD 2014 提供了"动态输入"功能，即执行某一 AutoCAD 命令并进行相应的操作时，AutoCAD 会在屏幕上随光标动态显示对应的工具提示，如图 4-8 所示。此时用户可以通过工具提示直接输入直线端点的坐标值。
>
> 　　通过状态栏中的"动态输入"按钮╶┼╴，可实现是否使用动态输入之间的切换。
>
> 　　在本书介绍的各绘图示例中，均关闭了"动态输入"功能。

　　通过捕捉端点的方式确定 A 点的位置，即单击"对象捕捉"工具栏中的"捕捉到端点"按钮／，或在对象捕捉快捷菜单中选择"端点"选项，AutoCAD 提示如下。

　　_endp 于

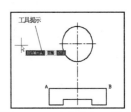

图 4-8　"动态输入"模式

将光标定位在 A 点附近，AutoCAD 会自动捕捉到端点 A，并作出对应的提示，如图 4-9 所示。此时单击鼠标左键，AutoCAD 将端点 A 作为直线的起点，同时提示如下。

> 指定下一点或 [放弃(U)]:

确定切点位置。单击"对象捕捉"工具栏中的"捕捉到切点"按钮 ○，或在对象捕捉快捷菜单中选择"圆心"选项，AutoCAD 提示如下。

> _tan 到

将光标定位在圆的左侧轮廓上，AutoCAD 会自动捕捉到切点，并给出对应的提示，如图 4-10 所示。此时单击鼠标左键，AutoCAD 将捕捉到的切点作为直线的另一端点绘出直线，同时提示如下。

> 指定下一点或[放弃(U)]:↙

同样的方法，从 B 点向圆绘制切线(或镜像已有直线)。

图 4-9 捕捉端点

图 4-10 捕捉切点

02 绘制矩形

选择"绘图"|"矩形"命令，或单击"绘图"工具栏中的"矩形"按钮 □，即执行 RECTANG 命令，AutoCAD 提示如下。

> 指定第一个角点或 [倒角(C)/标高(E)/圆角(F)/厚度(T)/宽度(W)]:(单击"对象捕捉"工具栏中的 🔑 (捕捉自)
> 按钮，或在对象捕捉快捷菜单中选择"自")
> _from 基点:(单击"对象捕捉"工具栏中的"捕捉到端点"按钮 ✏ ，或在对象捕捉快捷菜单中选择"端点")
> _endp 于(将光标定位到 A 点附近，AutoCAD 捕捉到该端点，单击鼠标左键)
> <偏移>: @30,10↙(相对于 A 点确定矩形的左下角点位置)
> 指定另一个角点或 [尺寸(D)]: @60,20↙(矩形的宽与高)

执行结果：绘制出符合要求的矩形。

注意

本例通过为 A 点指定相对偏移量来确定矩形的左下角点。

本书光盘中的文件"DWG\第 04 章\图 4-7b.dwg"是本练习图形的最终结果。

注意

只有当 AutoCAD 提示用户确定某一点时 (如要求指定圆心、第一点或对角点等)，才可以使用对象捕捉功能。初学者可能会直接在"命令:"提示下，单击某一对象捕捉按钮，以便捕捉某一特殊点，但此时 AutoCAD 会提示"未知命令"，因为 AutoCAD 不知道用户捕捉点的目的。

注意

　　在本书后续章节中，需要对象捕捉的地方，将直接进行说明，如捕捉端点、捕捉圆心或捕捉交点等，不再详细说明其操作过程。

4.2.3　自动对象捕捉

　　虽然对象捕捉功能可以提高用户的绘图效率与绘图准确性，但绘图时如果需要多次使用对象捕捉功能，使用前面介绍的方法则需要频繁地单击"对象捕捉"工具栏中的对应按钮或选择对象捕捉快捷菜单中的对应命令，并要根据提示选择对应的对象，十分繁琐。AutoCAD 2014 提供了自动对象捕捉功能。启用此功能，绘图时 AutoCAD 会一直保持对象捕捉状态，当在确定点的提示下将光标移到可以自动捕捉到的点时，AutoCAD 会自动显示捕捉到对应点的标记，此时单击，即可确定出对应的点。

　　如图 4-11 所示，利用 AutoCAD 所提供"草图设置"对话框中的"对象捕捉"选项卡，可设置当启用自动对象捕捉功能后，AutoCAD 捕捉到对应的点。选择"工具"|"绘图设置"命令，可以打开"草图设置"对话框。用户可以通过"对象捕捉"选项卡中的"对象捕捉模式"选项组确定启用自动对象捕捉功能(即选中"启用对象捕捉"按钮)，AutoCAD 即可自动捕捉到对应的点。

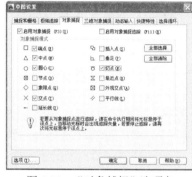

图 4-11　"对象捕捉"选项卡

注意

　　绘图过程中，可以通过单击状态栏上的▢(对象捕捉)按钮或按 F3 键的方式，随时启用或关闭自动对象捕捉功能。

　　对于 AutoCAD 2014，在状态栏中的▢(对象捕捉)按钮上右击，会弹出一个快捷菜单，菜单中列有与图 4-11 中的"对象捕捉模式"选项组中的各项对应的菜单项，用户也可以通过此菜单快速确定自动对象捕捉的捕捉项。

注意

　　当把光标移到某一位置准备通过拾取点的方式来确定一点时，AutoCAD 却显示出捕捉到某一特殊点的标记，如果此时左击，AutoCAD 会以捕捉到的点为对应点，而并不是目标点，其原因是启用了自动对象捕捉功能。如果在此之前单击状态栏上的▢(对象捕捉)按钮，关闭自动对象捕捉功能，就能够避免此类问题的发生。

注意

有时当通过自动对象捕捉功能确定特殊点时，AutoCAD 并不能捕捉到这些点，其原因可能是没有设置对应的自动捕捉模式。此时应通过图 4-11 所示的"对象捕捉"选项卡或通过对应的快捷菜单进行设置。

4.2.4　极轴追踪

极轴追踪是当 AutoCAD 提示用户指定点的位置时(如指定直线的另一端点)，用户拖动光标，使光标接近预先设定的方向(即极轴追踪方向)，AutoCAD 会自动将橡皮筋线吸附到该方向，同时沿该方向显示极轴追踪矢量，并浮出一个小标签，说明当前光标位置相对于前一点的极坐标，如图 4-12 所示。

极轴追踪矢量的起始点又称为追踪点。

从图 4-12 可以看出，当前光标位置相对于前一点的极坐标为 33.3<135°，即两点之间的距离为 33.3，极轴追踪矢量与 X 轴正方向的夹角为 135°。此时单击鼠标左键，AutoCAD 会将该点作为绘图所需点；如果直接输入一个数值(如输入 50)，AutoCAD 则会沿极轴追踪矢量方向按此长度值确定出点的位置；如果沿极轴追踪矢量方向拖动鼠标，AutoCAD 会通过浮出的小标签动态显示与光标位置对应的极轴追踪矢量的值(即显示"距离<角度")。

用户可以设置是否启用极轴追踪功能以及极轴追踪方向等性能参数，设置过程如下。

选择"工具"|"绘图设置"命令，即执行 DSETTINGS 命令，打开"草图设置"对话框，打开对话框中的"极轴追踪"选项卡，如图 4-13 所示。

图 4-12　显示极轴追踪矢量

图 4-13　"极轴追踪"选项卡

在图 4-13 的对话框中，"启用极轴追踪"复选框用于确定是否启用极轴追踪。选中该复选框即启用；否则不启用。在绘图过程中，可以通过单击状态栏上的 ⌀(极轴追踪)按钮或按 F10 键实现是否启用极轴追踪功能之间的切换。

在图 4-13 的对话框中，"极轴角设置"选项组用于确定极轴追踪的追踪方向。可以通过"增量角"下拉列表框确定追踪方向的角度增量，列表中有 90°、45°、30°、22.5°、18°、15°、10° 和 5° 几种选择。例如，选择 15°，则表示 AutoCAD 将在 0°、15°、30° 等以 15° 为角度增量的方向进行极轴追踪。"附加角"复选框用于确定除由"增量角"下拉列表框设置追踪方向外，是否再附加其他追踪方向。如果选中此复选框，可通过"新建"按钮确定附加追踪方向的角度，通过"删除"按钮可以删除已有的附加角度。

利用极轴追踪模式，可以通过输入各直线长度的方式绘制直线，效果如图 4-14 所示。本练习中，各斜线的倾斜角度均为 30° 的倍数，因此将极轴追踪角设为 30。具体步骤如下(首先需要启用极轴追踪功能)。

注意

> 设置极轴追踪角度增量的另一种方法是：在状态栏的 ◢(极轴追踪)按钮上右击，从弹出的快捷菜单中(参见图 4-15)选择对应的增量角。

01 设置极轴追踪角

在状态栏的 ◢(极轴追踪)按钮上右击，从弹出的快捷菜单中选中 30，如图 4-15 所示。

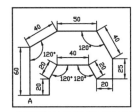

图 4-14　利用极轴追踪模式绘制直线　　图 4-15　利用快捷菜单进行极轴追踪增量角设置

02 绘制直线

选择"绘图"｜"直线"命令，或单击"绘图"工具栏中的"直线"按钮 ，即执行 LINE 命令，AutoCAD 提示如下。

> 指定第一个点:(在屏幕上的适当位置拾取一点作为 A 点)
> 指定下一点或 [放弃(U)]:(在该提示下向上拖动鼠标，AutoCAD 浮出相应的标签，如图 4-16 所示，此时输入 60 后，按 Enter 键)
> 指定下一点或 [放弃(U)]:(在该提示下向右上方拖动鼠标，AutoCAD 沿 30°方向浮出相应的标签，如图 4-17 所示。输入 40，按 Enter 键)

 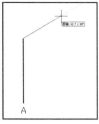

图 4-16　极轴追踪 1　　图 4-17　极轴追踪 2

使用同样的方式依次绘制其他直线，最后用 C 响应封闭直线，即可得到如图 4-14 所示的图形。

本书光盘中的文件"DWG\第 04 章\图 4-14.dwg"是本练习图形的最终结果。

4.2.5　对象捕捉追踪

对象捕捉追踪(又称为自动追踪)是对象捕捉与极轴追踪的综合。例如，已知图 4-18(a)中有一个圆和一条直线，当执行 LINE 命令确定直线的起始点时，利用对象捕捉追踪可以找到一些特殊点，如图 4-18(b)和图 4-18(c)所示。

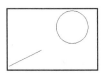 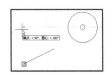 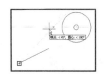

(a) 已有图形对象　　　　(b) 捕捉特殊点 1　　　　(c) 捕捉特殊点 2

图 4-18　对象捕捉追踪

图 4-18(b)中，所捕捉到点的 X、Y 坐标分别与已有直线端点的 X 坐标和已有圆的圆心的 Y 坐标相同。图 4-18(c)中，所捕捉到点的 Y 坐标与圆心的 Y 坐标相同，且位于相对于已有直线端点的 45°方向。单击鼠标左键，即可得到对应的点。

利用对象捕捉追踪功能可以很容易地得到如图 4-18(b)和图 4-18(c)所示的点。下面介绍如何启用对象捕捉追踪功能及其操作方式。

1. 启用对象捕捉追踪

要使用对象捕捉追踪功能，应首先启用极轴追踪和自动对象捕捉功能，即单击状态栏上的 ☑(极轴追踪)按钮和 ▢(对象捕捉)按钮，使其变成蓝色，并根据绘图需要设置极轴追踪的增量角，设置自动对象捕捉的默认捕捉模式。

在"草图设置"对话框中的"对象捕捉"选项卡中(参见图 4-11)，"启用对象捕捉追踪"复选框用于确定是否启用对象捕捉追踪功能。在绘图过程中，利用 F11 键或单击状态栏上的 ☑(对象捕捉追踪)按钮，可以随时切换是否启用对象捕捉追踪功能。

用户可利用图 4-13 所示的选项卡设置极轴追踪的增量角，利用图 4-11 所示的选项卡设置自动对象捕捉的默认捕捉模式。

2. 使用对象捕捉追踪

下面仍以图 4-18 为例说明对象捕捉追踪的使用方法。启用极轴追踪、自动对象捕捉以及对象捕捉追踪，并通过"草图设置"对话框中的"极轴追踪"选项卡(参见图 4-13)或对应的快捷菜单(参见图 4-15)将增量角设置为 45°，通过"对象捕捉"选项卡(参见图 4-11)选中自动对象捕捉模式中的"端点、圆心"等选项。

执行 LINE 命令，AutoCAD 提示如下。

指定第一个点:

将光标定位在直线端点附近，AutoCAD 捕捉到作为追踪点的对应端点，并显示捕捉标记与标签提示，如图 4-19 所示。

将光标定位到圆心位置附近，AutoCAD 捕捉到作为追踪点的对应圆心，并显示出捕捉标记与标签提示，如图 4-20 所示。

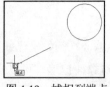

图 4-19　捕捉到端点

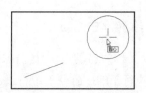

图 4-20　捕捉到圆心

然后拖动鼠标，当光标的 X、Y 坐标分别与直线端点的 X 坐标和圆心的 Y 坐标接近时，AutoCAD 从两个捕捉到的点(即追踪点)引出的追踪矢量(此时的追踪矢量沿两个方向延伸，称其为全屏追踪矢量)就会捕捉到对应的特殊点，并浮出说明光标位置的标签，如图 4-18(b)所示。此时单击鼠标左键，就可以将该点作为直线的起始点，根据提示进行其他操作。

如果不单击，而是继续向右移动鼠标，则可以捕捉到图 4-18(c)所示的特殊点。

4.3　图形显示缩放和移动

在绘图过程中，可以通过实时平移和实时缩放的方式，改变窗口中图形的显示位置与显示比例，以便局部显示某一绘图区域，或在计算机屏幕上显示出整个图形。

用于实现缩放操作的菜单命令位于"视图"│"缩放"的子菜单中，如图 4-21 所示。在"标准"工具栏中，🖑 按钮用于实时平移，🔍 按钮用于实时缩放，🔍 按钮用于显示上一次显示的图形部分。单击位于 🔍 按钮和 🔍 按钮之间的按钮，并停留一段时间，直至弹出如图 4-22 所示的缩放弹出工具栏，利用该工具栏可执行相应的操作，同时，被选择的按钮会显示在"标准"工具栏中。

图 4-21　"缩放"子菜单

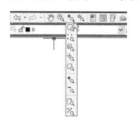

图 4-22　缩放弹出工具栏

打开 AutoCAD 2010 示例图形文件 db_samp.dwg(位于 AutoCAD 2014 安装目录的 Sample/Database Connectivity 文件夹)，对其进行显示缩放和平移等操作。具体操作步骤如下。

01 打开图形文件

打开图形文件 db_samp.dwg，如图 4-23 所示。

图 4-23　示例图形 db_samp.dwg

图 4-23 中位于右侧的小虚线矩形框是笔者绘制的，用于下面的操作说明。

02 窗口缩放

单击"标准"工具栏中的"窗口缩放"按钮 🔍，或选择"视图"|"缩放"|"窗口"命令，AutoCAD 提示如下。

> 指定第一个角点:(拾取虚线矩形框的一角点)
> 指定对角点:(拾取虚线矩形框的对角点)

执行结果如图 4-24 所示。

03 实时缩放

单击"标准"工具栏中的"实时缩放"按钮 🔍，或选择"视图"|"缩放"|"实时"命令，AutoCAD 在屏幕上出现一个放大镜光标，并提示如下。

> 按 Esc 或 Enter 键退出，或单击右键显示快捷菜单

同时在状态栏中显示如下。

> 按住拾取键并垂直拖动进行缩放

此时按住鼠标左键，垂直向上拖动鼠标，即可放大图形(可以多次放大)，如图 4-25 所示。

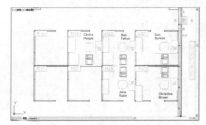

图 4-24　显示指定矩形区域的图形

图 4-25　放大显示

如果用左键垂直向下拖动，则可以缩小图形。

04 返回到前一个显示

单击"标准"工具栏中的"缩放上一个"按钮 🔍，或选择"视图"|"缩放"|"上一步"命令，AutoCAD 返回到前一个视图，即图 4-23。

用户可多次单击 🔍 按钮，依次返回到前面显示的视图。

05 显示移动

单击"标准"工具栏中的"实时平移"按钮 ✋，或选择"视图"|"平移"|"实时"命令，屏幕上出现一个小手光标，并提示如下。

> 按 Esc 或 Enter 键退出，或单击右键显示快捷菜单

同时在状态栏上提示如下。

> 按住拾取键并拖动进行平移

此时按下鼠标左键并向某一方向拖动鼠标，使图形向该方向移动，移动结果如图 4-26 所示。

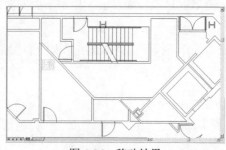

图 4-26　移动结果

06 按比例缩放

在图 4-23 所示显示状态下，单击缩放弹出工具栏中的"比例缩放"按钮，或选择"视图"|"缩放"|"比例"命令，AutoCAD 提示如下。

　　输入比例因子 (nX 或 nXP): 0.5↙

执行结果如图 4-27 所示。

图 4-27　按比例缩放结果 1

注意

　　此缩放操作是绝对缩放，即相对于实际尺寸的缩放。在图 4-27 所示显示的状态下，再次单击缩放弹出工具栏中的"比例缩放"按钮，并在"输入比例因子(nX 或 nXP):"提示下用 0.5 响应，图形的显示效果没有变化，因为当前显示的图形已经是实际尺寸的 0.5 倍。

　　在图 4-27 所示显示状态下，再次单击缩放弹出工具栏中的"比例缩放"按钮，AutoCAD 提示如下。

　　　输入比例因子 (nX 或 nXP): 0.5X↙ (注意，这里加有后缀 X)

执行结果如图 4-28 所示。

当前显示图形又被缩小了一半，这是因为此处执行了相对缩放操作，即相对于当前显示图形再缩小一半。

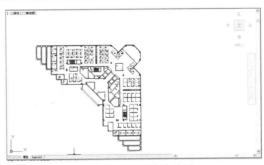

图 4-28　按比例缩放结果 2

　　用户还可以执行缩放、平移操作的其他选项，并观察操作结果，也可以通过对应的菜单执行缩放和平移操作。

第5章 图案填充、文字标注、块及属性

图案填充是指在指定的区域内填充指定的图案。绘制工程图时，经常需要将某种图案填充到某一区域。例如，机械制图中需要填充剖面线。此外，在机械制图中，图纸内通常还要有一些文字信息，如技术要求、说明、标题栏和明细栏的填写等。

使用 AutoCAD 2014 绘图时，可以将需要重复绘制的图形定义成块，当需要使用这些图形时，直接将块插入即可。此外，还可以为块定义属性，即定义从属于块的文字信息。

本章介绍 AutoCAD 2014 的图案填充、文字标注、块及属性功能。其中包括：如何填充图案、编辑已有的图案，如何标注文字、编辑已有文字，以及如何定义块和属性等。

中文版 AutoCAD 2014 机械图形设计

5.1　图案处理

5.1.1　填充图案

用于实现图案填充的命令是 HATCH，工具栏按钮为"绘图"|▨(图案填充)按钮，菜单命令为"绘图"|"图案填充"命令。

执行 HATCH 命令，打开"图案填充和渐变色"对话框，如图 5-1 所示。

该对话框中包含"图案填充"和"渐变色"这两个选项卡以及其他一些选项。下面介绍其中主要选项的功能。

1．"图案填充"选项卡

该选项卡用于设置填充图案以及相关填充参数。

● "类型和图案"选项组

该选项组用于设置图案填充的图案类型及图案。其中主要选项的含义如下。

"类型"下三者表框用于设置填充图案的类型。可以通过下拉列表在"预定义"、"用户定义"和"自定义"三者之间选择填充类型。执行"预定义"选项表示将使用 AutoCAD 提供的图案进行填充；执行"用户定义"选项表示用户将临时定义填充图案，该图案由一组平行线或相互垂直的两组平行线(即双向线，又称为交叉线)组成；执行"自定义"选项则表示将选择用户事先定义的图案进行填充。

当通过"类型"下拉列表框选择"预定义"图案类型填充时，"图案"下拉列表框用于确定填充图案。用户可以直接通过下拉列表选择图案，或单击右边的按钮，从打开的"填充图案选项板"对话框中进行选择，如图 5-2 所示。

图 5-1　"图案填充和渐变色"对话框

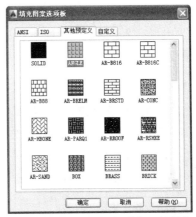

图 5-2　"填充图案选项板"对话框

"样例"框用于显示当前所使用的填充图案的图案式样。单击"样例"框中的图案，AutoCAD 也将打开如图 5-2 所示的"填充图案选项板"对话框，用户从中选择图案即可。

当通过"类型"下拉列表框选择用户自定义的图案作为填充图案时，可以通过"自定义图案"

下拉列表选择自定义的填充图案，或单击对应的按钮，从打开的对话框中进行选择。

● "角度和比例"选项组

其中的"角度"组合框用于设置填充图案时的图案旋转角度，可以直接输入角度值，或从对应的下拉列表中进行选择。"比例"组合框用于确定填充图案时的图案比例值。每种图案在默认情况下的填充比例均为 1。可以直接输入比例值进行修改，也可以从对应的下拉列表中选择。

当将填充类型选择为"用户定义"时，可以通过"角度和比例"选项组中的"间距"文本框确定填充平行线之间的距离；通过"双向"复选框确定填充线是一组平行线，还是相互垂直的两组平行线，或进行其他的设置。

● "图案填充原点"选项组

用于控制生成填充图案时的起始位置，因为某些填充图案(如砖块图案)需要与图案填充边界上的某一点对齐。在默认设置下，所有填充图案的原点均对应于当前 UCS 的原点。在该选项组中，选中"使用当前原点"单选按钮表示以当前坐标原点(0,0)作为图案生成的起始位置。选中"指定的原点"单选按钮则表示要指定新的图案填充原点。

● "添加：拾取点"按钮

根据围绕指定点构成封闭区域的现有对象确定边界。单击该按钮，AutoCAD 临时切换到绘图屏幕，并提示如下。

拾取内部点或 [选择对象(S)/删除边界(B)]:

在此提示下，在需要填充的封闭区域内任意拾取一点，AutoCAD 将自动确定包围该点的封闭填充边界，同时以虚线形式显示边界(如果设置了允许间隙，实际的填充边界可以不封闭)。确定填充边界后，按 Enter 键，返回"图案填充和渐变色"对话框。

在"拾取内部点或 [选择对象(S)/删除边界(B)]:"提示中，可以通过"选择对象(S)"选项选择作为填充边界的对象；通过"删除边界(B)"选项删除已有边界，使其不作为填充边界。

● "添加：选择对象"按钮

选择作为填充边界的对象。单击该按钮，AutoCAD 临时切换到绘图屏幕，并提示如下。

选择对象或 [拾取内部点(K)/删除边界(B)]:

此时，可以直接选择作为填充边界的对象，也可以通过"拾取内部点(K)"选项以拾取点的方式选择对象；通过"删除边界(B)"选项删除已有边界，使其不作为填充边界。

● "删除边界"按钮

从已确定的填充边界中取消某些边界对象。单击该按钮，AutoCAD 临时切换到绘图屏幕，并提示如下。

选择对象或 [添加边界(A)]:

此时可以选择要删除的对象，也可以通过"添加边界(A)"选项确定新边界。取消或添加填充边界后，按 Enter 键，返回到"图案填充和渐变色"对话框。

● "查看选择集"按钮

用于查看所选择的填充边界。单击该按钮，AutoCAD 临时切换到绘图屏幕，将已选择的填充边界以虚线形式显示，同时提示如下。

<按 Enter 或单击鼠标右键返回到对话框>

用户响应后，即按 Enter 键或右击，AutoCAD 返回到"图案填充和渐变色"对话框。

● "继承特性"按钮

用于选用图形中已使用的填充图案作为当前填充图案。单击该按钮，AutoCAD 临时切换到绘图屏幕，并提示如下。

选择图案填充对象:(在图中选择某个已有的填充图案)
拾取内部点或 [选择对象(S)/删除边界(B)]:(通过拾取内部点或其他方式确定填充边界。如果在单击"继承特性"按钮前指定了填充边界，不显示此提示)
拾取内部点或 [选择对象(S)/删除边界(B)]:

在此提示下可以继续确定填充边界。如果按 Enter 键，返回"图案填充和渐变色"对话框，此时，单击"确定"按钮即可实现图案填充。

● "预览"按钮

用于预览填充效果。确定了填充区域、填充图案以及其他参数后，单击"预览"按钮，AutoCAD 临时切换到绘图屏幕，并按当前选择的填充图案和设置进行预填充，同时提示如下。

拾取或按 Esc 键返回到对话框或 <单击右键接受图案填充>:

如果预览效果满足用户要求，可以直接右击接受图案进行填充；否则单击或按 Esc 键返回到"图案填充和渐变色"对话框，修改填充设置。

完成填充设置后，单击"确定"按钮，结束 HATCH 命令的操作，并对指定的区域填充图案。

2. "渐变色"选项卡

单击"图案填充和渐变色"对话框中的"渐变色"标签，打开"渐变色"选项卡，如图 5-3 所示。

该选项卡用于设置以渐变方式实现图案填充。其中，"单色"和"双色"两个单选按钮用于确定是以一种颜色填充，还是以两种颜色填充。单击位于"单色"单选按钮下方颜色框右侧的按钮，打开"选择颜色"对话框，确定填充的颜色。当以一种颜色填充时，可利用位于"双色"单选按钮下方的滑块调整所填充颜色的浓度。当以两种颜色填充时(即选中"双色"单选按钮)，位于"双色"单选按钮下方的滑块变成与其左侧相同的颜色框和按钮，用于确定另一种颜色。位于选项卡中间位置的 9 个图像按钮用于确定填充方式。此外，还可以通过"角度"下拉列表框确定以渐变方式填充时的旋转角度，选中"居中"复选框后可以指定对称的渐变配置。如果未选中该复选框，渐变填充将朝左上方变化，可创建出光源在对象左边的图案效果。

3. 其他选项

单击"图案填充和渐变色"对话框中位于右下角位置的小箭头 ⊙，对话框变为如图 5-4 所示的形式。

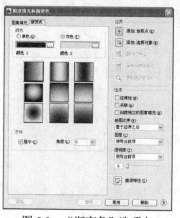

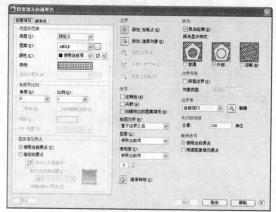

图 5-3 "渐变色"选项卡   图 5-4 "图案填充和渐变色"对话框

下面介绍该对话框中位于右侧各主要选项的功能。

● "孤岛检测"复选框

用于确定是否进行孤岛检测以及孤岛检测的方式。

填充图案时，位于填充区域内的封闭区域称为孤岛。当以拾取点的方式确定填充边界后，AutoCAD 会自动确定包围该点的封闭填充边界，同时自动确定出对应的孤岛边界，如图 5-5 所示。

如果选中"孤岛检测"复选框，表示将进行孤岛检测。

AutoCAD 对孤岛的填充方式有 3 种，即"普通"、"外部"和"忽略"。"孤岛检测"复选框下面的 3 个图像按钮形象地说明了各自的具体填充效果。

(a) 拾取内部点(小十字表示光标的拾取点位置)   (b) AutoCAD 自动确定填充边界与孤岛

图 5-5 封闭边界与孤岛

"普通"填充方式的填充过程：AutoCAD 从最外部边界向内填充，遇到与之相交的内部边界时断开填充线，遇到下一个内部边界时继续填充。

"外部"填充方式的填充过程：AutoCAD 从最外部边界向内填充，遇到与之相交的内部边界时断开填充线，不再继续填充。

"忽略"填充方式的填充过程：AutoCAD 忽略边界内的对象，所有内部结构均被填充图案覆盖。

● "边界保留"选项组

用于指定是否将填充边界保留为对象，并确定其对象类型。其中，选中"保留边界"复选框表示将根据图案的填充边界创建边界对象，并将它们添加到图形中。此时可以通过"对象类型"下拉列表框确定新边界对象的类型，有面域和多段线两种类型。

● "允许的间隙"选项组

AutoCAD 2014 允许将实际上并没有完全封闭的边界用作填充边界。如果在"公差"文本框中指定了间隙值，该值就是 AutoCAD 确定填充边界时可以忽略的最大间隙，即如果边界有间隙，且各间隙均小于或等于设置的允许值，那么这些间隙均会被忽略，AutoCAD 将对应的边界视为封闭边界。

如果在"公差"文本框中指定了间隙值，当通过"拾取点"按钮指定的填充边界为非封闭边界且边界间隙小于或等于设定的值时，AutoCAD 会打开"图案填充–开放边界警告"窗口，如图 5-6 所示，如果单击"继续填充此区域"行，AutoCAD 将对非封闭图形进行图案填充。

图 5-6　"图案填充–开放边界警告"窗口

5.1.2　编辑图案

用于修改已有图案的命令是 HATCHEDIT，工具栏按钮为"修改 II"|(编辑图案填充)按钮，菜单命令为"修改"|"对象"|"图案填充"命令。

执行 HATCHEDIT 命令，AutoCAD 提示如下。

选择图案填充对象:

在该提示下选择已有的填充图案，打开如图 5-7 所示的"图案填充编辑"对话框。

在该对话框中，只有以正常颜色显示的选项才可以进行编辑操作。对话框中各选项的含义与图 5-1 中所示的"图案填充和渐变色"对话框中各对应选项的含义相同。利用该对话框，用户可以对已填充的图案进行更改填充图案、填充比例或旋转角度等操作。

图 5-7　"图案填充编辑"对话框

5.2　文字处理

5.2.1　定义文字样式

文字样式说明所标注文字采用的字体以及其他设置，如字高、文字颜色及文字标注方向等。AutoCAD 2014 为用户提供的默认文字样式为 Standard。当用 AutoCAD 标注文字时，如果系统提供的文字样式不能满足制图标准或用户的要求，应首先定义文字样式。

用于定义文字样式的命令是 STYLE，工具栏按钮为"样式"|(文字样式)按钮，或"文字"|(文字样式)按钮，菜单命令为"格式"|"文字样式"命令。

执行 STYLE 命令，打开"文字样式"对话框，如图 5-8 所示。

下面介绍该对话框中各主要选项的功能。

图 5-8　"文字样式"对话框

1. "当前文字样式"标签

显示当前文字样式的名称。图 5-8 中说明当前的文字样式为 Standard，是 AutoCAD 2014 提供的默认标注样式。

2. "样式"列表框

该列表框中列有当前已定义的文字样式，可以从中选择对应的样式作为当前样式或进行样式修改。

3. 样式列表过滤器

位于"样式"列表框下方的下拉列表框为样式列表过滤器，用于确定要在"样式"列表框中显示的文字样式。列表中有"所有样式"和"正在使用的样式"两种选择。

4. 预览框

用于显示与所设置或选择的文字样式对应的文字标注预览图像。

5. "字体"选项组

确定文字样式采用的字体。用户可以通过"字体名"下拉列表框来选择需要的字体；如果选中"使用大字体"复选框(通过"字体名"下拉列表框选择了某些字体后，"使用大字体"复选框有效)，"字体"选项组变为如图 5-9 所示的形式。通过选项组可以分别确定 SHX 字体和大字体。SHX 字体是通过形文件定义的字体。形文件是 AutoCAD 用于定义字体或符号库的文件，其源文件的扩展名为 SHP，扩展名为 SHX 的形文件是编译后的文件。大字体是用来指定亚洲语言(包括简、繁体汉语、日语或韩语等)使用的大字体文件。

图 5-9　"字体"选项组

6. "大小"选项组

用于指定文字的高度。可以直接在"高度"文本框中输入高度值。如果将文字高度设为 0，那么当使用 DTEXT 命令(参见 5.2.2 节)标注文字时，AutoCAD 会提示"指定高度:"，即要求用户设定文字的高度。如果在"高度"文本框中输入了具体的高度值，AutoCAD 将按此高度标注文字，当使用 DTEXT 命令标注文字时不再提示"指定高度:"。

7. "效果"选项组

该选项组用于设置字体的特征，如是否倒置、反向或垂直显示以及字的宽高比(即宽度因子)、倾斜角度等。其中，"颠倒"复选框用于确定是否将标注的文字倒置显示；"反向"复选框用于确定是否将文字反向标注；"垂直"复选框用于确定是否将文字垂直标注；"宽度因子"文本框用于确定所标注文字字符的宽高比。当宽度比例为 1 时，表示按系统定义的宽高比标注文字；当宽度比例小于 1 时文字会变窄，大于 1 时则变宽。"倾斜角度"文本框用于确定文字的倾斜角度，角度为 0 时不倾斜；为正值时向右倾斜；为负值时向左倾斜。

8. 置为当前按钮

将在"样式"列表框中选中的样式置为当前的按钮。当需要以已有的某一文字样式标注文字时，应首先将该样式设为当前样式。此外，利用"样式"工具栏中的"文字样式控制"下拉列表框，可以方便地将某一文字样式设为当前样式。

9. "新建"按钮

创建新文字样式。创建步骤为：单击"新建"按钮，打开如图 5-10 所示的"新建文字样式"对话框。在该对话框的"样式名"文本框内输入新文字样式的名称，然后单击"确定"按钮，即可在原文字样式的基础上创建一个新文字样式。默认情况下，新样式的设置(字体等)与前一样式相同，因此还需要根据要求对新样式进行其他一些设置。

图 5-10　"新建文字样式"对话框

10. "删除"按钮

删除某一文字样式。其步骤为：从"样式"下拉列表中选中要删除的文字样式，然后单击"删除"按钮即可。

11. "应用"按钮

确认用户对文字样式的设置。单击对话框中的"应用"按钮，AutoCAD 确认已进行的操作。
本书 8.1.3 节给出了一个定义文字样式的应用示例。

5.2.2　用 DTEXT 命令标注文字

利用 DTEXT 命令可实现文字的标注，对应的工具栏按钮为"文字"|A|(单行文字)按钮，菜单命令为"绘图"|"文字"|"单行文字"命令。

执行 DTEXT 命令，AutoCAD 提示如下。

```
当前文字样式: "文字 35"  文字高度: 3.5000 注释性: 否
指定文字的起点或 [对正(J)/样式(S)]:
```

第一行提示信息说明当前的文字样式、文字高度以及注释性。下面介绍第二行提示中各选项的含义及其操作。

1. 指定文字的起点

确定文字行基线的起点位置，为默认选项。

AutoCAD 为文字行定义了顶线(Top line)、中线(Middle line)、基线(Base line)和底线(Bottom line) 4 条线，用于确定文字行的位置。在图 5-11 中，以文字串 Text Sample 为例，说明了这 4 条线与文字串的关系。

在"指定文字的起点或 [对正(J)/样式(S)]:"提示下指定文字的起点位置后，AutoCAD 提示如下。

图 5-11　文字标注参考线定义

指定高度:(输入文字的高度值)
指定文字的旋转角度 <0>:(输入文字行的旋转角度)

用户响应后，AutoCAD 在绘图屏幕上显示一个表示文字位置的方框，在其中输入要标注的文字后，连续按两次 Enter 键，即可完成文字的标注。

2. 对正(J)

用于控制文字的对正方式，类似于用 Microsoft Word 进行排版时使文字左对齐、居中及右对齐等，但 AutoCAD 提供了更为灵活的对正方式。执行"对正(J)"选项，AutoCAD 提示如下。

输入选项 [对齐(A)/调整(F)/中心(C)/中间(M)/右对齐(R)/左上(TL)/中上(TC)/右上(TR)/左中(ML)/正中(MC)/右中(MR)/左下(BL)/中下(BC)/右下(BR)]:

用户根据需要响应即可。

3. 样式(S)

确定所标注文字的样式。执行该选项，AutoCAD 提示如下。

输入样式名或 [?] <默认样式名>:

在此提示下，可直接输入当前要使用的文字样式字；也可以用符号"?"响应，来显示当前已有的文字样式。如果直接按 Enter 键，则采用默认样式。

实际绘图时，有时需要标注一些特殊字符，如在一段文字的上方或下方加线。标注度(°)、标注正负公差符号(±)或标注直径符号(ϕ)等。由于这些特殊字符不能通过键盘直接输入，因此 AutoCAD 提供了相应的控制符，以实现特殊标注要求。AutoCAD 的控制符由两个百分号(%%)和一个字符构成。表 5-1 列出了 AutoCAD 常用的部分控制符。

表 5-1 AutoCAD 控制符

控 制 符	功 能
%%O	打开或关闭文字上划线
%%U	打开或关闭文字下划线
%%D	标注度符号" ° "
%%P	标注正负公差符号"±"
%%C	标注直径符号"ϕ"
%%%	标注百分比符号"%"

AutoCAD 的控制符不区分大小写，本书均采用大写字母。在 AutoCAD 的控制符中，%%O 和 %%U 分别是上划线、下划线的开关，当第一次出现此符号时，表明打开上划线或下划线，即开始绘制；而当第二次出现对应的符号时，则表示关掉上划线或下划线，即结束绘制线。

5.2.3　利用在位文字编辑器标注文字

利用在位文字编辑器标注文字的命令是 MTEXT，工具栏按钮为"绘图" | A (多行文字)按钮，或"文字" | A (多行文字)按钮，菜单命令为"绘图" | "文字" | "多行文字"命令。

执行 MTEXT 命令，AutoCAD 提示如下。

指定第一角点：

在此提示下指定一点作为第一角点后，AutoCAD 继续提示如下。

指定对角点或 [高度(H)/对正(J)/行距(L)/旋转(R)/样式(S)/宽度(W)/栏(C)]：

如果用户响应默认选项，即指定另一角点的位置，AutoCAD 打开如图 5-12 所示的在位文字编辑器。

图 5-12　在位文字编辑器

从图 5-12 中可以看出，在位文字编辑器由"文字格式"工具栏和水平标尺等组成，"文字格式"工具栏上有一些下拉列表框和按钮。利用在位文字编辑器，用户可以实现输入所标注的文字、对文字进行各种设置等操作。

5.2.4　编辑文字

用于编辑已标注文字的命令是 DDEDIT，工具栏按钮为"文字" | A2 (编辑文字)按钮，菜单命令为"修改" | "对象" | "文字" | "编辑"命令。

执行 DDEDIT 命令，AutoCAD 提示如下。

选择注释对象或 [放弃(U)]：

此时，用户应选择需要编辑的文字。标注文字时使用的标注方法不同，选择文字后 AutoCAD 给出的响应不同。如果在该提示下所选择的文字是用 DTEXT 命令标注的，选择文字对象后，AutoCAD 将在该文字四周显示一个方框，表示进入编辑模式，此时用户可以直接修改对应的文字。

如果在"选择注释对象或 [放弃(U)]："提示下选择的文字是用 MTEXT 命令标注的，AutoCAD 则会弹出与图 5-12 类似的在位文字编辑器，并在该对话框中显示所选择的文字，以供用户编辑。

当编辑完对应的文字后，AutoCAD 继续提示如下。

选择注释对象或 [放弃(U)]：

此时可以继续选择文字进行修改，或按 Enter 键结束操作。

5.3 块

块是图形对象的集合，通常用于绘制复杂、重复的图形。如果将一组对象组合成块，就可以根据绘图需要将其插入到图中的指定位置，而且插入时可以指定不同的插入比例和旋转角度。AutoCAD 2014 中，所标注的尺寸以及用 HATCH 命令填充的图案均属于块对象。

5.3.1 定义块

用于定义块的命令是 BLOCK，工具栏按钮为"绘图"| (创建块)按钮，菜单命令为"绘图"|"块"|"创建"命令。

执行 BLOCK 命令，AutoCAD 打开"块定义"对话框，如图 5-13 所示。

下面介绍该对话框中主要选项的功能。

图 5-13 "块定义"对话框

1. "名称"文本框

用于指定块的名称，直接在文本框中输入即可。

2. "基点"选项组

用于确定块的插入基点位置。可以直接在 X、Y 和 Z 文本框中输入对应的坐标值；也可以单击"拾取点"按钮 ，切换到绘图屏幕指定基点；或选中"在屏幕上指定"复选框，当关闭"块定义"对话框后，再根据提示在屏幕上指定基点即可。

3. "对象"选项组

用于确定组成块的对象。

● "在屏幕上指定"复选框

选中此复选框，通过对话框完成其他设置后，单击"确定"按钮，关闭对话框时，AutoCAD 会提示用户选择组成块的对象。

● "选择对象"按钮

选择组成块的对象。单击该按钮，AutoCAD 临时切换到绘图屏幕，并提示如下。

选择对象:

在此提示下选择组成块的各对象，然后按 Enter 键，AutoCAD 返回到如图 5-13 所示的"块定义"对话框，同时，在"名称"文本框的右侧，显示由所选对象构成的块的预览图标，并在"对象"选项组中的最后一行，显示"已选择 n 个对象"。

● "快速选择"按钮

用于快速选择满足指定条件的对象。单击此按钮，AutoCAD 打开"快速选择"对话框，可以通过此对话框指定选择对象时的过滤条件，从而可以快速选择满足条件的对象。

● "保留"、"转换为块"和"删除"单选按钮

确定将指定的图形定义成块后，处理这些用于定义块的图形的方式。选中"保留"单选按钮，

表示保留这些图形；选中"转换为块"单选按钮，表示将对应的图形转换成块；选中"删除"单选按钮，表示定义块后删除对应的图形。

4."方式"选项组

指定块的其他设置。

- "注释性"复选框

指定块是否为注释性对象。

- "按统一比例缩放"复选框

指定插入块时是按统一的比例缩放，还是允许沿各坐标轴方向采用不同的缩放比例。

- "允许分解"复选框

指定插入块后是否可以将其分解，即分解成组成块的各基本对象。

5."设置"选项组

指定块的插入单位和超链接。

- "块单位"下拉列表框

指定插入块时的插入单位，通过对应的下拉列表选择即可。

- "超链接"按钮

通过"插入超链接"对话框使超链接与块定义相关联。

6."说明"文本框

指定块的文字说明部分。

通过"块定义"对话框完成各设置后，单击"确定"按钮，即可创建出对应的块。

本书 12.1.1 节给出了一个定义块的实例。

5.3.2　插入块

用于插入块的命令是 INSERT，工具栏按钮为"绘图"|(插入块)按钮，菜单命令为"插入"|"块"命令。

执行 INSERT 命令，AutoCAD 将打开"插入"对话框，如图 5-14 所示。

下面介绍该对话框中各主要选项的功能。

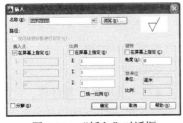

图 5-14　"插入"对话框

1."名称"下拉列表框

用于确定要插入的已有块或图形的名称。可以直接输入名称或通过下拉列表框选择块，也可以单击"浏览"按钮，从弹出的"选择图形文件"对话框中选择图形文件。

2."插入点"选项组

用于确定块在图形中插入的位置。可以直接在 X、Y 和 Z 文本框中输入点的坐标，也可以选中

"在屏幕上指定"复选框,在绘图窗口中指定插入点。

3. "比例"选项组

用于确定块的插入比例。可以直接在 X、Y 和 Z 文本框中输入块在 3 个方向的比例,也可以选中"在屏幕上指定"复选框,通过命令窗口按提示指定比例。

4. "旋转"选项组

用于确定插入块的旋转角度。可以直接在"角度"文本框中输入角度值,也可以选中"在屏幕上指定"复选框,通过命令行指定旋转角度。

5. "块单位"选项组

用于显示有关块单位的信息。

6. "分解"复选框

用于确定插入块后,是否将块分解成组成块的各个基本对象。

当通过"插入"对话框设置了要插入的块以及插入参数后,单击"确定"按钮,即可将块插入到当前图形中(如果选择了在屏幕上指定插入点、插入比例或旋转角度,插入块时还应根据系统提示指定插入点和插入比例等参数)。

5.4 定义属性

属性是从属于块的文字信息,是块的组成部分。用于定义属性的命令是 ATTDEF,菜单命令为"绘图"|"块"|"定义属性"命令。

执行 ATTDEF 命令,AutoCAD 打开"属性定义"对话框,如图 5-15 所示。

下面介绍该对话框中各主要选项的功能。

图 5-15 "属性定义"对话框

1. "模式"选项组

设置属性的模式。

各选项含义如下。

● "不可见"复选框

用于设置插入块后是否显示属性值。选中该复选框,表示属性不可见,即属性值不在块中显示,否则显示。

● "固定"复选框

用于设置属性是否为固定值。选中该复选框,表示属性为定值(此值应通过"属性"选项组中的"默认"文本框给定)。如果将属性设为非定值,则插入块时用户可以输入其他值。

● "验证"复选框

用于设置插入块时是否校验属性值。如果选中该复选框,插入块时,用户根据提示输入属性值后，AutoCAD 将再次提示用户校验所输入的属性值是否正确，否则不提示用户校验。

- "预设"复选框

用于确定当插入有预设属性值的块时，是否将该属性值设置为默认值。

- "锁定位置"复选框

确定是否锁定属性在块中的位置。如果没有锁定位置，插入块后，可利用夹点功能改变属性的位置。

- "多行"复选框

指定属性值是否包含多行文字。如果选中该复选框，则可以通过"文字设置"选项组中的"边界宽度"文本框指定边界宽度。

2. "属性"选项组

"属性"选项组中，"标记"文本框用于确定属性的标记(用户必须指定标记)；"提示"文本框用于确定插入块时 AutoCAD 提示用户输入属性值的提示信息；"默认"文本框用于设置属性的默认值。

3. "插入点"选项组

用于确定属性值的插入点，即属性文字排列的参考点。指定插入点后，AutoCAD 将以该点为参考点，按照在"文字设置"选项组中的"对正"下拉列表框确定的文字对齐方式放置属性值。可以直接在 X、Y 和 Z 文本框中输入插入点的坐标，也可以选中"在屏幕上指定"复选框，关闭"属性定义"对话框后，通过绘图窗口指定插入点。

4. "文字设置"选项组

用于确定属性文字的格式。

各选项含义如下。

- "对正"下拉列表框

用于确定属性文字相对于在"插入点"选项组中确定的插入点的排列方式。可以通过下拉列表在左对齐、对齐、布满、居中、中间、右对齐、左上、中上、右上、左中、正中、右中、左下、中下和右下等选项中进行选择。

- "文字样式"下拉列表框

用于确定属性文字的样式，从相应的下拉列表中选择即可。

- "文字高度"文本框

用于指定属性文字的高度。可以直接在对应的文本框中输入高度值，或单击对应的按钮，在绘图屏幕上指定。

- "旋转"文本框

用于指定属性文字行的旋转角度。可以直接在对应的文本框中输入角度值，也可以单击对应的按钮，在绘图屏幕上指定。

- "边界宽度"文本框

当属性值采用多行文字时，指定多行文字属性的最大长度。可以直接在对应的文本框中输入宽度值，或单击对应的按钮，在绘图屏幕上指定。输入 0 表示没有限制。

5. "在上一个属性定义下对齐"复选框

当定义多个属性时，选中该复选框，表示当前属性将采用前一个属性的文字样式、字高以及旋转角度，并另起一行按上一个属性的对正方式排列。选中"在上一个属性定义下对齐"复选框后，"插入点"与"文字设置"选项组均以灰颜色显示，变为不可用状态。

确定了"属性定义"对话框中的各项内容后，单击"确定"按钮，AutoCAD 完成属性定义，并在图形中按指定的文字样式、对齐方式显示属性标记。用户可以用上述方法为块定义多个属性。

完成属性的定义后，就可以创建块了。需要说明的是，创建块并选择作为块的对象时，不仅要选择用作块的各个图形对象，而且还应该选择全部属性标记。

本书 8.1.6 节和 12.1.2 节分别给出了定义含有属性的块的实例。

第6章 尺寸标注

尺寸标注是机械设计中的一项重要内容。图形主要用于说明设计对象的形状，而对象的真实大小通常需要通过标注尺寸来确定。本章主要介绍 AutoCAD 2014 的尺寸标注功能。其中包括：定义尺寸标注样式、基本尺寸标注等。

6.1 定义尺寸标注样式

尺寸标注样式(简称标注样式)用于设置尺寸标注的具体格式，如尺寸文字采用的样式，尺寸线、尺寸界线以及尺寸箭头的标注设置等，以满足不同行业或不同国家的尺寸标注要求。

用于定义、管理标注样式的命令为 DIMSTYLE，利用"样式"工具栏中的 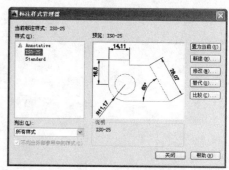(标注样式)按钮、"标注"工具栏中的 (标注样式)按钮或执行"标注"|"标注样式"命令，均可启动该命令。执行 DIMSTYLE 命令，AutoCAD 将打开"标注样式管理器"对话框，如图 6-1 所示。

图 6-1 "标注样式管理器"对话框

下面介绍该对话框中主要选项的功能。

1. "当前标注样式"标签

用于显示当前标注样式的名称。在图 6-1 中显示当前标注样式为 ISO-25，该样式是 AutoCAD 提供的默认标注样式。

2. "样式"列表框

用于列出已有标注样式的名称。

3. "列出"下拉列表框

用于确定要在"样式"列表框中列出的标注样式。可通过下拉列表在"所有样式"和"正在使用的样式"之间进行选择。

4. "预览"图片框

用于预览在"样式"列表框中所选中标注样式的标注效果。

5. "说明"标签框

用于显示在"样式"列表框中所选定标注样式的说明。

6. "置为当前"按钮

用于将指定的标注样式置为当前样式。具体操作方法：在"样式"列表框中选择标注样式，单击"置为当前"按钮。当需要使用某一样式标注尺寸时，应首先将此样式设为当前样式。此外，利用"样式"工具栏中的"标注样式控制"下拉列表框，可以方便地将某一样式设置为当前样式。

7. "新建"按钮

用于创建新标注样式。单击"新建"按钮，打开如图 6-2 所示的"创建新标注样式"对话框。可以通过该对话框中的"新样式名"文本框，指定新样式的名称；可以通过"基础样式"下拉列表框，选择用于创建新样式的基础样式；可以通过"用于"下拉列表框，选择新建标注样式的适用范围。确定了新样式的名称并进行相关设置后，单击"继续"按钮，打开"新建标注样式"对话框，如图 6-3 所示。

图 6-2 "创建新标注样式"对话框

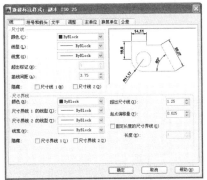

图 6-3 "新建标注样式"对话框

对话框中包含"线"、"符号和箭头"、"文字"、"调整"、"主单位"、"换算单位"和"公差" 7 个选项卡，后面将详细介绍各选项卡的功能。

8．"修改"按钮

用于修改已有标注样式。从"样式"列表框中选择要修改的标注样式，单击"修改"按钮，打开如图 6-4 所示的"修改标注样式"对话框。此对话框与"新建标注样式"对话框相似，也由 7 个选项卡组成。

9．"替代"按钮

用于设置当前样式的替代样式。单击"替代"按钮，打开"替代当前样式"对话框，通过该对话框进行相应的设置即可。

10．"比较"按钮

用于比较两个标注样式，或了解某一样式的全部特性。该功能可以使用户快速比较不同标注样式在标注设置上的区别。单击"比较"按钮，AutoCAD 打开"比较标注样式"对话框，如图 6-5 所示。

图 6-4 "修改标注样式"对话框

图 6-5 "比较标注样式"对话框

在该对话框中，如果在"比较"和"与"两个下拉列表框中指定不同的样式，AutoCAD 会在大列表框中显示这两种样式之间的区别。如果选择的样式相同，则在大列表框中显示该样式的全部特性。

11. "新建标注样式"和"修改标注样式"对话框中的 7 个选项卡

在"新建标注样式"和"修改标注样式"对话框中均包含"线"、"符号和箭头"、"文字"、"调整"、"主单位"、"换算单位"和"公差"7 个选项卡。下面简要介绍各选项卡的作用。

* "线"选项卡

"线"选项卡用于设置尺寸线和尺寸界线的格式与属性。与"线"选项卡对应的对话框如图 6-3 所示。其中，"尺寸线"选项组用于设置尺寸线的样式；"尺寸界线"选项组用于设置尺寸界线的样式。

* "符号和箭头"选项卡

"符号和箭头"选项卡用于设置尺寸箭头、圆心标记、折断标注、弧长符号、半径折弯标注和线性折弯标注等各方面的格式与属性，如图 6-6 所示。其中，"箭头"选项组用于确定尺寸线两端的箭头样式；"圆心标记"选项组用于确定对圆或圆弧执行标注圆心标记操作时圆心标记的类型与大小。

* "文字"选项卡

"文字"选项卡用于设置尺寸文字的外观、位置以及对齐方式等，如图 6-7 所示。其中，"文字外观"选项组用于设置尺寸文字的样式、颜色以及高度等参数；"文字位置"选项组用于设置尺寸文字的位置；"文字对齐"选项组用于确定尺寸文字的对齐方式。

* "调整"选项卡

"调整"选项卡用于控制尺寸文字、尺寸线以及尺寸箭头的位置和其他一些属性，如图 6-8 所示。其中，"调整选项"选项组用于确定当在尺寸界线之间没有足够的空间同时放置尺寸文字和箭头时，首先应从尺寸界线之间移出尺寸文字和箭头的哪一部分，可以通过选中该选项组中的各单选按钮进行选择；"文字位置"选项组用于确定当尺寸文字不在默认位置时，应将其置于何处；"标注特征比例"选项组用于设置所标注尺寸的缩放关系。

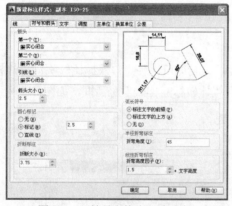

图 6-6 "符号和箭头"选项卡

图 6-7 "文字"选项卡

* "主单位"选项卡

"主单位"选项卡用于设置主单位的格式、精度以及尺寸文字的前缀和后缀，如图 6-9 所示。其中，"线性标注"选项组用于设置线性标注的格式与精度；"角度标注"选项组用于确定标注角度尺寸的单位格式、精度以及是否消零。

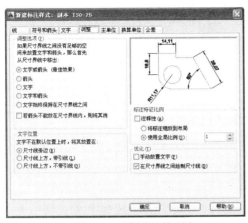

图 6-8 "调整"选项卡

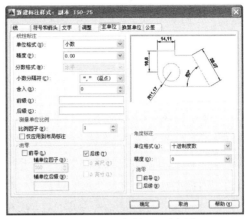

图 6-9 "主单位"选项卡

● "换算单位"选项卡

"换算单位"选项卡用于确定是否使用换算单位以及换算单位的格式，如图 6-10 所示。其中，"显示换算单位"复选框用于确定是否在标注的尺寸中显示换算单位；"换算单位"选项组用于当显示换算单位时，设置换算单位的单位格式和精度等属性；"消零"选项组用于确定是否消除换算单位的前导或后续零；"位置"选项组用于确定换算单位的位置。用户可在"主值后"与"主值下"两个选项之间进行选择。

● "公差"选项卡

"公差"选项卡用于确定是否标注公差，以及标注公差的方式，如图 6-11 所示。其中，"公差格式"选项组用于确定公差的标注格式；"换算单位公差"选项组用于确定换算单位公差的精度与是否消零。

图 6-10 "换算单位"选项卡

图 6-11 "公差"选项卡

本书 8.1.4 节给出了一个定义尺寸标注样式的实例。

6.2 基本尺寸标注

AutoCAD 2014 尺寸标注分为线性标注、对齐标注、角度标注、直径标注、半径标注等多种形式。

本节介绍其中常用的标注。AutoCAD 2014 专门提供了用于尺寸标注的"标注"工具栏和"标注"菜单。

6.2.1 线性标注

线性标注指标注图形对象沿水平方向、垂直方向或指定方向的尺寸。线性标注又分为水平标注、垂直标注和旋转标注 3 种类型。水平标注用于标注图形对象沿水平方向的尺寸，即尺寸线沿水平方向放置；垂直标注用于标注对象沿垂直方向的尺寸，即尺寸线沿垂直方向放置；旋转标注则用于标注对象沿指定方向的尺寸。需要注意的是，水平标注和垂直标注并不只是标注水平边和垂直边的尺寸。

用于实现线性标注的命令是 DIMLINEAR，工具栏按钮为"标注"|├┤(线性)按钮，菜单命令为"标注"|"线性"命令。

执行 DIMLINEAR 命令，AutoCAD 提示如下。

指定第一个尺寸界线原点或 <选择对象>:

在此提示下有两种选择，即确定一点作为第一条尺寸界线的起始点或按 Enter 键选择要标注的对象。下面对这两种选择分别进行介绍。

1. 指定第一个尺寸界线原点

如果在"指定第一个尺寸界线原点或 <选择对象>:"提示下直接确定第一条尺寸界线的原点，AutoCAD 提示如下。

指定第二条尺寸界线原点:(确定另一条尺寸界线的起始点位置)
指定尺寸线位置或
[多行文字(M)/文字(T)/角度(A)/水平(H)/垂直(V)/旋转(R)]:

各选项的含义及其操作方法如下。

- 指定尺寸线位置

确定尺寸线的位置。通过拖动鼠标的方式确定尺寸线的位置后，单击，AutoCAD 根据自动测量的两条尺寸界线起始点间的对应距离值标注尺寸。

- 多行文字(M)

利用文字编辑器输入尺寸文字。执行该选项，弹出"文字格式"工具栏，并将通过自动测量得到的尺寸值显示在方框中，同时使其处于编辑模式，如图 6-12 所示。

图 6-12 "文字格式"工具栏

此时，可以直接修改尺寸值或输入新值，也可以采用自动测量值。如果单击"确定"按钮，AutoCAD 提示如下。

> 指定尺寸线位置或
> [多行文字(M)/文字(T)/角度(A)/水平(H)/垂直(V)/旋转(R)]:

在此提示下确定尺寸线的位置即可(也可以执行其他选项进行其他设置)。

- 文字(T)

输入尺寸文字。执行该选项，AutoCAD 提示如下。

> 输入标注文字:(输入尺寸文字)
> 指定尺寸线位置或
> [多行文字(M)/文字(T)/角度(A)/水平(H)/垂直(V)/旋转(R)]:(确定尺寸线的位置，也可以进行其他设置)

- 角度(A)

确定尺寸文字的旋转角度。执行该选项，AutoCAD 提示如下。

> 指定标注文字的角度:(输入文字的旋转角度)
> 指定尺寸线位置或
> [多行文字(M)/文字(T)/角度(A)/水平(H)/垂直(V)/旋转(R)]:(确定尺寸线的位置，也可以进行其他设置)

- 水平(H)

标注水平尺寸，即沿水平方向的尺寸。执行该选项，AutoCAD 提示如下。

> 指定尺寸线位置或 [多行文字(M)/文字(T)/角度(A)]:

可以在此提示下直接确定尺寸线的位置，也可以通过"多行文字(M)"、"文字(T)"和"角度(A)"3 个选项确定尺寸值或尺寸文字的旋转角度。

- 垂直(V)

标注垂直尺寸，即沿垂直方向的尺寸。执行该选项，AutoCAD 提示如下。

> 指定尺寸线位置或 [多行文字(M)/文字(T)/角度(A)]:

可以在此提示下直接确定尺寸线的位置，也可以利用"多行文字(M)"、"文字(T)"和"角度(A)"3 个选项确定尺寸文字或尺寸文字的旋转角度。

- 旋转(R)

旋转标注，即标注沿指定方向的尺寸。执行该选项，AutoCAD 提示如下。

> 指定尺寸线的角度:(确定尺寸线的旋转角度)
> 指定尺寸线位置或
> [多行文字(M)/文字(T)/角度(A)/水平(H)/垂直(V)/旋转(R)]:(确定尺寸线的位置，也可以进行其他设置)

2. <选择对象>

如果在"指定第一个尺寸界线原点或<选择对象>:"提示下直接按 Enter 键，即执行"<选择对象>"选项，AutoCAD 提示如下。

选择标注对象:

该提示要求用户选择要标注尺寸的对象。用户选择后，AutoCAD 将该对象的两端点作为两条尺寸界线的起始点，并提示如下。

指定尺寸线位置或
[多行文字(M)/文字(T)/角度(A)/水平(H)/垂直(V)/旋转(R)]:

对该提示的操作与前面介绍的操作相同，此处不再赘述。

6.2.2 对齐标注

对齐标注指所标注尺寸的尺寸线与两条尺寸界线起始点间的连线平行。利用对齐标注，可以标注出斜边的长度尺寸。

用于实现对齐标注的命令是 DIMALIGNED，工具栏按钮为"标注"|（对齐)按钮，菜单命令为"标注"|"对齐"命令。

执行 DIMALIGNED 命令，AutoCAD 提示如下。

指定第一个尺寸界线原点或 <选择对象>:

与线性标注类似，可以通过"指定第一个尺寸界线原点"选项确定两条尺寸界线的起始点或通过"<选择对象>"选项选择要标注尺寸的对象，即以所指定对象的两个端点作为两条尺寸界线的起始点，而后 AutoCAD 提示如下。

指定尺寸线位置或
[多行文字(M)/文字(T)/角度(A)]:

此时，可以直接确定尺寸线的位置(执行"指定尺寸线位置"选项)；也可以通过"多行文字(M)"或"文字(T)"选项确定尺寸文字；通过"角度(A)"选项确定尺寸文字的旋转角度。

6.2.3 角度标注

用于角度标注的命令是 DIMANGULAR，工具栏按钮为"标注"|（角度)按钮，菜单命令为"标注"|"角度"命令。

执行 DIMANGULAR 命令，AutoCAD 提示如下。

选择圆弧、圆、直线或 <指定顶点>:

在此提示下可以标注圆弧的包含角、圆上某一段圆弧的包含角、两条不平行直线之间的夹角，或根据给定的 3 点标注角度。下面分别介绍各标注的操作方法。

1. 标注圆弧的包含角

在"选择圆弧、圆、直线或 <指定顶点>:"提示下选择圆弧，AutoCAD 提示如下。

指定标注弧线位置或 [多行文字(M)/文字(T)/角度(A)/象限点(Q):

如果在该提示下直接确定标注弧线的位置，AutoCAD 会按实际测量值标注出角度。另外，可以通过"多行文字(M)"、"文字(T)"以及"角度(A)" 3 个选项分别确定尺寸文字及其旋转角度。选择"象限点(Q)"选项可以使角度尺寸文字位于尺寸界线之外。

2. 标注圆上某段圆弧的包含角

执行 DIMANGULAR 命令后，在"选择圆弧、圆、直线或 <指定顶点>:"提示下选择圆，AutoCAD 提示如下。

指定角的第二个端点:(在圆上指定另一点作为角的第二个端点)
指定标注弧线位置或 [多行文字(M)/文字(T)/角度(A)/象限点(Q):

如果在该提示下直接确定标注弧线的位置，则 AutoCAD 会按实际测量值标注出角度值，该角度的顶点为圆心，尺寸界线通过选择圆时的拾取点和指定的第二个端点。另外，可以用"多行文字(M)"、"文字(T)"以及"角度(A)" 3 个选项确定尺寸文字及其旋转角度；可以通过"象限点(Q)"选项使角度尺寸文字位于尺寸界线之外。

3. 标注两条不平行直线之间的夹角

执行 DIMANGULAR 命令，然后在 "选择圆弧、圆、直线或 <指定顶点>:" 提示下选择直线，AutoCAD 提示如下。

选择第二条直线:(选择第二条直线)
指定标注弧线位置或 [多行文字(M)/文字(T)/角度(A)/象限点(Q)]:

如果在该提示下直接确定标注弧线的位置，则 AutoCAD 即可标注出这两条直线的夹角。另外，可以通过"多行文字(M)"、"文字(T)"以及"角度(A)" 3 个选项确定尺寸文字及其旋转角度。

4. 根据 3 个点标注角度

执行 DIMANGULAR 命令，然后在 "选择圆弧、圆、直线或 <指定顶点>:" 提示下直接按 Enter 键，AutoCAD 依次提示如下。

指定角的顶点:(确定角的顶点)
指定角的第一个端点:(确定角的第一个端点)
指定角的第二个端点:(确定角的第二个端点)
指定标注弧线位置或 [多行文字(M)/文字(T)/角度(A)/象限点(Q)]:

如果在该提示下直接确定标注弧线的位置，则 AutoCAD 可根据给定的 3 点标注出角度。同样可以用"多行文字(M)"、"文字(T)"以及"角度(A) " 3 个选项确定尺寸文字的值和尺寸文字的旋转角度。

6.2.4 直径标注

用于为圆或圆弧标注直径尺寸的命令是 DIMDIAMETER，工具栏按钮为"标注" (直径)按钮，

菜单命令为"标注"|"直径"命令。

执行 DIMDIAMETER 命令，AutoCAD 提示如下。

> 选择圆弧或圆:(选择要标注直径的圆或圆弧)
> 指定尺寸线位置或 [多行文字(M)/文字(T)/角度(A)]:

如果在该提示下直接确定尺寸线的位置，AutoCAD 将按实际测量值标注出圆或圆弧的直径。也可以通过"多行文字(M)"、"文字(T)"以及"角度(A)"3 个选项确定尺寸文字和尺寸文字的旋转角度。

提示

通过"多行文字(M)"或"文字(T)"选项重新确定尺寸文字时，只有在输入的尺寸文字添加前缀%%C，标注出的直径尺寸才具有直径符号(φ)。

6.2.5 半径标注

为圆或圆弧标注半径尺寸的命令是 DIMRADIUS，工具栏按钮为"标注"|⌀(半径)按钮，菜单命令为"标注"|"半径"命令。

执行 DIMRADIUS 命令，AutoCAD 提示如下。

> 选择圆弧或圆:(选择要标注半径的圆弧或圆)
> 指定尺寸线位置或 [多行文字(M)/文字(T)/角度(A)]:

如果在该提示下直接确定尺寸线的位置，AutoCAD 将按实际测量值标注出圆或圆弧的半径。另外，可以利用"多行文字(M)"、"文字(T)"以及"角度(A)"3 个选项确定尺寸文字以及尺寸文字的旋转角度。

提示

通过"多行文字(M)"或"文字(T)"选项重新确定尺寸文字时，只有在输入的尺寸文字加前缀 R，标注出的直径尺寸才具有半径符号。

本书 8.2 节、11.1 节等给出了标注尺寸的例子。

第7章 三维图形的绘制与编辑

用 AutoCAD 2014 进行三维绘图时，与二维绘图略有不同，如 AutoCAD 2014 专门提供了用于三维绘图的三维建模界面，有专门的编辑命令，用户可以对三维模型以不同的视觉样式和不同的视点来显示，但二维绘图的大多数操作也适用于三维绘图。本章将介绍 AutoCAD 2014 的三维绘图功能，包括三维绘图工作界面、视觉样式、用户坐标系、视点、三维造型及三维编辑等。

7.1 三维绘图工作界面

AutoCAD 2014提供了专门用于三维绘图的工作界面，即三维建模工作空间。当执行 NEW 命令新建一幅图形时，如果以文件 ACADISO3D.DWT 为样板建立新图形，可以直接进入三维绘图工作界面，如图 7-1 所示。

由图 7-1 可以看出，AutoCAD 2014 的三维建模工作空间除了有菜单浏览器、图形文件选项卡等窗口设置外，还有特殊的坐标系图标以及功能区等，下面主要介绍它与经典工作界面的不同之处。

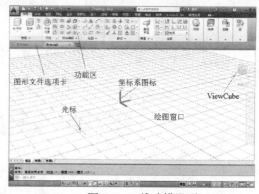

图 7-1　三维建模界面

1. 坐标系图标

坐标系图标显示为三维图标，且默认显示在当前坐标系的坐标原点位置。

2. 光标

在如图 7-1 所示的三维建模工作空间中，光标显示出了 Z 轴。此外，用户可以单独控制是否在十字光标中显示 Z 轴以及坐标轴标签。

3. 功能区

功能区中有"常用"、"实体"、"曲面"、"网格"、"渲染"、"参数化"、"插入"、"注释"、"布局"、"视图"、"管理"、"输出"等选项卡，每个选项卡中又包含一些面板，每个面板上都有一些对应的命令按钮。单击选项卡标签，可显示对应的面板。如图 7-1 所示工作界面中显示出"常用"选项卡及其面板，其中有"建模"、"网格"、"实体编辑"、"绘图"、"修改"、"截面"、"坐标"、"视图"等面板。利用功能区，用户可以方便地执行对应的命令。同样，将光标放在面板的命令按钮上时，会显示出对应的工具提示或展开的工具提示。

对于有小黑三角的面板或按钮，单击对应的三角图标后，可将面板或按钮展开。如图 7-2(a)所示为展开了"建模"面板上的"拉伸"按钮，如图 7-2(b)所示为展开了"绘图"面板。

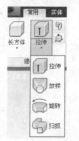

(a) 展开"拉伸"按钮

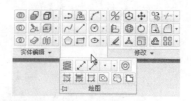

(b) 展开"绘图"面板

图 7-2　展开按钮或展开面板

4. ViewCube

ViewCube 是一个三维导航工具,利用该工具可以方便地将视图按不同的方位显示。

提示

在三维绘图环境中显示菜单栏的方法:单击位于绘图环境左上角的快速访问工具栏右侧的箭头(双箭头),显示出含有"三维建模"标记的一个列表,再单击该列表右侧向下的小箭头,弹出一个列表,从中选择"显示菜单栏"选项(如图 7–3 所示),即可显示菜单栏。如果已经显示出菜单栏,该项则显示为"隐藏菜单栏"。

图 7-3　通过"显示菜单栏"选项实现在三维绘图环境中显示菜单栏

提示

通过选择与下拉菜单"工具"|"工具栏"|AutoCAD 对应的子菜单命令,可以打开 AutoCAD 的各个工具栏。

7.2　视觉样式

视觉样式用于设置三维模型的显示方式。设置视觉样式的命令是 VSCURRENT,利用"视觉样式"面板、"视觉样式"菜单等,可以方便地设置视觉样式。如图 7-4 所示为"视觉样式"面板(位于"视图"选项卡),如图 7-5 所示为"视觉样式"菜单(位于"视图"下拉菜单)。

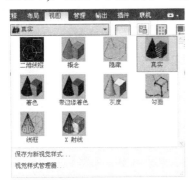

图 7-4　"视觉样式"面板

图 7-5　"视觉样式"菜单

本书 14.1 节给出了一个将模型以不同视觉样式显示的例子。

7.3 用户坐标系

当用 AutoCAD 2014 绘制二维图形时，通常是在一个固定坐标系中，即在世界坐标系(World Coordinate System，简称 WCS)中完成。世界坐标系又称通用坐标系或绝对坐标系，其原点以及各坐标轴的方向固定不变。对于 AutoCAD 的二维绘图来说，世界坐标已能够满足绘图要求。

为了便于绘制三维图形，AutoCAD 2014 允许用户定义自己的坐标系，此类坐标系被称为用户坐标系(User Coordinate System，简称 UCS)。此外，通过菜单命令"视图"|"显示"|"UCS 图标"，可以控制是否显示坐标系图标及其显示位置。将 UCS 设置为显示在坐标系的原点位置时，当新建一个 UCS 或对图形进行某些操作后，如果坐标系图标位于绘图窗口之外，或者部分图标位于绘图窗口之外，AutoCAD 会将其显示在绘图窗口的左下角位置。

用于定义 UCS 的命令为 UCS。但在实际绘图中，利用 AutoCAD 2014 提供的下拉菜单或面板，可以方便地创建 UCS。如图 7-6 所示为用于创建 UCS 的面板(位于"常用"和"视图"选项卡中)。

下面介绍创建 UCS 的几种常用方法。

图 7-6　UCS 管理面板

1. 根据三点创建 UCS

根据三点创建 UCS 是最常用的 UCS 创建方法之一，它根据 UCS 的原点及其 X、Y 轴正方向上的点来创建新的 UCS。利用菜单命令"工具"|"新建 UCS"|"三点"或功能区"常用"|"坐标"|（三点)按钮可实现该操作。单击对应的菜单命令或按钮，AutoCAD 提示如下。

> 指定新原点:(指定新 UCS 的坐标原点位置)
> 在正 X 轴范围上指定点:(指定新 UCS 的 X 轴正方向上的任意一点)
> 在 UCS XY 平面的正 Y 轴范围上指定点:(指定新 UCS 的 Y 轴正方向上的任意一点)

2. 通过改变原坐标系的原点位置创建新 UCS

可以通过将原坐标系随其原点平移到某一位置的方式创建新 UCS。由此方法得到的新 UCS 的各坐标轴方向与原 UCS 的坐标轴方向一致。利用菜单命令"工具"|"新建 UCS"|"原点"或功能区"常用"|"坐标"|（原点)按钮可实现该操作。单击对应的菜单命令或按钮，AutoCAD 提示如下。

> 指定新原点 <0,0,0>:

在此提示下指定 UCS 的新原点位置，即可创建出对应的 UCS。

3. 将原坐标系绕某一条坐标轴旋转一定的角度创建新 UCS

可以将原坐标系绕其某一条坐标轴旋转一定的角度来创建新 UCS。利用菜单命令"工具"|"新建 UCS"|X(或 Y、Z)或功能区"常用"|"坐标"|（X)(或（Y)、（Z))按钮，可以实现将原 UCS 绕 X 轴(或绕 Y 轴或 Z 轴)的旋转。例如，选择菜单命令"工具"|"新建 UCS"|Z，AutoCAD 提示如下。

指定绕 Z 轴的旋转角度:

在此提示下输入对应的角度值,然后按 Enter 键,即可创建对应的 UCS。

4．返回到前一个 UCS 设置

利用菜单命令"工具"|"新建 UCS"|"上一个",或单击功能区"常用"|"坐标"|（上一个)
按钮,可以将 UCS 返回到前一个 UCS 设置。

5．创建 XY 面与计算机屏幕平行的 UCS

利用菜单命令"工具"|"新建 UCS"|"视图",或单击功能区"常用"|"坐标"|（视图)按钮,
可以创建 XY 面与计算机屏幕平行的 UCS。三维绘图时,当需要在当前视图进行标注文字等操作时,
一般应首先创建此类 UCS。

6．恢复到 WCS

利用菜单命令"工具"|"新建 UCS"|"世界",或单击功能区"常用"|"坐标"|（世界)按钮,
可以将当前坐标系恢复到 WCS。

本书第 14 章介绍三维图形的绘制练习时,将用到不同形式的用户坐标系。

7.4　视点

用户可以从任意方向观察由 AutoCAD 2014 创建出的三维模型。AutoCAD 通过视点确定观察三
维对象的方向。当用户指定视点后,AutoCAD 将该点与坐标原点的连线方向作为观察方向,并在屏
幕上显示图形沿此方向的投影。如图 7-7 所示为对于同一个三维图形在不同视点下的显示效果。

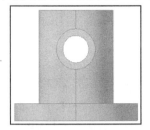 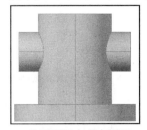

图 7-7　从不同视点观察图形

7.4.1　设置视点

用于设置视点的命令是 VPOINT,菜单命令为"视图"|"三维视图"|"视点"命令。
执行 VPOINT 命令,AutoCAD 提示如下。

指定视点或 [旋转(R)]<显示指南针和三轴架>:

下面介绍该提示中各选项的含义及其操作方法。

1. 指定视点

用于指定一点为视点方向，为默认选项。确定视点位置后(可以通过坐标或其他方式确定)，AutoCAD 2014 将该点与坐标系原点的连线方向作为观察方向，并以该方向在屏幕上显示图形的投影。

2. 旋转(R)

用于根据两个角度确定视点方向。执行该选项，AutoCAD 提示如下。

输入 XY 平面中与 X 轴的夹角:(输入视点方向在 XY 平面内的投影与 X 轴正方向的夹角)
输入与 XY 平面的夹角:(输入视点方向与其在 XY 面上投影之间的夹角)

3. <显示指南针和三轴架>

用于根据指南针和三轴架确定视点。

7.4.2 快速设置特殊视点

利用如图 7-8 所示的下拉菜单"视图"|"三维视图"中位于第二栏和第三栏中的各命令，可以快速确定一些特殊视点。

图 7-8 设置视点菜单

7.4.3 设置 UCS 平面视图

UCS 的平面视图是指用视点(0,0,1)观察图形时得到的效果，即为使对应的 UCS 的 XY 面与绘图屏幕平行。三维绘图一般是在当前 UCS 的 XY 面或与 XY 面平行的平面上进行的，因此平面视图在三维绘图中很重要。当根据需要建立了新的 UCS 后，利用平面视图，可以方便地进行绘图操作(见14.2.2 节中图 14-25~图 14-28 以及对应的操作)。

除了可以通过执行 VPOINT 命令，用"0,0,1"响应来设置平面视图外，还可以使用专门的命令 PLAN 设置平面视图。执行 PLAN 命令，AutoCAD 提示如下。

输入选项 [当前 UCS(C)/UCS(U)/世界(W)]<当前 UCS>:

其中，选择"当前 UCS(C)"选项，表示生成相对于当前 UCS 的平面视图；选择"UCS(C)"选项，表示恢复命名保存的 UCS 的平面视图；选择"世界(W)"选项，则表示生成相对于 WCS 的平面视图。

此外，也可以用与菜单命令"视图"|"三维视图"|"平面视图"对应的子菜单设置对应的平面视图。

7.5　创建基本实体模型

实体是具有质量、体积、重心、惯性矩和回转半径等体特征的三维对象。利用 AutoCAD 2014 可以创建出各种类型的实体模型。

7.5.1　创建长方体

用于创建长方体实体的命令是 BOX，菜单命令为"绘图"|"建模"|"长方体"命令，功能区按钮为"常用"|"建模"| ▢(长方体)。

执行 BOX 命令，AutoCAD 提示如下。

> 指定第一个角点或 [中心(C)]:

下面介绍该提示中各选项的含义及其操作方法。

1. 指定第一个角点

根据长方体一个角点位置创建长方体，为默认选项。执行该选项，即确定一个角点的位置，AutoCAD 提示如下。

> 指定其他角点或 [立方体(C)/长度(L)]:

● 指定其他角点

根据另一个角点位置创建长方体，为默认选项。用户响应后，如果该角点与第一角点的 Z 坐标不同，AutoCAD 2014 则以这两个角点作为长方体的对角点创建出长方体；如果第二个角点与第一个角点位于同一高度，即这两个角点具有相同的 Z 坐标，则 AutoCAD 提示如下。

> 指定高度或 [两点(2P)]:

在此提示下输入长方体的高度值，或通过指定两点，然后以两点间的距离值作为高度，也可以创建出长方体。

● 立方体(C)

创建立方体。执行该选项，AutoCAD 提示如下。

> 指定长度:(输入立方体的边长)

● 长度(L)

根据长方体的长、宽和高创建长方体。执行该选项，AutoCAD 提示如下。

> 指定长度:(输入长度值)
> 指定宽度:(输入宽度值)
> 指定高度或 [两点(2P)]:(确定高度)

2. 中心(C)

根据长方体的中心点位置创建长方体。执行该选项，AutoCAD 提示如下。

> 指定中心:(确定中心点的位置)
> 指定角点或 [立方体(C)/长度(L)]:

- 指定角点

确定长方体一个角点位置，为默认选项。用户响应后，如果该角点与中心点的 Z 坐标不同，AutoCAD 2014 根据这两个点为长方体的对角点创建出长方体;如果该角点与中心点有相同的Z坐标，则 AutoCAD 2014 提示如下。

> 指定高度或[两点(2P)]:(确定高度)

- 立方体(C)

创建立方体。执行该选项，AutoCAD 提示如下。

> 指定长度:(输入立方体的边长)

- 长度(L)

根据长方体长、宽和高创建长方体。执行该选项，AutoCAD 依次提示如下。

> 指定长度:(输入长度值)
> 指定宽度:(输入宽度值)
> 指定高度或[两点(2P)]:(确定高度)

7.5.2 创建楔体

用于创建楔体实体的命令是 WEDGE，菜单命令为"绘图"|"建模"|"楔体"命令，功能区按钮为"常用"|"建模"| 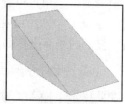(楔体)。楔体实体示例如图 7-9 所示。

执行 WEDGE 命令，AutoCAD 提示如下。

> 指定第一个角点或 [中心(C)]:

下面介绍该提示中各选项的含义及其操作方法。

图 7-9 楔体

1. 指定第一个角点

根据楔体上的角点位置创建楔体，为默认选项。用户确定楔体的一个角点位置后，AutoCAD 提示如下。

> 指定其他角点或 [立方体(C)/长度(L)]:

此时用户可以通过"指定其他角点"默认选项指定另一个角点位置来创建楔体。通过"立方体(C)"选项可以创建两个直角边及宽均相等的楔体，通过"长度(L)"选项可以按指定的长、宽和高创建楔体。

2. 中心(C)

按指定的中心点位置创建楔体，此中心点指楔体斜面上的中心点。执行该选项，AutoCAD 提示如下。

> 指定中心:

此提示要求用户确定中心点的位置。用户响应后，AutoCAD 提示如下。

> 指定角点或 [立方体(C)/长度(L)]:

此时用户可以通过"指定角点"默认选项指定的一个角点位置来创建楔体。通过"立方体(C)"选项可以创建两个直角边以及宽均相等的楔体，通过"长度(L)"选项可以按指定的长、宽和高创建楔体。

7.5.3　创建球体

用于创建球体实体的命令是 SPHERE，菜单命令为"绘图"|"建模"|"球体"命令，功能区按钮为"常用"|"建模"| ○(球体)。

执行 SPHERE 命令，AutoCAD 提示如下。

> 指定中心点或 [三点(3P)/两点(2P)/切点、切点、半径(T)]:

下面介绍该提示中各选项的含义及其操作方法。

1. 指定中心点

确定球心位置，为默认选项。执行该选项，即用户指定球心位置后，AutoCAD 提示如下。

> 指定半径或 [直径(D)]:(输入球体的半径，或通过"直径(D)"选项确定直径)

2. 三点(3P)

通过指定球体上某一条圆周上的 3 个点来创建球体。执行该选项，AutoCAD 提示如下。

> 指定第一点:
> 指定第二点:
> 指定第三点:

用户依次响应，即依次指定 3 点后(3 点即可确定一个圆)，AutoCAD 创建出对应的球体。

3. 两点(2P)

通过指定球体上某一条直径的两个端点来创建球体。执行该选项，AutoCAD 提示如下。

> 指定直径的第一个端点:
> 指定直径的第二个端点:

依次指定两点后，AutoCAD 创建出对应的球体。

4. 切点、切点、半径(T)

创建与已有两个对象相切，且半径为指定值的球体，其中两个对象必须是位于同一平面上的圆弧、圆或直线。执行该选项，AutoCAD 提示如下。

> 指定对象的第一个切点:
> 指定对象的第二个切点:

指定圆的半径：

用户依次响应后即可绘制出对应的球体。

7.5.4　创建圆柱体

用于创建圆柱体实体的命令是 CYLINDER，菜单命令为"绘图"|"建模"|"圆柱体"命令，功能区按钮为"常用"|"建模"|▢(圆柱体)。

执行 CYLINDER 命令，AutoCAD 提示如下。

指定底面的中心点或 [三点(3P)/两点(2P)/切点、切点、半径(T)/椭圆(E)]：

下面介绍该提示中各选项的含义及其操作方法。

1. 指定底面的中心点

确定圆柱体底面的中心点位置，为默认选项。用户响应后，AutoCAD 提示如下。

指定底面半径或 [直径(D)]:(输入圆柱体的底面半径或执行"直径(D)"选项输入直径)
指定高度或 [两点(2P)/轴端点(A)]：

● 指定高度

根据高度创建圆柱体，为默认选项。用户响应后，即可创建出圆柱体，且圆柱体的两个端面与当前 UCS 的 XY 面平行。

● 两点(2P)

指定两点，以这两点之间的距离为圆柱体的高度。执行该选项，AutoCAD 依次提示如下。

指定第一点：
指定第二点：

用户依次响应即可。

● 轴端点(A)

根据圆柱体另一个端面上的圆心位置创建圆柱体。执行该选项，AutoCAD 提示如下。

指定轴端点：

此提示要求用户确定圆柱体的另一轴端点，即另一个端面上的圆心位置，用户响应后，AutoCAD 创建出相应的圆柱体。利用该方法，可以创建沿任意方向放置的圆柱体。

2. 三点(3P)，两点(2P)和切点、切点、半径(T)

"三点(3P)"，"两点(2P)"和"切点、切点、半径(T)" 3 个选项分别用于以不同的方式确定圆柱体的底面圆，其操作过程与使用 CIRCLE 命令绘制圆相同。确定了圆柱体的底面圆后，AutoCAD 继续提示如下。

指定高度或 [两点(2P)/轴端点(A)]：

用户响应后即可绘制出相应的圆柱体。

3. 椭圆(E)

创建椭圆柱体，即横截面是椭圆的圆柱体。执行该选项，AutoCAD 提示如下。

指定第一个轴的端点或 [中心(C)]:

此提示要求用户确定椭圆柱体的底面椭圆，其操作过程与使用 ELLIPSE 命令绘制椭圆相似。确定了椭圆柱体的底面椭圆后，AutoCAD 继续提示如下。

指定高度或 [两点(2P)/轴端点(A)]:

用户响应后即可绘制出相应的圆柱体。

7.5.5　创建圆锥体

用于创建圆锥体实体的命令是 CONE，菜单命令为"绘图"|"建模"|"圆锥体"命令，功能区按钮为"常用"|"建模"| △(圆锥体)。

执行 CONE 命令，AutoCAD 提示如下。

指定底面的中心点或 [三点(3P)/两点(2P)/切点、切点、半径(T)/椭圆(E)]:

下面介绍该提示中各选项的含义及其操作方法。

1. 指定底面的中心点

用于确定圆锥体底面的中心点位置，为默认选项。用户响应后，AutoCAD 提示如下。

指定底面半径或 [直径(D)]:(输入圆锥体底面的半径或执行"直径(D)"选项输入直径)
指定高度或 [两点(2P)/轴端点(A)/顶面半径(T)]:

● 指定高度

用于确定圆锥体的高度。用户输入高度值后，按 Enter 键，AutoCAD 将按此高度创建出圆锥体，且该圆锥体的中心线与当前 UCS 的 Z 轴平行。

● 两点(2P)

指定两点，以这两点之间的距离作为圆锥体的高度。执行该选项，AutoCAD 依次提示如下。

指定第一点:
指定第二点:

用户依次响应即可。

● 轴端点(A)

用于确定圆锥体的轴端点位置。执行该选项，AutoCAD 提示如下。

指定轴端点:

在此提示下确定锥顶点(即轴端点)位置后，AutoCAD 即可创建出相应的圆锥体。利用该方法，可以创建出沿任意方向放置的圆锥体。

● 顶面半径(T)

用于创建圆台。执行该选项，AutoCAD 提示如下。

指定顶面半径:(指定顶面半径)

指定高度或 [两点(2P)/轴端点(A)] >:(响应其中一个选项即可)

2. 三点(3P)，两点(2P)和切点、切点、半径(T)

"三点(3P)"，"两点(2P)"和"切点、切点、半径(T)" 3 个选项分别用于以不同的方式确定圆锥体的底面圆，其操作过程与使用 CIRCLE 命令绘制圆相同。确定了圆锥体的底面圆后，AutoCAD 继续提示如下。

指定高度或 [两点(2P)/轴端点(A)/顶面半径(T)]:

在此提示下响应即可绘制出相应的圆锥体。

3. 椭圆(E)

创建椭圆锥体，即横截面为椭圆的锥体。执行该选项，AutoCAD 提示如下。

指定第一个轴的端点或 [中心(C)]:

此提示要求用户确定圆锥体的底面椭圆，操作过程与使用 ELLIPSE 命令绘制椭圆类似。确定了椭圆锥体的底面椭圆后，AutoCAD 提示如下。

指定高度或 [两点(2P)/轴端点(A)]:

用户响应即可绘制出相应的椭圆锥体。

7.5.6 创建圆环体

用于创建圆环体实体的命令是 TORUS，菜单命令为"绘图"|"建模"|"圆环体"命令，功能区按钮为"常用"|"建模"| ◎(圆环体)。圆环形实体示例如图 7-10 所示。

执行 TORUS 命令，AutoCAD 提示如下。

图 7-10 圆环体

指定中心点或 [三点(3P)/两点(2P)/切点、切点、半径(T)]:

下面介绍该提示中各选项的含义及其操作方法。

1. 指定中心点

指定圆环体的中心点位置，为默认选项。执行该选项，即指定圆环体的中心点位置，AutoCAD 提示如下。

指定半径或 [直径(D)]:(输入圆环体的半径，或执行"直径(D)"选项输入直径)

指定圆管半径或 [两点(2P)/直径(D)]:(输入圆管的半径，或执行"两点(2P)"、"直径(D)"选项输入直径)

2. 三点(3P)，两点(2P)和切点、切点、半径(T)

"三点(3P)"，"两点(2P)"和"切点、切点、半径(T)" 3 个选项分别用于以不同的方式确定圆环体的中心线圆，其操作过程与使用 CIRCLE 命令绘制圆相同。确定了圆环体的中心线圆后，AutoCAD 继续提示如下。

指定圆管半径或 [两点(2P)/直径(D)]:

用户根据需要进行响应即可。

7.5.7　创建多段体

多段体是具有矩形截面的实体，如图 7-11 所示，类似于有宽度和高度的多段线。

用于创建多段体的命令是 POLYSOLID，菜单命令为"绘图"|"建模"|"多段体"命令，功能区按钮为"常用"|"建模"| (多段体)。执行 POLYSOLID 命令，AutoCAD 提示如下。

图 7-11　多段体

指定起点或 [对象(O)/高度(H)/宽度(W)/对正(J)] <对象>:

1. 指定起点

指定多段体的起点。用户响应后，AutoCAD 提示如下。

指定下一个点或 [圆弧(A)/放弃(U)]:

● 指定下一个点

继续指定多段体的端点，执行后，AutoCAD 提示如下。

指定下一个点或 [圆弧(A)/放弃(U)]:(指定下一点，或执行"圆弧(A)"选项切换到绘制圆弧操作(见下面的介绍)，或执行"放弃(U)"选项放弃)
指定下一个点或 [圆弧(A)/闭合(C)/放弃(U)]:(指定下一点，或执行"圆弧(A)"选项切换到绘制圆弧操作，或执行"闭合(C)"选项封闭多段体，或执行"放弃(U)"选项放弃)
指定下一个点或 [圆弧(A)/闭合(C)/放弃(U)]:✓ (也可以继续执行)

● 圆弧(A)

切换到绘制圆弧模式。执行该选项，AutoCAD 提示如下。

指定圆弧的端点或 [方向(D)/直线(L)/第二点(S)/放弃(U)]:

其中，"指定圆弧的端点"选项用于指定圆弧的另一个端点；"方向(D)"选项用于确定圆弧在起点处的切线方向；"直线(L)"选项用于切换到绘制直线模式；"第二点(S)"选项用于确定圆弧的第二个点；"放弃(U)"选项用于放弃上一次的操作。用户根据提示响应即可。

2. 对象(O)

将二维对象转换成多段体。执行该选项，AutoCAD 提示如下。

选择对象:

在此提示下选择对应的对象后，AutoCAD 按当前的宽度和高度设置将其转换成多段体。使用 LINE 命令绘制的直线、使用 CIRCLE 命令绘制的圆、使用 PLINE 命令绘制的多段线和使用 ARC 命令绘制的圆弧都可以转换成多段体。

3. 高度(H)、宽度(W)

设置多段体的高度和宽度，执行某一选项后，根据提示设置即可。

4. 对正(J)

设置创建多段体时多段体相对于光标的位置，即设置多段体上的哪条边(从上向下观察)将随光标移动。执行该选项，AutoCAD 提示如下。

> 输入对正方式 [左对正(L)/居中(C)/右对正(R)] <居中>:

- 左对正(L)

表示当从左向右绘制多段体时，多段体的上边随光标移动。

- 居中(C)

表示当绘制多段体时，多段体的中心线(该线不在绘图窗口显示)随光标移动。

- 右对正(R)

表示当从左向右绘制多段体时，多段体的下边随光标移动。

7.5.8 旋转

通过旋转轴旋转满足条件的封闭二维对象可以创建出三维旋转实体，如图 7-12 所示。

用于通过旋转来创建实体的命令是 REVOLVE，菜单命令为"绘图"|"建模"|"旋转"命令，功能区按钮为"常用"|"建模"| 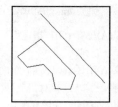(旋转)。

执行 REVOLVE 命令，AutoCAD 提示如下。

(a) 已有对象(封闭轮廓与旋转轴)　　(b) 旋转实体

图 7-12　旋转成实体

> 选择要旋转的对象或 [模式(MO)]:

1. 模式(MO)

确定通过旋转创建的是实体还是曲面。执行该选项，AutoCAD 提示如下。

> 闭合轮廓创建模式 [实体(SO)/曲面(SU)] <实体>:

提示中，"实体(SO)"选项用于创建实体，"曲面(SU)"选项用于创建曲面。选择"实体(SO)"选项后，AutoCAD 继续提示如下。

> 选择要旋转的对象或 [模式(MO)]:

2. 选择要旋转的对象

选择对象进行旋转。如果要创建旋转实体，应选择二维封闭对象。选择了要旋转的对象后，AutoCAD 提示如下。

> 选择要旋转的对象或 [模式(MO)]:↙(可以继续选择对象)
> 指定轴起点或根据以下选项之一定义轴 [对象(O)/X/Y/Z] <对象>:

指定轴起点：通过指定旋转轴的两个端点位置来确定旋转轴的起点，为默认项。用户响应后，即指定旋转轴的起点后，AutoCAD 提示如下。

> 指定轴端点:(指定旋转轴的另一个端点位置)
> 指定旋转角度或 [起点角度(ST)/反转(R)/表达式(EX)] <360>:

- 指定旋转角度

确定旋转角度，为默认项。用户响应后，AutoCAD 将选择的对象按指定的角度创建出对应的旋转实体(默认角度是 360°)。

- 起点角度(ST)

确定旋转的起始角度。执行该选项，AutoCAD 提示如下。

> 指定起点角度:(输入旋转的起始角度后按 Enter 键)
> 指定旋转角度或 [起点角度(ST)/表达式(EX)] <360>:(输入旋转角度后按 Enter 键)

- 反转(R)

改变旋转方向，用户直接响应即可。

- 表达式(EX)

通过表达式或公式来确定旋转角度。

对象(O)：绕指定的对象旋转。执行该选项，AutoCAD 提示如下。

> 选择对象:

此提示要求用户选择作为旋转轴的对象，此时只能选择使用 LINE 命令绘制的直线或使用 PLINE 命令绘制的多段线。选择多段线时，如果拾取的多段线是直线段，旋转对象将绕该线段旋转；如果拾取的是圆弧段，AutoCAD 以该圆弧两端点的连线作为旋转轴旋转。确定了旋转轴对象后，AutoCAD 提示如下。

> 指定旋转角度或 [起点角度(ST)/反转(R)/表达式(EX)] <360>: (输入旋转角度值后按 Enter 键，默认旋转值为 360°，或通过其他选项进行设置)

X、Y、Z：分别绕 X 轴、Y 轴或 Z 轴旋转成实体。执行某一选项，AutoCAD 提示如下。

> 指定旋转角度或 [起点角度(ST)/反转(R)/表达式(EX)] <360>:

根据提示响应即可。

7.5.9 拉伸

通过拉伸指定高度或路径的二维封闭对象可创建出三维实体，如图 7-13 所示。

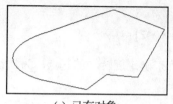
(a) 已有对象

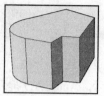
(b) 拉伸实体

图 7-13 拉伸成实体

用于通过拉伸来创建实体的命令是 EXTRUDE，菜单命令为"绘图"|"建模"|"拉伸"命令，功能区按钮为"常用"|"建模"| (拉伸)。

执行 EXTRUDE 命令，AutoCAD 提示如下。

> 选择要拉伸的对象或 [模式(MO)]:

1. 模式(MO)

确定通过拉伸创建实体还是曲面。执行该选项，AutoCAD 提示如下。

> 闭合轮廓创建模式 [实体(SO)/曲面(SU)] <实体>:

上述提示中，"实体(SO)"选项用于创建实体，"曲面(SU)"选项用于创建曲面。选择"实体(SO)"选项后，AutoCAD 继续提示如下。

> 选择要拉伸的对象或 [模式(MO)]:

2. 选择要拉伸的对象

选择对象进行拉伸。如果创建拉伸实体，此时应选择二维封闭对象。选择了要拉伸的对象后，AutoCAD 提示如下。

> 选择要拉伸的对象或 [模式(MO)]:✓(可以继续选择对象)
> 指定拉伸的高度或 [方向(D)/路径(P)/倾斜角(T)/表达式(E)]:

- 指定拉伸的高度

确定拉伸高度，使对象按指定高度拉伸，为默认项。用户响应后，即输入高度值后按 Enter 键，即可创建出对应的拉伸实体。

- 方向(D)

确定拉伸方向。执行该选项，AutoCAD 提示如下。

> 指定方向的起点:
> 指定方向的端点:

用户依次响应后，AutoCAD 以所指定两点之间的距离为拉伸高度，以两点之间的连接方向为拉伸方向创建出拉伸对象。

● 路径(P)

按路径拉伸。执行该选项，AutoCAD 提示如下。

选择拉伸路径或 [倾斜角(T)]:

用于选择拉伸路径，为默认项，用户直接选择路径即可。用于拉伸的路径可以是直线、圆、圆弧、椭圆、椭圆弧、二维多段线、三维多段线及二维样条曲线等对象，且作为拉伸路径的对象可以封闭，也可以不封闭。

● 倾斜角(T)

确定拉伸倾斜角。执行该选项，AutoCAD 提示如下。

指定拉伸的倾斜角度或 [表达式(E)] <0>:

此提示要求确定拉伸的倾斜角度。如果以 0(即 0°)响应，AutoCAD 将二维对象按指定的高度拉伸成柱体；如果输入了角度值，拉伸后实体截面将沿拉伸方向按此角度变化。也可以通过表达式确定倾斜角度。

● 表达式(E)

通过表达式确定拉伸角度。

7.5.10　扫掠

可以将二维封闭对象按指定的路径扫掠来创建三维实体，如图 7-14 所示。

用于实现扫掠操作的命令是 SWEEP，菜单命令为"绘图"|"建模"|"扫掠"命令，功能区按钮为"常用"|"建模"| (扫掠)。

执行 SWEEP 命令，AutoCAD 提示如下。

选择要扫掠的对象或 [模式(MO)]:

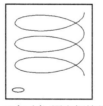 

(a) 已有对象(圆和螺旋线)　　(b) 扫掠结果

图 7-14　扫掠

1. 模式(MO)

确定通过扫掠创建实体还是曲面。执行该选项，AutoCAD 提示如下。

闭合轮廓创建模式 [实体(SO)/曲面(SU)] <实体>:

上述提示中，"实体(SO)"选项用于创建实体，"曲面(SU)"选项用于创建曲面。选择"实体(SO)"选项后，AutoCAD 继续提示如下。

选择要扫掠的对象或 [模式(MO)]:(选择要扫掠的对象)

2. 选择要扫掠的对象

选择对象进行扫掠。选择了要扫掠的对象后，AutoCAD 提示如下。

> 选择要扫掠的对象或 [模式(MO)]:↙(可以继续选择对象)
> 选择扫掠路径或 [对齐(A)/基点(B)/比例(S)/扭曲(T)]:

● 选择扫掠路径

选择路径进行扫掠，为默认项。执行此默认项，即选择路径后，AutoCAD 创建出对应对象。

● 对齐(A)

执行该选项，AutoCAD 提示如下。

> 扫掠前对齐垂直于路径的扫掠对象 [是(Y)/否(N)] <是>:

此提示询问扫掠前是否先将用于扫掠的对象垂直对齐于路径，然后进行扫掠。用户根据需要选择即可。

● 基点(B)

确定扫掠基点，即扫掠对象上的哪一点(或对象外的一点)沿扫掠路径移动。执行该选项，AutoCAD 提示如下。

> 指定基点:(指定基点)
> 选择扫掠路径或 [对齐(A)/基点(B)/比例(S)/扭曲(T)]:(选择扫掠路径或进行其他操作)

● 比例(S)

指定扫掠的比例因子，使从起点到终点的扫掠按此比例均匀放大或缩小。执行"比例(S)"选项，AutoCAD 提示如下。

> 输入比例因子或 [参照(R)]:(输入比例因子或通过"参照(R)"选项设置比例)
> 选择扫掠路径或 [对齐(A)/基点(B)/比例(S)/扭曲(T)]:(选择扫掠路径或进行其他操作)

● 扭曲(T)

指定扭曲角度或倾斜角度，使在扫掠的同时，从起点到终点按指定的角度扭曲或倾斜。执行此选项，AutoCAD 提示如下。

> 输入扭曲角度或允许非平面扫掠路径倾斜 [倾斜(B)]:(输入扭曲角度，也可以通过"倾斜(B)"选项输入倾斜角度)
> 选择扫掠路径或 [对齐(A)/基点(B)/比例(S)/扭曲(T)]:(选择扫掠路径或进行其他操作)

7.5.11 放样

放样是指通过一系列封闭曲线(称为横截面轮廓)来创建三维实体。

用于执行放样操作的命令是 LOFT，菜单命令为"绘图"|"建模"|"放样"命令，功能区按钮

为"常用"|"建模"| ⬡(放样)。

执行 LOFT 命令,AutoCAD 提示如下。

> 按放样次序选择横截面或 [点(PO)/合并多条边(J)/模式(MO)]:

1. 模式(MO)

确定通过放样创建实体还是曲面。执行该选项,AutoCAD 提示如下。

> 闭合轮廓创建模式 [实体(SO)/曲面(SU)] <实体>:

上述提示中,"实体(SO)"选项用于创建实体,"曲面(SU)"选项用于创建曲面。选择"实体(SO)"选项后,AutoCAD 继续提示如下。

> 按放样次序选择横截面或 [点(PO)/合并多条边(J)/模式(MO)]:

2. 按放样次序选择横截面

用于创建实体的对象。此时应至少选择两条曲线。选择了对应的对象后,AutoCAD 提示如下。

> 按放样次序选择横截面或 [点(PO)/合并多条边(J)/模式(MO)]:✓
> 输入选项 [导向(G)/路径(P)/仅横截面(C)/设置(S)]:

- 导向(G)

指定用于创建放样对象的导向曲线。导向曲线可以是直线或曲线。利用导向曲线,能够以添加线框信息的方式进一步定义放样对象的形状。导向曲线应满足的要求:要与每一个截面相交,起始于第一个截面并结束于最后一个截面。

执行"导向(G)"选项,AutoCAD 提示如下。

> 选择导向轮廓或 [合并多条边(J)]:(选择导向轮廓,或通过"合并多条边(J)"选项合并多条边)
> 选择导向曲线[合并多条边(J)]:✓(也可以继续选择导向曲线等)

- 路径(P)

指定用于创建放样对象的路径。此路径曲线必须与所有截面相交。执行"路径(P)"选项,AutoCAD 提示如下。

> 选择路径轮廓:(选择路径轮廓)

- 仅横截面(C)

只通过指定的横截面创建放样曲面,不使用导向和路径。

- 设置(S)

通过对话框进行放样设置。

3. 点(PO)

表示通过一点和指定的截面创建放样对象，此点可以是放样对象的起点，也可以是终点，但另一个截面必须是封闭曲线。

4. 合并多条边(J)

表示将多条首尾连接的曲线作为一个截面。

7.6 三维编辑

本书第 3 章介绍的许多编辑命令也适用于三维编辑，如移动、复制及删除等。本节将介绍专门用于三维编辑的一些命令及其操作方法。

7.6.1 三维旋转

三维旋转是指将选定的对象绕空间轴旋转指定的角度。用于实现此操作的命令是 3DROTATE，菜单命令为"修改"|"三维操作"|"三维旋转"命令，功能区按钮为"常用"|"修改"|⊕(三维旋转)。执行 3DROTATE 命令，AutoCAD 提示如下。

> 选择对象:(选择旋转对象)
> 选择对象:✓(可以继续选择对象)
> 指定基点:

AutoCAD 在显示"指定基点:"提示的同时，会显示随光标一起移动的三维旋转图标，如图 7-15 所示。

如果在"指定基点:"提示下指定旋转基点，AutoCAD 会将如图 7-15 所示的图标固定在旋转基点位置(图标中心点与基点重合)，并提示如下。

> 拾取旋转轴:

在此提示下，如果将光标置于如图 7-15 所示的图标的某一个椭圆上，此时该椭圆将以黄色显示，并显示与该椭圆所在平面垂直，且通过图标中心的一条线，此线即为对应的旋转轴，如图 7-16 所示。

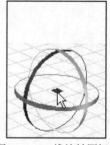

图 7-15　三维旋转图标

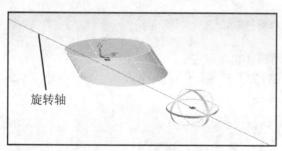

图 7-16　显示旋转轴

确定旋转轴后，单击，AutoCAD 提示如下。

> 指定角的起点或键入角度:(指定一点作为角的起点，或直接输入角度)
> 指定角的端点:(指定一点作为角的终止点)

7.6.2　三维镜像

三维镜像是指将选定的对象在三维空间相对于某一个平面镜像复制。用于实现此操作的命令是 MIRROR3D，菜单命令为"修改" | "三维操作" | "三维镜像"命令，功能区按钮为"常用" | "修改" |🔲(三维镜像)。

执行 MIRROR3D 命令，AutoCAD 提示如下。

> 选择对象:(选择镜像对象)
> 选择对象:✓(可以继续选择对象)
> 指定镜像平面(三点)的第一个点或
> [对象(O)/最近的(L)/Z 轴(Z)/视图(V)/XY 平面(XY)/YZ 平面(YZ)/ZX 平面(ZX)/三点(3)] <三点>:

此提示要求用户确定镜像平面。下面介绍该提示中各选项的含义及其操作方法。

1. 指定镜像平面(三点)的第一个点

通过三点确定镜像面，为默认选项。执行该选项，即确定镜像面上的第一点后，AutoCAD 继续提示如下。

> 在镜像平面上指定第二点:(确定镜像面上的第二点)
> 在镜像平面上指定第三点:(确定镜像面上的第三点)
> 是否删除源对象？[是(Y)/否(N)] <否>:(确定镜像后是否删除源对象)

2. 对象(O)

使用指定对象所在的平面作为镜像面。执行该选项，AutoCAD 提示如下。

> 选择圆、圆弧或二维多段线线段:

在此提示下选择圆、圆弧或二维多段线后，AutoCAD 继续提示如下。

> 是否删除源对象？[是(Y)/否(N)] <否>:(确定镜像后是否删除源对象)

3. 最近的(L)

使用最近一次定义的镜像面作为当前镜像面。执行该选项，AutoCAD 提示如下。

> 是否删除源对象？[是(Y)/否(N)] <否>:(确定镜像后是否删除源对象)

4. Z 轴(Z)

通过确定平面上一点和该平面法线上的一点来定义镜像面。执行该选项,AutoCAD 提示如下。

> 在镜像平面上指定点:(确定镜像面上任意一点)
> 在镜像平面的 Z 轴(法向)上指定点:(确定镜像面法线上任意一点)
> 是否删除源对象? [是(Y)/否(N)]<否>:(确定镜像后是否删除源对象)

5. 视图(V)

使用与当前视图平面(即计算机屏幕)平行的面作为镜像面。执行该选项,AutoCAD 提示如下。

> 在视图平面上指定点:(确定视图面上任意一点)
> 是否删除源对象? [是(Y)/否(N)]<否>:(确定镜像后是否删除源对象)

6. XY 平面(XY)、YZ 平面(YZ)、ZX 平面(ZX)

3 个选项分别表示用与当前 UCS 的 XY、YZ 或 ZX 面平行的平面作为镜像面。执行某一选项(如执行"XY 平面(XY)"选项),AutoCAD 提示如下。

> 指定 XY 平面上的点:(确定对应点)
> 是否删除源对象? [是(Y)/否(N)]<否>:(确定镜像后是否删除源对象)

7. 三点(3)

通过指定 3 点来确定镜像面,其操作与默认选项的操作相同。

7.6.3 三维阵列

三维阵列是指将选定的对象在三维空间阵列。实现此操作的命令是 3DARRAY,菜单命令为"修改"|"三维操作"|"三维阵列"命令。

执行 3DARRAY 命令,AutoCAD 提示如下。

> 选择对象:(选择阵列对象)
> 选择对象:↙(可以继续选择对象)
> 输入阵列类型 [矩形(R)/环形(P)]:

此提示要求用户确定阵列的类型,有矩形阵列和环形阵列两种方式可供选择,下面分别进行介绍。

1. 矩形阵列

"矩形(R)"选项用于矩形阵列,执行该选项,AutoCAD 依次提示如下。

> 输入行数(---):(输入阵列的行数)
> 输入列数(|||):(输入阵列的列数)
> 输入层数(...):(输入阵列的层数)

指定行间距(---):(输入行间距)
指定列间距(|||):(输入列间距)
指定层间距(...):(输入层间距)

执行结果：将所选择对象按指定的行、列和层阵列。

2. 环形阵列

在"输入阵列类型 [矩形(R)/环形(P)]:"提示下执行"环形(P)"选项，表示进行环形阵列，AutoCAD提示如下。

输入阵列中的项目数目:(输入阵列的项目个数)
指定要填充的角度(+=逆时针, -=顺时针) <360>:(输入环形阵列的填充角度)
旋转阵列对象? [是(Y)/否(N)]:

该提示要求用户确定阵列指定对象时是否对对象发生对应的旋转(与二维阵列时的效果类似)。用户响应该提示后，AutoCAD 继续提示如下。

指定阵列的中心点:(确定阵列的中心点位置)
指定旋转轴上的第二点:(确定阵列旋转轴上的另一个点，阵列中心点为阵列旋转轴上的一个点)

7.6.4 创建倒角

利用 AutoCAD 2014 的创建倒角功能，可以切去实体的外角(凸边)或填充实体的内角(凹边)，如图 7-17 所示。

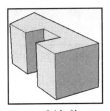 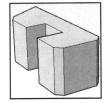

(a) 倒角前　　　　　　(b) 倒角后

图 7-17　创建倒角示例(概念视觉样式)

为实体创建倒角的命令与执行二维倒角的命令相同，均为 CHAMFER 命令。执行 CHAMFER 命令，AutoCAD 提示如下。

选择第一条直线或 [放弃(U)/多段线(P)/距离(D)/角度(A)/修剪(T)/方式(E)/多个(M)]:

在此提示下选择实体上要倒角的边，AutoCAD 会自动识别出该实体，并将选择边所在的某一个面亮显，同时提示如下。

基面选择...
输入曲面选择选项 [下一个(N)/当前(OK)]<当前>:

此提示要求用户选择用于倒角的基面。基面是指构成选择边的两个面中的某一个。如果选择当前亮显面为基面，按 Enter 键即可(即执行"当前(OK)"选项)；如果执行"下一个(N)"选项，则另一个面亮显，表示以该面为倒角基面。确定基面后，AutoCAD 继续提示如下。

> 指定基面倒角距离或 [表达式(E)]:(输入在基面上的倒角距离)
> 指定其他曲面倒角距离或 [表达式(E)]:(输入与基面相邻的另一个面上的倒角距离)
> 选择边或 [环(L)]:

最后一行提示中各选项的含义如下。

● 选择边

对基面上指定的边倒角，为默认选项。用户指定各边后，即可对它们实现倒角。

● 环(L)

对基面上的各边均进行倒角操作。执行该选项，AutoCAD 提示如下。

> 选择边环或 [边(E)]:

在此提示下选择基面上需要倒角的边后，AutoCAD 对它们创建出倒角。

7.6.5 创建圆角

创建圆角指对三维实体的凸边或凹边切出或添加圆角，如图 7-18 所示。

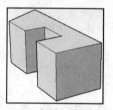 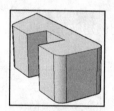

(a) 创建圆角前　　　　(b) 创建圆角后

图 7-18 创建圆角示例(概念视觉样式)

为实体创建圆角的命令与为二维图形创建圆角的命令相同，均为 FILLET 命令。执行 FILLET 命令，AutoCAD 提示如下。

> 选择第一个对象或 [放弃(U)/多段线(P)/半径(R)/修剪(T)/多个(M)]:

在此提示下选择实体上需要创建圆角的边，AutoCAD 会自动识别出该实体，并提示如下。

> 输入圆角半径或 [表达式(E)]:(输入圆角半径)
> 选择边或 [链(C)/环(L)/半径(R)]:

在此提示下选择需要创建圆角的各条边，即可对它们创建圆角。

7.6.6　并集操作

并集操作是指将多个实体组合成一个实体，如图 7-19 所示。

(a) 并集操作前(两个圆柱体)　　　　　(b) 并集操作后

图 7-19　并集操作示例(三维线框视觉样式)

实现并集操作的命令是 UNION，菜单命令为"修改"|"实体编辑"|"并集"命令，功能区按钮为"常用"|"实体编辑"|◎(并集)。

执行 UNION 命令，AutoCAD 提示如下。

```
选择对象:(选择要进行并集操作的实体对象)
选择对象:(继续选择实体对象)
…
选择对象:✓
```

执行结果：组合后形成一个新实体。

7.6.7　差集操作

差集操作是指从一些实体中去掉另一些实体，从而得到新实体，如图 7-20 所示。

(a) 差集操作前　　　　　(b) 差集操作后

图 7-20　差集操作示例(真实视觉样式)

用于实现差集操作的命令是 SUBTRACT，菜单命令为"修改"|"实体编辑"|"差集"命令，功能区按钮为"常用"|"实体编辑"|◎(差集)。

执行 SUBTRACT 命令，AutoCAD 提示如下。

```
选择要从中减去的实体、曲面和面域…
选择对象:(选择对应的实体对象)
选择对象:✓(可以继续选择对象)
选择要减去的实体、曲面和面域…
选择对象:(选择对应的实体对象)
```

选择对象：✓(可以继续选择对象)

执行结果：创建一个新实体。

7.6.8 交集操作

交集操作是指由各实体的公共部分创建新实体。用于实现此操作的命令是 INTERSECT，菜单命令为"修改"|"实体编辑"|"交集"命令，功能区按钮为"常用"|"实体编辑"| ⓪(交集)。

执行 INTERSECT 命令，AutoCAD 提示如下。

选择对象：(选择进行交集操作的实体对象)
选择对象：(继续选择对象)
…
选择对象：✓

执行结果：创建一个新实体。

7.7 渲染

渲染是指创建表面模型或实体模型的照片级真实感着色图像。用于实现此操作的命令是 RENDER，菜单命令为"视图"|"渲染"|"渲染"，功能区按钮为"渲染"|"渲染"| ◎(渲染)。

执行 RENDER 命令，打开如图 7-21 所示的"渲染"窗口，并对当前显示的模型进行渲染操作。

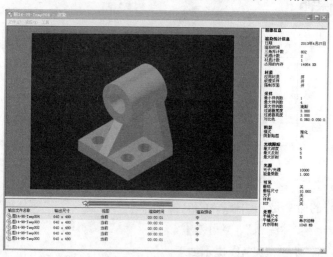

图 7-21　"渲染"窗口

从图 7-21 中可以看出，"渲染"窗口主要由 3 部分组成：图像窗格、图像信息窗格和历史窗格。位于左上方的图像窗格用于显示渲染图像，位于右侧的统计信息窗格用于显示渲染的当前设置，位于下方的历史窗格可使用户浏览对当前模型进行渲染的历史。

为了达到理想的渲染效果，通常要在渲染之前进行渲染设置，如渲染材质设置、渲染光源设置等。

第II部分 实践篇

中文版 AutoCAD 2014 机械图形设计

第8章　定义样板文件

国家机械制图标准对图纸的幅面与格式、标题栏格式等均做出了具体的要求。手工绘图时，为使绘图方便，各设计单位和工厂一般会根据制图标准将图纸裁成相应的幅面，并在图纸上印有图框线和标题栏等内容。同样，用 AutoCAD 绘制机械图时，用户也可以进行与此类似的工作，即事先设置好绘图幅面、绘制好图幅框和标题栏。基于 AutoCAD 本身的特点，用户还可以进行更多的绘图设置，如设置绘图单位的格式、标注文字与标注尺寸时的标注样式、图层以及打印设置等。利用 AutoCAD 的样板文件，用户就可以便捷地达到这些要求。

AutoCAD 样板文件是扩展名为 DWT 的文件，文件上通常包括一些通用图形对象，如图幅框和标题栏等，还有一些与绘图相关的标准(或通用)设置，如图层、文字标注样式及尺寸标注样式的设置等。通过样板创建新图形，可以避免一些重复性操作，如绘图环境的设置等。这样，不仅能够提高绘图效率，而且还可以保证图形的一致性。当用户基于某一样板文件绘制新图形并以 DWG 格式 (AutoCAD 图形文件格式)保存后，所绘图形对样板文件没有影响。

8.1 定义样板文件的主要过程

图 8-1 和表 8-1 所示为国家机械制图标准对图纸幅面及图框格式的部分规定(GB/T 14689-2008)。这里只列出了需要装订线的基本幅面。

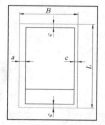

(a) 横装(A3 号图幅)　　　　(b) 竖装(A4 号图幅)

图 8-1　图幅尺寸

表 8-1　图幅尺寸

幅 面 代 号	A0	A1	A2	A3	A4
$B×L$	841×1189	594×841	420×594	297×420	210×297
c			10		5
a			25		

本节将以其中的 A4 图幅为例，介绍定义样板文件的方法。

为定义样板文件，首先应创建一个新图形。单击"标准"工具栏中的"新建"按钮，或选择"文件"|"新建"命令，即执行 NEW 命令，打开"选择样板"对话框，从中选择样板文件 acadiso.dwt 作为新绘图形的样板(acadiso.dwt 文件是一公制样板，其有关设置接近我国的绘图标准)，如图 8-2 所示。

单击对话框中的"打开"按钮，AutoCAD 创建对应的新图形。此时即可进行样板文件的相关设置或绘制相关图形。下面分小节进行详细介绍。

图 8-2　选择样板文件 acadiso.dwt

8.1.1　设置绘图单位格式和绘图范围

1. 设置绘图单位的格式

用于设置绘图单位格式的命令是 UNITS。选择"格式"|"单位"命令，即执行 UNITS 命令，打开如图 8-3 所示的"图形单位"对话框，在其中确定长度尺寸和角度尺寸的单位格式以及对应的精度。

在对话框中的"长度"选项组中，通过"类型"下拉列表将长度尺寸的单位格式设为"小数"，通过"精度"下拉列表将长度尺寸的精度设为 0.0；在"角度"选项组中，通过"类型"下拉列表将角度尺寸的单位格式设为"度/分/秒"，通过"精度"下拉列表将角度尺寸的精度设为 0d00′，如图 8-3 所示。

单击对话框中的"方向"按钮，打开"方向控制"对话框，如图 8-4 所示。

图 8-3　"图形单位"对话框　　　　图 8-4　"方向控制"对话框

"方向控制"对话框用于确定基准角度，即零度角的方向。通过对话框将该方向确定为东方向(即默认方向)；单击对话框中的"确定"按钮，返回到图 8-3 所示的"图形单位"对话框；单击对话框中的"确定"按钮，完成绘图单位格式及其精度的设置。

2. 设置图形界限

由表 8-1 可知，A4 图纸的幅面尺寸是 210×297。用于设置图形界限的命令是 LIMITS，选择"格式"|"图形界限"命令，即执行 LIMITS 命令，AutoCAD 提示如下。

> 指定左下角点或 [开(ON)/关(OFF)] <0.0, 0.0>:✓
> 指定右上角点: 210, 297✓

此时，完成图形界限的设置。为了使所设图形界限有效，还需要使用 LIMITS 命令的"开(ON)"选项进行相应的设置。设置过程如下。

执行 LIMITS 命令，AutoCAD 提示如下。

> 指定左下角点或 [开(ON)/关(OFF)] <0.0, 0.0>: ON✓

执行 ON 选项后，使所设图形界限有效，即用户只能在设定的范围内绘图。如果所绘图形超出了指定的图形界限，AutoCAD 拒绝绘图，并给出相应的提示。

提示

　　设置图形界限后，一般通过选择"视图"|"缩放"|"全部"命令，使所设置的绘图区域显示在计算机屏幕的中间并尽可能充满屏幕。完成此操作后，可通过显示栅格线的方式观看所设置的绘图范围。单击状态栏上的▦(栅格显示)按钮，即可在所设置的绘图范围内显示栅格线。如果执行该操作后是在全屏幕显示栅格线，则需要执行以下操作：打开"草图设置"对话框，在"栅格和捕捉"选项卡中，取消选中"显示超出界限的栅格"复选框(见图 4-4 及对应的说明)。

8.1.2　设置图层

绘制机械图时，通常需要使用多种线型，如粗实线、细实线、点划线、中心线及虚线等。用 AutoCAD

绘图时，实现满足线型要求的方法之一是(本书采用了此方法)：建立一系列具有不同绘图线型和不同绘图颜色的图层，绘图时，将具有同一线型的图形对象放在同一图层中，即具有同一线型的图形对象以相同的颜色显示。当通过打印机或绘图仪将图形输出到图纸时，利用打印设置，将不同颜色的对象设为不同的线宽，这样可以保证输出到图纸上的图形对象满足线宽要求。

表 8-2 列出了常用的图层设置。

表 8-2 图 层 设 置

绘 图 线 型	图 层 名 称	颜 色	AutoCAD 线型
粗实线	粗实线	白色	Continuous
细实线	细实线	红色	Continuous
波浪线	波浪线	绿色	Continuous
虚线	虚线	黄色	DASHED
中心线	中心线	红色	CENTER
尺寸标注	尺寸标注	青色	Continuous
剖面线	剖面线	红色	Continuous
文字标注	文字标注	绿色	Continuous

现在定义表 8-2 所示的各图层，具体步骤如下。

01 打开图层特性管理器

用于实现图层管理的命令是 LAYER。单击"图层"工具栏中的"图层特性管理器"按钮 ，或选择"格式"|"图层"命令，即执行 LAYER 命令，打开图层特性管理器，如图 8-5 所示。

02 建立新图层

连续单击 8 次"新建图层"按钮 ，创建 8 个新图层，如图 8-6 所示。

图 8-5 图层特性管理器

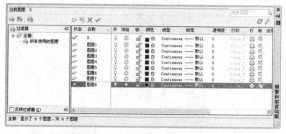

图 8-6 建立 8 个新图层

03 更改图层名、图层的颜色和线型

以表 8-2 中所示的"中心线"图层为例说明设置过程。已知"中心线"图层的绘图颜色为红色，绘图线型为 CENTER。

选中"图层 1"行，单击"图层 1"项，使该项变为编辑模式，然后在对应的编辑框中输入"中心线"，结果如图 8-7 所示。

单击图 8-7 中"中心线"行上的"白"项，打开如图 8-8 所示的"选择颜色"对话框，从中选择红色色块，然后单击对话框中的"确定"按钮，完成颜色的设置。

单击图 8-7 中"中心线"行上的 Continuous 项，弹出用于确定绘图线型的"选择线型"对话框，如图 8-9 所示。

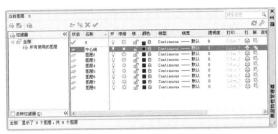

图 8-7　更改图层名　　　　图 8-8　选择颜色"对话框　　图 8-9　"选择线型"对话框

用户可通过对话框中的线型列表框来选择对应的绘图线型。如果列表框中没有用户需要的线型(如图 8-9 所示的对话框中没有 CENTER 线型)，应通过"加载"按钮加载对应的线型。单击"加载"按钮，打开"加载或重载线型"对话框，如图 8-10 所示。

从图 8-10 所示的对话框中选中 CENTER 线型，然后单击"确定"按钮，返回到"选择线型"对话框，这时在线型列表框中已显示出了 CENTER 线型。选中该线型，单击对话框中的"确定"按钮，完成对"中心线"图层的线型设置，结果如图 8-11 所示。

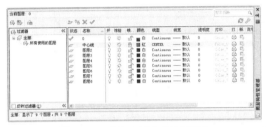

图 8-10　"加载或重载线型"对话框　　　　图 8-11　"中心线"图层设置

使用类似的方法，定义表 8-2 中所示的其他图层，结果如图 8-12 所示。关闭图层图形管理器，完成图层的定义。

当希望在某图形上用该图层的线型和颜色绘图时，应先将该图层设置为当前图层，然后开始绘图，具体方法参见后面介绍的绘图过程。

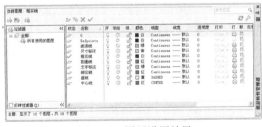

图 8-12　图层设置结果

8.1.3　定义文字样式

绘制机械图时，经常需要标注文字，如标注技术要求、填写标题栏等。国家机械制图标准专门对文字标注作出了规定，其主要内容如下(GB/T 14691-1993)。

字体的字号为 20、14、10、7、5、3.5、2.5，其字号即为字的高度(单位为 mm)，字的宽度约为字体高度的 2/3。但习惯上在 A3 和 A4 号图幅中绘图时，一般采用 3.5 号字；在 A0、A1 和 A2 号图幅中绘图时，一般采用 5 号字。

文字中的汉字应采用长仿宋体；拉丁字母分大、小写两种，而这两种字母又可以分别写成直体(正体)和斜体形式，斜体字的字头向右侧倾斜，与水平线约成 75°；阿拉伯数字也分为直体和斜体两种形式，斜体数字与水平线也成 75°。实际标注中，有时需要将汉字、字母和数字组合起来使用。

例如，标注"15×M10 深 20"时，同时用到了汉字、字母和数字。

以上介绍了国家制图标准对文字标注要求的主要内容，详细要求可参考相应的国家制图标准。

定义中文文字样式时，需要有对应的中文字体。AutoCAD 提供了可供标注的符合国家制图标准的中文字体：gbcbig.shx。另外，当中、英文混排时，为使标注出的中、英文文字的高度协调，AutoCAD 还提供了对应的符合国家制图标准的英文字体：gbenor.shx 和 gbeitc.shx。其中，gbenor.shx 用于标注正体，gbeitc.shx 则用于标注斜体。

下面将根据 gbenor.shx、gbeitc.shx 和 gbcbig.shx 字体文件定义符合国标要求的文字样式。设置新文字样式的文件名为"工程字-35"，字高为 3.5。

用于定义文字样式的命令是 STYLE。单击"样式"工具栏中的"文字样式"按钮，即执行 STYLE 命令，打开"文字样式"对话框，如图 8-13 所示。

单击对话框中的"新建"按钮，打开"新建文字样式"对话框，如图 8-14 所示。在该对话框中的"样式名"文本框中输入"工程字-35"(输入前应切换到中文输入法输入中文)。

图 8-13 "文字样式"对话框

图 8-14 "新建文字样式"对话框

单击对话框中的"确定"按钮，返回到"文字样式"对话框，如图 8-15 所示。

在图 8-15 所示的对话框中，从"字体"选项组中的"字体名"下拉列表中选中 gbenor.shx(用于标注直体字母和数字。如果标注斜体字母与数字，则应选择 gbeitc.shx 选项)；选中"使用大字体"复选框，并在"字体样式"下拉列表(大字体是亚洲国家使用的文字)中选中 gbcbig.shx；在"高度"文本框中输入 3.5，如图 8-16 所示。

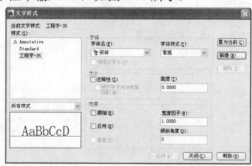

图 8-15 "文字样式"对话框

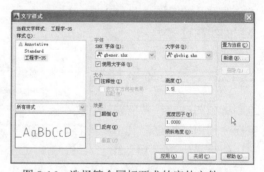

图 8-16 选择符合国标要求的字体文件

此时的设置基本符合国标要求。需要注意的是，由于在字体文件中已经考虑了字的宽高比例，所以在"宽度因子"文本框中仍采用 1。

完成上述设置后，单击对话框中的"应用"按钮，确认新文字样式的设置。单击"关闭"按钮，关闭对话框，并将文字样式"工程字-35"置为当前样式。

提示

用户可以根据需要，参照上述过程定义一系列与各国标字号对应的文字样式，如定义字高为 5 的文字样式"工程字–5"等。

8.1.4 定义尺寸标注样式

机械制图标准对尺寸标注的格式也有具体的规范(GB/T 4458 4-2003)。本小节将定义符合机械制图标准的尺寸标注样式。

设当前图形中已定义了名为"工程字-35"的文字样式(见 8.1.3 节)，下面定义名为"尺寸-35"的尺寸标注样式。该样式用文字样式"工程字-35"作为尺寸文字的样式，即所标注尺寸文字的字高为 3.5mm。

定义尺寸标注样式的命令为 DIMSTYLE。单击"样式"工具栏中的"标注样式"按钮，或单击菜单"标注"|"标注样式"，即执行 DIMSTYLE 命令，打开"标注样式管理器"对话框，如图 8-17 所示。

单击对话框中的"新建"按钮，在打开的"创建新标注样式"对话框中的"新样式名"文本框中输入"尺寸-35"，其余设置均采用默认状态，如图 8-18 所示("基础样式"项表示以已有样式 ISO-25 为基础定义新样式)。

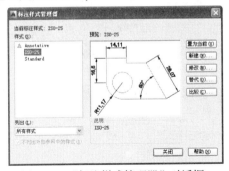

图 8-17 "标注样式管理器"对话框

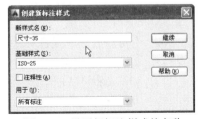

图 8-18 设置新标注样式的名称

单击"继续"按钮，打开"新建标注样式"对话框。在该对话框中切换到"线"选项卡，并进行相关的设置，如图 8-19 所示。

从图中可以看出，已完成的设置有：将"基线间距"设为 5，将"超出尺寸线"设为 2，将"起点偏移量"设为 0。

在图 8-19 所示对话框中单击的"符号和箭头"标签，切换到"符号和箭头"选项卡，如图 8-20 所示。在该选项卡中设置尺寸文字方面的特性。

从图 8-20 中可以看出，已进行的设置有：将"箭头大小"设为 3.5，将"圆心标记"选项组中的"大小"设为 3.5，其余均采用原有设置，即基础样式 ISO-25 的设置。

单击图 8-20 所示对话框中的"文字"标签，切换到"文字"选项卡，在该选项卡中设置尺寸文字方面的特性，如图 8-21 所示。

从图 8-21 中可以看出，已将"文字样式"设为"工程字-35"，将"从尺寸线偏移"设为 1，其余均采用基础样式 ISO-25 的设置。

单击图 8-21 所示的对话框中的"主单位"标签，切换到"主单位"选项卡，在该选项卡中进行相关设置，如图 8-22 所示。

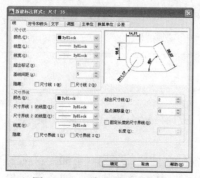

图 8-19　"线"选项卡设置

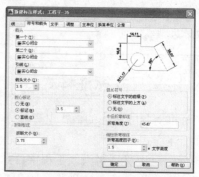

图 8-20　"符号和箭头"选项卡设置

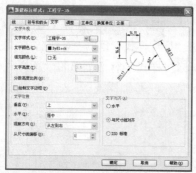

图 8-21　"文字"选项卡

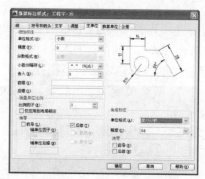

图 8-22　"主单位"选项卡

从图 8-22 中可以看出，线性标注的"单位格式"设为"小数"，"精度"设为 0，"小数分隔符"设为"."(句点)；角度标注的"单位格式"设为"度/分/秒"，"精度"设为 0d。

单击图 8-22 所示的对话框中的"确定"按钮，完成尺寸标注样式"尺寸-35"的设置，返回到"标注样式管理器"对话框，如图 8-23 所示。

从图 8-23 中可以看出，新创建的标注样式"尺寸-35"已经显示在"样式"列表框中，并默认设为当前样式。单击"关闭"按钮，关闭对话框，即可使用样式"尺寸-35"标注尺寸。

使用标注样式"尺寸-35"标注尺寸时，虽然可以标注出符合国家机械制图标准要求的大多数尺寸，但标注出的角度尺寸为如图 8-24 所示的形式时，不符合国家机械制图标准要求。国家标准《机械制图》规定(GB/T 4458.4-2003)：标注角度尺寸时，表示角度的数字一律写成水平方向，且一般应注写在尺寸线的中断处，如图 8-25 所示。

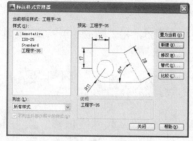

图 8-23　"标注样式管理器"对话框

图 8-24　标注角度

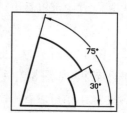

图 8-25　根据国标要求标注角度

为标注出符合国家标准的尺寸，还应在标注样式"尺寸-35"的基础上定义专门适用于角度标注的子样式。定义过程如下。

打开"标注样式管理器"对话框，在"样式"列表框选择"尺寸-35"选项(参见图 8-23)，单击对话框中的"新建"按钮，打开"创建新标注样式"对话框，在该对话框的"用于"下拉列表中选择"角度标注"选项，其余设置保持不变，如图 8-26 所示。

单击对话框中的"继续"按钮，打开"新建标注样式"对话框，在该对话框中的"文字"选项卡中，选中"文字对齐"选项组中的"水平"单选按钮，其余设置保持不变，如图 8-27 所示。

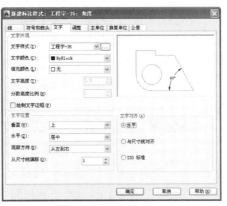

图 8-27　将文字对齐设为水平

图 8-26　为角度标注设置样式

单击对话框中的"确定"按钮，完成角度样式的设置，返回到"标注样式管理器"对话框，如图 8-28 所示。

从图 8-28 中可以看出，AutoCAD 在已有标注样式"尺寸–35"的下面引出了一个标记为"角度"的子样式，同时在预览窗口中显示对应的角度标注效果。单击"关闭"按钮，关闭对话框，完成尺寸标注样式的设置。

图 8-28　"标注样式管理器"对话框

提示

尺寸标注常用的文字高度为 3.5mm 和 5mm，用户可以用标注样式"尺寸–35"为基础样式定义标注尺寸文字字高为 5mm 的样式"尺寸–5"。该样式的主要设置要求如下。

(1) "线"选项卡(参见图 8-19)：将"基线间距"设为 8；"超出尺寸线"设为 3；"起点偏移量"设为 0。

(2) "符号和箭头"选项卡(参见图 8-20)：将"箭头大小"设为 5；将"圆心标记"选项组中的"大小"设为 5；其余设置与"尺寸–35"样式相同。

(3) 在"文字"选项卡中(参见图 8-21)，单击按钮 ，在弹出的"文字样式"对话框中定义新文字样式。样式名为"工程字–5"，字高为 5，其余与"工程字–35"样式相同。将该样式设为尺寸标注的文字样式。然后将"从尺寸线偏移"设为 1.5，其余设置与"尺寸–35"样式相同。

(4) 其余选项卡的设置与"尺寸–35"样式相同。同样，创建"尺寸–5"样式后，也应该创建其"角度"子样式，用于标注符合国标要求的角度尺寸。

8.1.5 绘制图框与标题栏

1. 绘制图框

下面绘制如图 8-1(b)所示的 A4 图纸的图框。首先绘制图纸的边界线(也可以不绘制此线)。将"细实线"图层置为当前图层。从图层工具栏的对应下拉列表中选中"细实线"项即可,如图 8-29 所示(本书介绍的绘图示例中要频繁切换绘图图层,其切换方式与这里介绍的方式相同,届时不再介绍具体过程)。

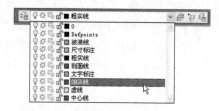

图 8-29 将指定的图层设为当前层

提示

将某一图层置为当前图层后,在默认设置下,用户所绘图形的线型和颜色即为该图层的线型与颜色。

单击"绘图"工具栏中的"直线"按钮，或选择"绘图"|"直线"命令,即执行 LINE 命令,AutoCAD 提示(请参见表 8-1 所示的尺寸和图 8-1 所示的格式)如下。

```
指定第一个点:0,0✓(确定起始点)
指定下一点或 [放弃(U)]: @210,0✓(利用相对坐标确定另一点)
指定下一点或 [放弃(U)]: @0,297✓
指定下一点或 [闭合(C)/放弃(U)]: @-210,0✓
指定下一点或 [闭合(C)/放弃(U)]: C✓(封闭已绘直线,结束操作)
```

绘制图框线,将"粗实线"图层置为当前图层。

单击"绘图"工具栏中的"直线"按钮，即执行 LINE 命令,AutoCAD 提示如下。

```
指定第一个点:25,5✓
指定下一点或 [放弃(U)]: @180,0✓
指定下一点或 [放弃(U)]: @0,287✓
指定下一点或 [闭合(C)/放弃(U)]: @-180,0✓
指定下一点或 [闭合(C)/放弃(U)]: C✓
```

至此,完成图幅框的绘制,如图 8-30 所示。

2. 绘制标题栏

国家机械制图标准对标题栏作出具体规定,如图 8-31 所示(GB/T 10609.1-2008)。

从图 8-31 中可以看出,标题栏由相互平行的一系列粗实线和细实线组成。绘制该标题栏时,可

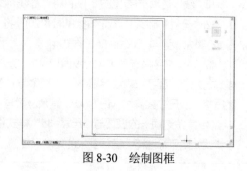

图 8-30 绘制图框

以分别在对应的图层绘制粗实线和细实线。为了说明 AutoCAD 的其他功能,下面先使用粗实线绘制标题栏中的各线段,然后利用"特性"选项板将某些线段更改到"细实线"图层,具体步骤如下。

01 改变显示比例

图 8-30 在绘图区域中显示了整个图幅。由于所绘标题栏仅仅位于图幅的下方,为方便绘图,可以改变显示比例,即只将所绘标题栏的区域显示在绘图屏幕。单击"标准"工具栏中的"窗口缩放"按钮,根据提示,确定新显示窗口的两个对角点位置即可,结果如图 8-32 所示。

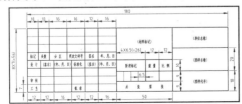

图 8-31 标题栏

图 8-32 放大显示指定的区域

02 绘制标题栏各直线

将"粗实线"图层置为当前层。

绘制标题栏的方法有多种。如直接用 LINE 命令绘制线;执行 OFFSET 命令对已有线做偏移复制等。本例首先用 COPY 命令复制已有的图框线。

单击"修改"工具栏中的"复制"按钮,或选择"修改"|"复制"命令,即可执行 COPY 命令,AutoCAD 提示如下。

```
选择对象:(拾取图 8-32 中的右垂直图框线。注意:应拾取图框线,不要拾取边界线)
选择对象:↙
指定基点或 [位移(D)/模式(O)] <位移>:(用鼠标在绘图屏幕的任意位置拾取一点)
指定第二个点或 [阵列(A)] <使用第一个点作为位移>:@-50,0↙(通过相对坐标确定复制的第二点)
指定第二个点或 [阵列(A)/退出(E)/放弃(U)] <退出>:@-100,0↙(通过相对坐标确定复制的第二点)
指定第二个点或 [阵列(A)/退出(E)/放弃(U)] <退出>:↙
```

再次执行 COPY 命令,AutoCAD 提示如下。

```
选择对象:(拾取图 8-32 中的下图框线)
选择对象:↙
指定基点或 [位移(D)/模式(O)] <位移>:(用鼠标在绘图屏幕的任意位置拾取一点)
指定位移的第二点或 阵列(A) <用第一点作位移>: @0,18↙
指定第二个点或 [阵列(A)/退出(E)/放弃(U)] <退出>: @0,38↙
指定第二个点或 [阵列(A)/退出(E)/放弃(U)] <退出>: @0,56↙
指定第二个点或 [阵列(A)/退出(E)/放弃(U)] <退出>:↙
```

执行结果如图 8-33 所示(图中的数字用于后续操作的说明)。

注意

为节省篇幅,本书在大部分绘图示例中,用粗边框矩形表示 AutoCAD 的局部绘图区域。

下面进行修剪操作。单击"修改"工具栏中的"修剪"按钮，或选择"修改"|"修剪"命令，即执行 TRIM 命令，AutoCAD 提示如下。

选择剪切边...
选择对象或 <全部选择>:(在此提示下，拾取图 8-33 中的直线 1、3 和直线 4 作为剪切边)
选择对象:✓
选择要修剪的对象，或按住 Shift 键选择要延伸的对象，或
[栏选(F)/窗交(C)/投影(P)/边(E)/删除(R)/放弃(U)]:(在此提示下，在直线 1 的上方拾取直线 3 和直线 4，在直线 3 的左边拾取直线 2 和直线 5，再在直线 3 与直线 4 之间拾取直线 2)
选择要修剪的对象，或按住 Shift 键选择要延伸的对象，或 [投影(P)/边(E)/放弃(U)]:✓

执行结果如图 8-34 所示。

图 8-33　复制直线后的结果

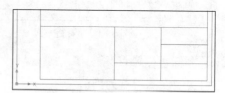

图 8-34　修剪后的结果

然后进行其他直线的绘制操作。使用类似的方法，根据图 8-31 中提供尺寸，绘制出标题栏上的其他线段，如图 8-35 所示。

图 8-35 所示标题栏上的各线段均位于"粗实线"图层。现在将需要用细实线显示的线段更改到"细实线"图层。通过"图层"工具栏来改变已有对象的图层。方法：选中对应的直线，然后从图层工具栏的下拉列表中选择"细实线"项，如图 8-36 所示。

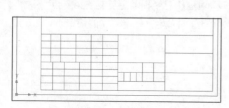

图 8-35　绘制结果

图 8-36　更改指定对象的图层

03 标注文字

下面标注图 8-31 所示标题栏上的固定文字部分，即不带圆括号的文字。对于一般图形，其标题栏均有一些固定文字。而对于位于圆括号中的文字内容，则会随图形的变化而发生变化。

现以标注标题栏上的"共　　张　第　　张"为例给予标注文字说明。

提示

当标注文字时，必须确保当前的文字样式是"工程字–35"(通过"样式"工具栏可了解当前应用后文字样式)。如果当前的文字样式不是"工程字–35"，可通过"样式"工具栏中的对应下拉列表(参见图 8-37)将其设为"工程字–35"。

图 8-37 设置当前文字样式

将"文字标注"图层置为当前层。选择"绘图"|"文字"|"单行文字"命令，即执行 DTEXT 命令，AutoCAD 提示如下。

指定文字的起点或 [对正(J)/样式(S)]: 113,7.75↙(确定文字行的起始点位置)
指定文字的旋转角度<0d>:↙

此时 AutoCAD 在绘图屏幕上显示出表示文字位置的方框，输入"共 张 第 张" (不输入双引号，各字之间空 5 格)，输入后连续按两次 Enter 键，结果如图 8-38 所示。

标注标题栏上的其他文字，完成后的结果如图 8-39 所示。

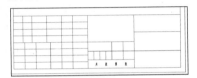

图 8-38 标注文字

图 8-39 标注其他文字

 提示

标注其他文字的更为简便的方法：先标注出某一文字，如标注出"工艺"，然后将其复制到其他需要标注文字的位置，再将由复制得到的各文字内容更改为所需要的内容。更改方法：选择"修改"|"对象"|"文字"|"编辑"命令，在"选择注释对象或 [放弃(U)]:"提示下选择文字，或直接双击文字，该文字会转为编辑模式，然后进行修改。如果修改后得到的文字位置不合适，可通过移动等方式对其进行调整。

至此，得到与 A4 图纸对应的图框与标题栏，如图 8-40 所示。

图 8-40 图框与标题栏

8.1.6 定义标题栏块

 提示

此部分内容较为繁琐。对于 AutoCAD 的初学者，可暂时越过本小节，当完成本书第 12 章介绍的块与属性的练习示例后，再学习本部分内容。

图 8-40 包含了标题栏。在实际绘图中，还需要用户在标题栏中填写文字信息，如设计单位名称、图样名称等。所填写的内容一般包括两部分：将图形通过打印机或绘图仪打印之后，图纸上的签名(如

设计者等)，以及使用 AutoCAD 绘图时直接填写的文字(如单位名称、图样名称等)。对于直接填写的内容，虽然可以利用 AutoCAD 提供的标注文字的方法来填写，但操作较为繁琐。利用 AutoCAD 提供的块与属性功能，可以方便地填写标题栏操作。具体实现方法：将标题栏中需要在绘图时填写的文字部分定义成属性，然后将标题栏和属性定义成块，当在绘图过程中需要填写标题栏时，可直接填写相应的属性值(即填写标题栏内容)。具体操作过程如下。

1. 定义文字样式

在如图 8-31 所示的标题栏中，标注材料标记、图样名称的文字一般采用 10 号字(字高为 10)；标记单位名称、图样代号的文字可采用 7 号字(字高为 7)或 10 号字，本书采用 7 号字。因此，如果没有对应的文字样式，还需要定义文字样式。

首先定义文字样式"工程字–10"(字高为 10)。设当前文字样式是 8.1.3 节定义的"工程字–35"。单击"样式"工具栏中的"文字样式"按钮 A，即执行 STYLE 命令，打开"文字样式"对话框。单击对话框中的"新建"按钮，在打开的"新建文字样式"对话框的"样式名"文本框中输入"工程字–10"，如图 8-41 所示。

单击"新建文字样式"对话框中的"确定"按钮，返回到"文字样式"对话框。在该对话框的"高度"文本框中输入 10，如图 8-42 所示。单击"应用"按钮，完成新文字样式的定义。

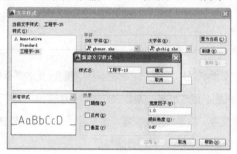

图 8-41　确定新文字样式的名称

图 8-42　新文字样式的设置

使用同样的方法，定义字高度为 7 的文字样式"工程字–7"。

2. 定义属性

这里主要定义图 8-31 所示的标题栏中与位于括号中的文字对应的属性和表示设计者名称和设计日期的文字属性。一般来说，每个属性有属性标记、属性提示和默认值等内容。本例需要创建的属性及其设置要求如表 8-3 所示。

表 8-3　属 性 要 求

属 性 标 记	属 性 提 示	默 认 值	功　能
(材料标记)	输入材料标记	无	填写零件的材料标记
(单位名称)	输入单位名称	无	填写绘图单位的名称
(图样名称)	输入图形名称	无	填写图样的名称
(图样代号)	输入零件图号	无	填写图样的代号
(重量)	输入零件重量	无	填写图样的重量
(比例)	输入图形比例	无	填写图样的比例

(续表)

属 性 标 记	属 性 提 示	默 认 值	功 能
Z1	输入图形的总张数	无	填写图形的总张数
Z2	输入此图形的序号	无	填写本图形的序号
(设计)	输入设计者的名称	无	填写设计者的名称
(日期)	输入绘图日期	无	填写绘图日期

 提示

表 8-3 中,属性标记 Z1 和 Z2 分别表示图 8-31 所示标题栏中与"共 张 第 张"对应的张数属性,其他项表示与图 8-31 对应的同名项的属性。

下面以创建属性标记为"(材料标记)"的属性为例说明属性的创建过程。

将"文字标注"图层置为当前图层。选择"绘图"|"块"|"定义属性"命令,即执行 ATTDEF 命令,打开"属性定义"对话框,在该对话框中进行对应的属性设置,如图 8-43 所示。

从图 8-43 中可以看出,在该对话框中确定了对应属性的属性标记与提示、属性的插入点位置;并在"文字设置"中的"文字样式"下拉列表中选择了"工程字-10"选项;在"对正"下拉列表中选择了"中间"选项。单击 "确定"按钮,AutoCAD 提示如下。

图 8-43 设置属性

指定起点:

在此提示下,指定对应的位置,即可完成标记为"(材料标记)"的属性定义,且 AutoCAD 将属性标记显示在相应位置,如图 8-44 所示。

重复执行 ATTDEF 命令,根据表 8-3 所示的要求定义其他属性,结果如图 8-45 所示(创建各属性时,首先应注意选择对应的文字样式与对正方式,对正方式均选择"中间"选项)。

图 8-44 定义"(材料标记)"属性

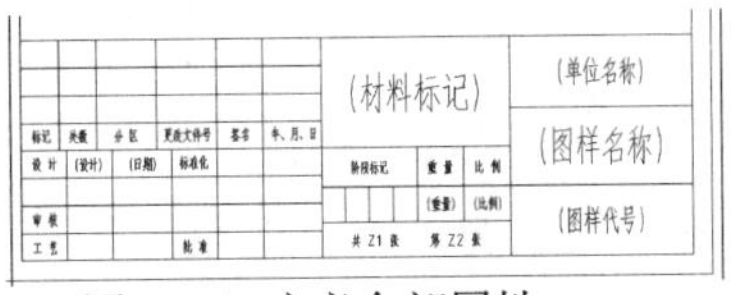

图 8-45 定义全部属性

3. 定义块

单击"绘图"工具栏中的"创建块"按钮 ,或选择"绘图"|"块"|"创建"命令,即执行 BLOCK 命令,打开"块定义"对话框。在该对话框中进行相关设置,如图 8-46 所示。

从图 8-46 中可以看出,块名为"标题栏",通过"拾取点"按钮将标题栏的右下角位置作为块基点,并通过"选择对象"按钮,选择了图 8-45 中表示标题栏的图形和属性标记文字对象(选择作为块的对象时，除了选择图形对象外，还要将表示属性定义的属性标记选为块定义对象)。选中"转换为块"单选按钮，使得创建块后，自动将所选择对象转换成块。此外，还在"说明"框中输入了对应的说明信息"标题栏"。

单击对话框中的"确定"按钮，打开"编辑属性"对话框，如图 8-47 所示。

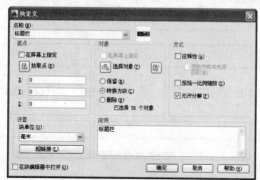

图 8-46 块设置

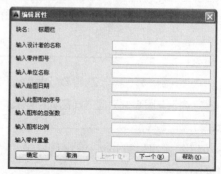

图 8-47 "编辑属性"对话框

此处不进行任何设置，直接单击"确定"按钮即可。

至此，完成标题栏块的定义。得到的图形与图 8-40 相同，但标题栏已成为一个块。

填写标题栏一般有两种方法。一种方法是选择标题栏，然后打开特性窗口(单击"标准"工具栏按钮██)，如图 8-48(a)所示，从中可填写标题栏的内容；另一种方法是选择"修改"|"对象"|"文字"|"编辑"命令，在"选择注释对象或 [放弃(U)]:"提示下选择标题栏，或直接双击标题栏，AutoCAD 会打开"增强属性编辑器"对话框，如图 8-48(b)所示，此时可通过大列表框，依次确定要输入属性值的项，在"值"文本框中输入对应的属性值，即所填写的内容。

(a) 通过此窗口填写标题栏

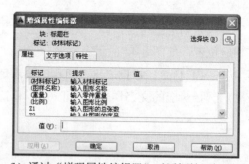

(b) 通过"增强属性编辑器"对话框填写标题栏

图 8-48 填写标题栏

8.1.7 打印设置

打印设置包括打印设备设置、页面设置和打印样式表设置等。

选择"文件"|"页面设置管理器"命令，即执行 PAGESETUP 命令，打开"页面设置管理器"对话框，如图 8-49 所示。

单击"新建"按钮，打开"新建页面设置"对话框，在该对话框的"新页面设置名"文本框中输入"新打印设置"，如图 8-50 所示。

图 8-49　"页面设置管理器"对话框

图 8-50　"新建页面设置"对话框

单击"确定"按钮，打开"页面设置"对话框，在该对话框中进行相应的设置，如图 8-51 所示。

从图 8-51 中可以看出，已完成的设置有：通过"打印机/绘图仪"选项组选择了打印机 hp LaserJet 1010 Series Driver(读者可根据自己使用的打印机或绘图仪进行设置)，将"图纸尺寸"设为 A4，将打印区域设为"图形界限"，将图形方向设为"纵向"等。

在"打印样式表"选项组中的第一个下拉列表中选择 acad.ctb 选项，单击其右侧的"编辑"按钮，打开"打印样式表编辑器"对话框，如图 8-52 所示。

图 8-51　"页面设置"对话框

图 8-52　"打印样式表编辑器"对话框

在该对话框中，在"打印样式"列表框中选择"颜色 7"(即黑色)选项，在"线宽"下拉列表中选择"0.7000 毫米"选项；将"打印样式"列表中的"颜色 1"~"颜色 6"项选中为"黑色"(通过"颜色"下拉列表设置)，将它们的线宽均设为"0.3500 毫米"。

单击"保存并关闭"按钮，返回到图 8-53 所示的对话框。

单击"确定"按钮，返回到图 8-54 所示的"页面设置管理器"对话框。

单击该对话框中的"置为当前"按钮，将"新打印设置"设为当前打印设置。单击"关闭"按钮，完成打印设置。

图 8-53　"页面设置"对话框

图 8-54　"页面设置管理器"对话框

 ## 8.1.8　保存样板文件

前面各小节分别示范了设置绘图单位格式、绘图范围以及图层；定义对应的文字样式与尺寸样式，绘制了图框与标题栏；定义标题栏块并进行打印设置等操作。下面将图形保存为样板文件的操作(必要时，还可以进行其他设置)，保存方法如下。

提示

保存图形前，将文字样式"工程字–35"和尺寸样式"尺寸–35"设为当前样式；并通过选择"视图"丨"缩放"丨"全部"命令，将整个图幅显示在绘图区域。

选择"文件"丨"另存为"命令，打开"图形另存为"对话框。在该对话框中进行相应设置，如图 8-55 所示。

从图 8-55 中可以看出，通过"文件类型"下拉列表将文件保存类型选择为"AutoCAD 图形样板(*.dwt)"选项，并通过"文件名"文本框将文件命名为 Ga-a4-v(AutoCAD 默认将样板文件保存在 AutoCAD 安装文件夹下的 Template 目录中)。

单击"保存"按钮，打开"样板选项"对话框。在该对话框中输入对应的说明，如图 8-56 所示，单击"确定"按钮，完成样板文件的定义。

图 8-55　"图形另存为"对话框

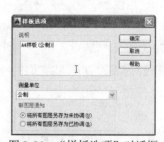

图 8-56　"样板选项"对话框

提示

在本书光盘的"DWG\第 08 章"文件夹中提供了与表 8-1 所示图幅对应的图形文件,且图形中有图层、各种样式等的设置,并绘制有标题栏;在 DWT 文件夹中提供了与表 8-1 所示图幅对应的样板文件,读者绘图时可以直接使用它们建立新图形。

如果读者以本书提供的样板文件绘制图形,应根据自己使用的打印机或绘图仪重新进行打印设置。

8.2　应用示例

本节将从通过样板文件创建新图形文件开始,绘制如图 8-57 所示的简单图形,使读者对利用 AutoCAD 绘制机械图有一个初步认识。

从图 8-57 中可以看出,所绘图形包括绘制基本图形、填充剖面线、标注尺寸、标注文字和填写标题栏等内容。虽然该图形较为简单,但涵盖了绘制机械图的主要工作内容。

1. 创建新图形

单击"标准"工具栏中的"新建"按钮□,或选择"文件"|"新建"命

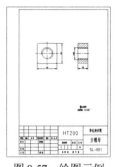

图 8-57　绘图示例

令,即执行 NEW 命令,打开"选择样板"对话框,选择光盘 DWT 文件夹中的 Gb-a4-v.dwt 文件为样板文件,如图 8-58 所示。

单击"打开"按钮,进入工作界面,并显示样板文件的图框线与标题栏(所显示的图形与图 8-40 类似)。

2. 绘制图形

[01]　绘制主视图轮廓

将"粗实线"图层置为当前图层。

单击"绘图"工具栏中的"矩形"按钮□,

图 8-58　选择样板文件

或选择"绘图"|"矩形"命令,即执行 RECTANG 命令,AutoCAD 提示如下。

```
指定第一个角点或 [倒角(C)/标高(E)/圆角(F)/厚度(T)/宽度(W)]: C↙ (设置倒角距离)
指定矩形的第一个倒角距离: 2↙
指定矩形的第二个倒角距离: 2↙
指定第一个角点或 [倒角(C)/标高(E)/圆角(F)/厚度(T)/宽度(W)]: 65,190↙ (确定第一角点)
指定另一个角点或 [尺寸(D)]: @40,40↙ (通过相对坐标确定第二角点)
```

执行结果如图 8-59 所示。

图 8-59　绘制矩形

 提示

在本节绘制矩形的步骤中，第一角点位置是通过给定坐标的形式确定的，目的是使读者在做本练习时得到的图形位置与书中所绘示例一致。实际绘图中，用户可以根据目测和经验在绘图区域通过拾取点的方式(即将鼠标移到相应位置后左击)确定各端点。因计算坐标较繁琐，一般不需要计算各端点的坐标。如果得到的图形位置不合适，可以通过 MOVE 命令移动图形来改变其位置，这也是 AutoCAD 绘图的优势所在。

02 绘制中心线

 提示

使用 AutoCAD 绘图时，可以与手工绘图时的绘图习惯不一致。手工绘图时，一般是先绘制中心线，再绘制其他图形。而对于本例，则是先绘制主视图的矩形轮廓，然后绘制中心线。

将"中心线"图层置为当前图层。

单击"绘图"工具栏中的"直线"按钮✓，或选择"绘图"|"直线"命令，即执行 LINE 命令，AutoCAD 提示如下。

> 指定第一个点:

在该提示下捕捉图 8-59 中所示矩形上左垂直线的中点。捕捉方法：按下 Shift 键后，右击，从弹出的快捷菜单中选择"中点"命令；或单击"对象捕捉"工具栏中的"捕捉到中点"按钮✓，AutoCAD 提示如下。

> _mid 于

将光标置于矩形的左垂直线上，AutoCAD 会自动捕捉到其中点位置。此时单击，AutoCAD 会以对应的中点作为线段第一点。确定起始点后，AutoCAD 继续提示如下。

> 指定下一点或 [放弃(U)]: @100,0✓
> 指定下一点或 [放弃(U)]: ✓

执行结果：得到水平中心线。

执行 LINE 命令，AutoCAD 提示如下。

> 指定第一个点:(在该提示下捕捉图 8-59 中所示矩形下水平线的中点)
> 指定下一点或 [放弃(U)]: @0,46✓
> 指定下一点或 [放弃(U)]: ✓

执行结果如图 8-60 所示。

03 改变线型比例

从图 8-60 中可以看出，中心线的点划线长度不合适。可以通过执行 LTSCALE 命令，改变线型比例来解决这一问题。步骤如下。

> 命令：LTSCALE↙(本书中，"命令：LTSCALE↙"表示在"命令："提示下输入 LTSCALE 后按 Enter 键)
> 输入新线型比例因子：0.3↙

执行结果如图 8-61 所示。

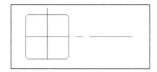 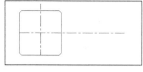

图 8-60　绘制中心线　　图 8-61　改变线型比例

04 调整中心线位置

从图 8-61 中可以看出，因为中心线起始点是从已有线的中点处绘制的，所以其位置不符合要求。利用 MOVE 命令，可以修改中心线的位置。

单击"修改"工具栏中的"移动"按钮⊕，或选择"修改"|"移动"命令，即执行 MOVE 命令，AutoCAD 提示如下。

> 选择对象:(拾取图 8-61 中的水平中心线)
> 选择对象：↙
> 指定基点或 [位移(D)] <位移>:(在屏幕上任意拾取一点作为移动基点)
> 指定第二个点或 <使用第一个点作为位移>: @-3,0↙

执行 MOVE 命令，AutoCAD 提示如下。

> 选择对象:(拾取图 8-61 中的垂直中心线)
> 选择对象：↙
> 指定基点或 [位移(D)] <位移>:(在屏幕上任意拾取一点作为移动基点)
> 指定第二个点或 <使用第一个点作为位移>: @0,-3↙

执行结果如图 8-62 所示。

 提示

> 也可以利用其他方法改变中心线的位置，如夹点功能。在本书后面的实例中将陆续进行介绍。

05 绘制螺纹内孔

将"粗实线"图层置为当前图层。

单击"绘图"工具栏中的"圆"按钮⊙，或选择"绘图"|"圆"|"圆心、半径"命令，即执行 CIRCLE 命令，AutoCAD 提示如下。

> 指定圆的圆心或 [三点(3P)/两点(2P)/切点、切点、半径(T)]:(捕捉两条中心线的交点)
> 指定圆的半径或 [直径(D)]: 8.5↙(圆半径为 8.5)

执行结果如图 8-63 所示。

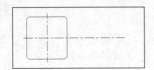

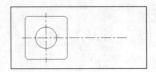

图 8-62 改变中心线位置后的结果　　　　　　图 8-63 绘制螺纹内孔

06 绘制表示螺纹的半圆

首先进行圆的绘制操作。将"细实线"图层置为当前图层。

单击"绘图"工具栏中的"圆"按钮⊙，或选择"绘图"|"圆"|"圆心、半径"命令，即执行 CIRCLE 命令，AutoCAD 提示如下。

> 指定圆的圆心或 [三点(3P)/两点(2P)/切点、切点、半径(T)]:(捕捉两条中心线的交点)
> 指定圆的半径或 [直径(D)]: 10✓

执行结果如图 8-64 所示(图中的 A、B 两点用于后续操作的说明)。

下面进行打断操作。单击"修改"工具栏中的"打断"按钮□，即执行 BREAK 命令，AutoCAD 提示如下。

> 选择对象:(在 A 点附近选择大圆)
> 指定第二个打断点或 [第一点(F)]:(在 B 点附近拾取大圆)

执行结果如图 8-65 所示。

提示

> 进行打断操作时，应按逆时针方向选择对象和第二断点。如果先在 B 点拾取圆，然后在 A 点拾取另一断点，结果将会不同。

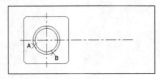　　　　　　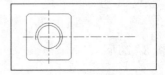

图 8-64 绘制圆　　　　　　　　　　　图 8-65 打断结果

07 绘制左视图垂直线

将"粗实线"图层置为当前图层。

单击"绘图"工具栏中的"直线"按钮✑，或选择"绘图"|"直线"命令，即执行 LINE 命令，AutoCAD 提示如下。

> 指定第一个点:(在左视图恰当位置拾取一点(参照图 8-66))
> 指定下一点或 [放弃(U)]:(沿垂直方向确定另一点。为能够方便地得到垂直线，可通过单击状态栏上的□(正交模式)按钮打开正交功能)
> 指定下一点或 [放弃(U)]:✓

执行结果如图 8-66 所示。

单击"修改"工具栏中的"偏移"按钮☝，或选择"修改"|"偏移"命令，即执行 OFFSET 命令，AutoCAD 提示如下。

> 指定偏移距离或 [通过(T)/删除(E)/图层(L)] <通过>: 20↙
> 选择要偏移的对象，或 [退出(E)/放弃(U)] <退出>:(在图 8-66 中，拾取左视图中的垂直线)
> 指定要偏移的那一侧上的点，或 [退出(E)/多个(M)/放弃(U)] <退出>:(在图 8-66 中，在左视图所示垂直线的右侧任意位置拾取一点)
> 选择要偏移的对象，或 [退出(E)/放弃(U)] <退出>:↙

执行结果如图 8-67 所示。

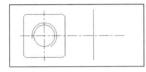
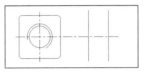

图 8-66　绘制直线　　　　　　　图 8-67　偏移直线

08 绘制辅助线

分别在"粗实线"和"细实线"图层，执行 LINE 命令，从主视图向左视图绘制辅助线，结果如图 8-68 所示。

09 修剪

单击"修改"工具栏中的"修剪"按钮╱，或选择"修改"|"修剪"命令，即执行 TRIM 命令，AutoCAD 提示如下。

> 选择剪切边...
> 选择对象或 <全部选择>:(拾取图 8-68 左视图中的两条垂直线和位于最上方的水平辅助线)
> 选择对象:↙
> 选择要修剪的对象，或按住 Shift 键选择要延伸的对象，或
> [栏选(F)/窗交(C)/投影(P)/边(E)/删除(R)/放弃(U)]:(在此提示下，在左视图需要剪掉的部位拾取对应直线)
> 选择要修剪的对象，或按住 Shift 键选择要延伸的对象，或
> [栏选(F)/窗交(C)/投影(P)/边(E)/删除(R)/放弃(U)]:↙

结果如图 8-69 所示。

10 镜像

单击"修改"工具栏中的"镜像"按钮⚏，或选择"修改"|"镜像"命令，即执行 MIRROR 命令，AutoCAD 提示如下。

> 选择对象:(在此提示下，选择图 8-69 中左视图上的 3 条水平线)
> 选择对象:↙
> 指定镜像线的第一点:(捕捉水平中心线上的一端点)
> 指定镜像线的第二点:(捕捉水平中心线上的另一端点)
> 是否删除源对象? [是(Y)/否(N)] <N>:↙

结果如图 8-70 所示。

11 后续处理

对图 8-70 做进一步处理，如执行 BREAK 命令打断水平中心线，使用 TRIM 命令对左视图进行

修剪等，结果如图 8-71 所示。

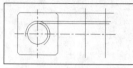
图 8-68 绘制辅助线

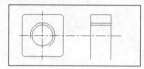
图 8-69 修剪结果

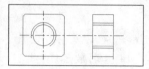
图 8-70 镜像结果

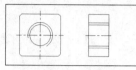
图 8-71 修改结果

3. 填充剖面线

将"剖面线"图层置为当前图层。

单击"绘图"工具栏中的"图案填充"按钮，或选择"绘图"|"图案填充"命令，即执行 HATCH 命令，打开"图案填充和渐变色"对话框。在该对话框中进行填充设置，如图 8-72 所示。

从图 8-72 中可以看出，选用的填充图案为 ANSI31，填充角度为 0，填充比例为 1。下面确定填充区域：单击对话框中的"添加：拾取点"按钮，AutoCAD 临时切换到绘图屏幕，并提示如下。

> 拾取内部点或 [选择对象(S)/删除边界(B)]:

在该提示下依次在左视图中需要填充剖面线的区域内拾取点。确定填充区域后按 Enter 键，返回到图 8-72 所示的"图案填充和渐变色"对话框。单击"确定"按钮，完成剖面线的填充，结果如图 8-73 所示。

图 8-72 "图案填充和渐变色"对话框

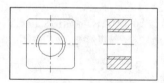
图 8-73 填充剖面线

4. 标注尺寸

将"尺寸标注"图层置为当前图层。

01 标注水平尺寸 40(参见图 8-57)

单击"标注"工具栏中的"线性"按钮，或选择"标注"|"线性"命令，即执行 DIMLINEAR 命令，AutoCAD 提示如下。

> 指定第一个尺寸界线原点或 <选择对象>: >(捕捉图 8-73 所示主视图中左垂直线的下端点)
> 指定第二条尺寸界线原点:(捕捉图 8-73 所示主视图中右垂直线的下端点)
> 指定尺寸线位置或
> [多行文字(M)/文字(T)/角度(A)/水平(H)/垂直(V)/旋转(R)]:(向下拖动鼠标，使尺寸线向下移动到合适位置后

单击)

执行结果，AutoCAD 按自动测量值(即 40)标注出对应尺寸，如图 8-74 所示。

02 标注垂直尺寸 40

执行 DIMLINEAR 命令，AutoCAD 提示如下。

> 指定第一个尺寸界线原点或 <选择对象>: >(捕捉图 8-74 所示主视图中上水平线的右端点)
> 指定第二条尺寸界线原点:(捕捉图 8-74 所示主视图中下水平线的右端点)
> 指定尺寸线位置或
> [多行文字(M)/文字(T)/角度(A)/水平(H)/垂直(V)/旋转(R)]:(向右拖动鼠标，使尺寸线向右移动到合适位置后单击)

执行结果，AutoCAD 按自动测量值(即 40)标注出对应尺寸，如图 8-75 所示。

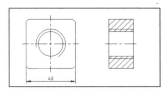
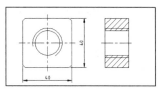

图 8-74　标注水平尺寸　　　　　　　　图 8-75　标注垂直尺寸

03 标注水平尺寸 20

执行 DIMLINEAR 命令，AutoCAD 提示如下。

> 指定第一个尺寸界线原点或 <选择对象>: >↙(注意：与前两次标注的方式不同)
> 选择标注对象:(直接拾取图 8-75 左视图中位于下方的水平线)
> 指定尺寸线位置或
> [多行文字(M)/文字(T)/角度(A)/水平(H)/垂直(V)/旋转(R)]:(向下拖动鼠标，使尺寸线移动到合适位置后单击)

执行结果，AutoCAD 按自动测量值(即 20)标注出对应尺寸，如图 8-76 所示。

04 标注尺寸 M20

执行 DIMLINEAR 命令，AutoCAD 提示如下。

> 指定第一个尺寸界线原点或 <选择对象>: >(捕捉图 8-76 左视图中的对应端点(参见图 8-77))
> 指定第二条尺寸界线原点:(捕捉图 8-76 中左视图中的另一对应端点(参见图 8-77))
> [多行文字(M)/文字(T)/角度(A)/水平(H)/垂直(V)/旋转(R)]:T↙
> 输入标注文字 <20>: M20↙(输入要标注的尺寸文字，而不是使用测量值)
> 指定尺寸线位置或
> [多行文字(M)/文字(T)/角度(A)/水平(H)/垂直(V)/旋转(R)]: (向左拖动鼠标，使尺寸线移动到合适位置后单击)

执行结果，AutoCAD 标注出尺寸 M20，如图 8-77 所示。至此，完成全部尺寸的标注。

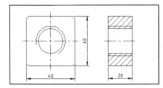
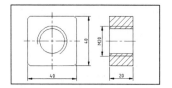

图 8-76　标注尺寸 20　　　　　　　　图 8-77　标注尺寸 M20

5. 标注文字

将"文字标注"图层置为当前图层。

单击"绘图"工具栏中的"多行文字"按钮 **A**，或选择"绘图"|"文字"|"多行文字"命令，即执行 MTEXT 命令，AutoCAD 提示如下。

> 指定第一角点:(在该提示下在标注位置拾取一点，作为标注区域的一角点位置)
> 指定对角点或 [高度(H)/对正(J)/行距(L)/旋转(R)/样式(S)/宽度(W)/栏(C)]:(确定另一角点位置)

而后 AutoCAD 弹出多行文字编辑器，从中输入要标注的文字，如图 8-78 所示(注意：通过输入 %%d 来实现度符号的标注)。

单击多行文字编辑器中的"确定"按钮，完成文字的标注，结果如图 8-79 所示。

图 8-78　利用多行文字编辑器输入文字 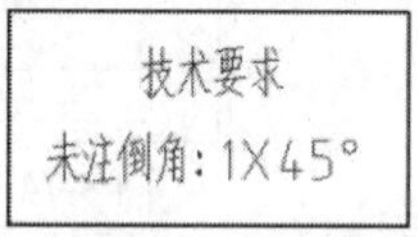　　　图 8-79　标注文字结果

6. 填写标题栏

选择"修改"|"对象"|"文字"|"编辑"命令，在"选择注释对象或 [放弃(U)]:"提示下选择标题栏，或直接双击标题栏，打开"增强属性编辑器"对话框，利用该对话框，根据表 8-4 所示的填写内容输入对应的属性值，如图 8-80 所示。输入完成后单击"确定"按钮，即可完成标题栏的填写。

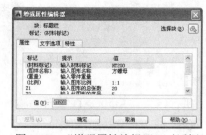

图 8-80　"增强属性编辑器"对话框

表 8-4　填写内容

填 写 位 置	填 写 内 容	填 写 位 置	填 写 内 容
材料标记	HT200	比例	1：1
设计单位名称	华北设计院	总张数	20
图样名称	方螺母	本图张数序号	5
图样代号	SL-001	设计者	无内容
重量	无内容	设计日期	无内容

填写后的标题栏，如图 8-81 所示。

最后，选择"视图"|"缩放"|"全部"命令，使整个图形显示在绘图区域，如图 8-82 所示。

可以通过执行 MOVE 命令调整所绘制的图形、所标注的文字等对象在图框中的位置，如图

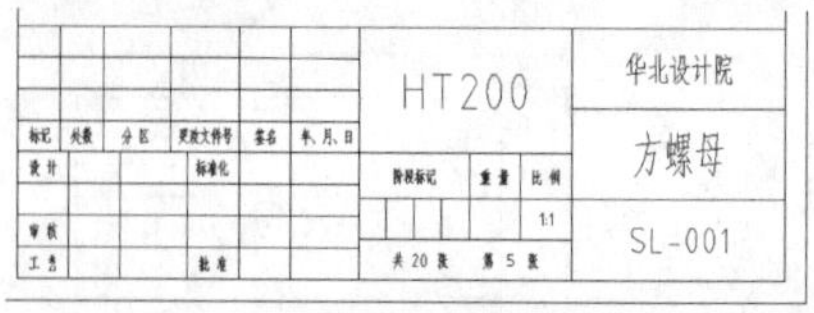

图 8-81　填写后的标题栏

8-83 所示。

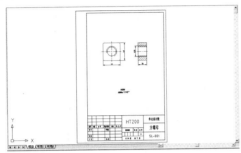

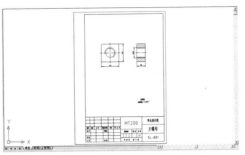

图 8-82　全部图形　　　　　　　　　　　　　图 8-83　调整位置后的结果

7. 保存图形

选择"文件"|"保存"命令，即执行 QSAVE 命令，打开"图形另存为"对话框，从中设置文件的保存位置和文件名后，单击对话框中的"保存"按钮，即可将当前图形保存。

8. 打印图形

选择"文件"|"打印"命令，即执行 PLOT 命令，打开"打印"对话框，如图 8-84 所示。

由于在样板文件中已经将"新打印设置"置为当前样式，因此对话框中显示出与该设置对应的打印设置信息。用户也可以从"页面设置"中的"名称"下拉列表中选择其他打印设置。

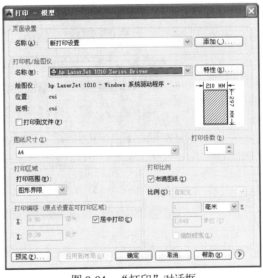

图 8-84　"打印"对话框

提示

用户也可以单击"打印"对话框中位于右下角的按钮 ⊙，在展开的对话框中进行相应的设置。

单击"确定"按钮，即可通过打印机打印图形。此外，用户还可以通过单击"预览"按钮预览打印效果。

本书光盘中的文件"DWG\第 08 章\图 8-57.dwg"是本练习图形的最终结果。

8.3　习题

1. 根据表 8-1 建立 A3 图幅的样板文件，并将其保存。
2. 根据表 8-1 建立 A2 图幅的样板文件，并将其保存。

第9章 绘制简单图形

当进行设计、分析以及绘制机械图形时,经常需要绘制一些简单的图形,如弹簧示意图、外构件(电机、减速器等)轮廓图、机构原理图、液压元件示意图以及液压传动回路等。本章将详细介绍这些图形的绘制方法和技巧。虽然这些图形一般由直线、圆、曲线等一些基本图形对象组成,它们的绘制过程相对简单,但绘制这些图形时,除了应注意绘图的效率,还需要满足机械设计与制图的要求与标准。例如,当绘制曲柄滑块机构或杆机构时,需要满足行程(或转角)要求;当绘制凸轮轮廓时,可能需要采用反转法或其他方法来绘制;当绘制液压回路时,则需要启用栅格显示和栅格捕捉功能。

9.1　绘制弹簧

弹簧是常用的机械零件之一。当绘制机构运动简图时，有时需要绘制弹簧的示意图；绘制弹簧示意图也有具体的绘图标准。本节介绍如何绘制弹簧。

9.1.1　绘制弹簧示意图

弹簧分压缩弹簧、拉伸弹簧、扭转弹簧、碟形弹簧、涡卷弹簧和板弹簧等多种类型，机械制图标准对这些弹簧的绘制均有具体的规定。本小节介绍压缩弹簧和涡卷弹簧的绘制。

1．绘制压缩弹簧示意图

压缩弹簧示意图可以说是最简单的弹簧图形，如图 9-1 所示。从图中可以看出，压缩弹簧由一系列相互平行的直线组成。下面将绘制如图 9-1 所示的压缩弹簧示意图。

首先，以光盘中的文件 DWT\Gb-a4-v.dwt 为样板建立新图形。

01　绘制直线

将"粗实线"图层置为当前图层。

单击"绘图"工具栏中的"直线"按钮 ，或选择"绘图"|"直线"命令，即执行 LINE 命令，AutoCAD 提示如下。

```
指定第一个点：✓(在绘图区域恰当位置拾取一点)
指定下一点或 [放弃(U)]: @0,40✓(通过相对坐标确定另一点，后面的响应与此类似)
指定下一点或 [放弃(U)]: @10,-40✓
指定下一点或 [闭合(C)/放弃(U)]: @10,40✓
指定下一点或 [闭合(C)/放弃(U)]: @10,-40✓
指定下一点或 [闭合(C)/放弃(U)]: @10,40✓
指定下一点或 [闭合(C)/放弃(U)]: @10,-40✓
指定下一点或 [闭合(C)/放弃(U)]: @10,40✓
指定下一点或 [闭合(C)/放弃(U)]: @10,-40✓
指定下一点或 [闭合(C)/放弃(U)]: @10,40✓
指定下一点或 [闭合(C)/放弃(U)]: @10,-40✓
指定下一点或 [闭合(C)/放弃(U)]: @10,40✓
指定下一点或 [闭合(C)/放弃(U)]: @10,-40✓
指定下一点或 [闭合(C)/放弃(U)]: @10,40✓
指定下一点或 [闭合(C)/放弃(U)]: @10,-40✓
指定下一点或 [闭合(C)/放弃(U)]: @0,40✓
指定下一点或 [闭合(C)/放弃(U)]: ✓(绘图结束)
```

执行结果如图 9-2 所示。

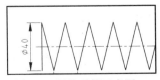

图 9-1　压缩弹簧示意图

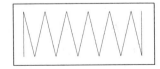

图 9-2　绘制直线

在该绘图步骤中，各直线段的端点是通过给出一系列相对坐标来确定的。对于按一定规律排列的相同图形，也可以先绘制出其中的一个或几个图形，然后执行 ARRAYRECT 命令，通过矩形阵列方式得到其他图形(阵列操作参见 9.1.2 节弹簧零件图的绘制)还可以执行 COPY 命令，通过复制的方式得到。

 提示

> 绘图过程中，用户可以根据需要随时改变图形的显示比例与显示位置，具体操作见 4.3 节。

02 绘制中心线

将"中心线"图层置为当前图层。

单击"绘图"工具栏中的"直线"按钮，或选择"绘图"|"直线"命令，即执行 LINE 命令，AutoCAD 提示如下。

> 指定第一个点:(捕捉图 9-2 中左垂直线的中点)
> 指定下一点或 [放弃(U)]: @120,0✓
> 指定下一点或 [放弃(U)]:✓

03 调整中心线位置

单击"修改"工具栏中的"移动"按钮，或选择"修改"|"移动"命令，即执行 MOVE 命令，AutoCAD 提示如下。

> 选择对象:(拾取在步骤**02**中绘制出的中心线)
> 选择对象:✓
> 指定基点或 [位移(D)] <位移>:(在屏幕上任意拾取一点作为移动基点)
> 指定第二个点或 <使用第一个点作为位移>: @-5,0✓

执行结果如图 9-3 所示。如果所绘制图形的位置不符合要求，执行 MOVE 命令进行调整(后面绘制的图形若存在此问题，均可通过同样的方法解决，不再说明)。最后将此图形命名并进行保存。

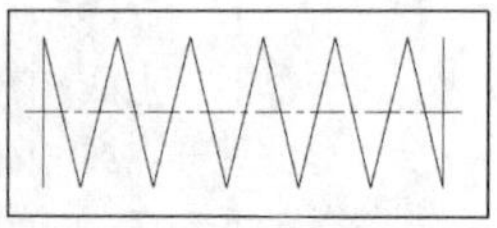

本书光盘中的文件"DWG\第 09 章\图 9-1.dwg"是本练习图形的最终结果。

图 9-3　绘制中心线

2. 绘制涡卷弹簧

下面绘制涡卷弹簧，如图 9-4 所示。

首先，以光盘中的文件 DWT\Gb-a4-v.dwt 为样板建立新图形。

01 绘制中心线

将"中心线"图层置为当前图层。

单击"绘图"工具栏中的"直线"按钮，或选择"绘图"|"直线"命令，即执行 LINE 命令，AutoCAD 提示如下。

指定第一个点：115,135✓
指定下一点或 [放弃(U)]: @0,108✓
指定下一点或 [放弃(U)]:✓

再次执行 LINE 命令(直接按 Enter 键，可重复执行前面的命令)，AutoCAD 提示如下。

指定第一个点: 65,195
指定下一点或 [放弃(U)]: @100,0✓
指定下一点或 [放弃(U)]: ✓

执行结果如图 9-5 所示。

图 9-4　涡卷弹簧

图 9-5　绘制中心线

02 绘制样条曲线

将"粗实线"图层置为当前图层。

单击"绘图"工具栏中的"样条曲线"按钮～，或选择"绘图"|"样条曲线"命令，即执行 SPLINE 命令，AutoCAD 提示如下。

指定第一个点或 [方式(M)/节点(K)/对象(O)]:(捕捉图 9-5 中两条中心线的交点)
输入下一个点或 [起点切向(T)/公差(L)]:@7<-35✓(通过相对坐标形式的极坐标确定端点，后面步骤相同)
输入下一个点或 [端点相切(T)/公差(L)/放弃(U)]: @5.5<45✓
输入下一个点或 [端点相切(T)/公差(L)/放弃(U)/闭合(C)]: @10<110✓
输入下一个点或 [端点相切(T)/公差(L)/放弃(U)/闭合(C)]: @7<160✓
输入下一个点或 [端点相切(T)/公差(L)/放弃(U)/闭合(C)]: @10<205✓
输入下一个点或 [端点相切(T)/公差(L)/放弃(U)/闭合(C)]: @8<250✓
输入下一个点或 [端点相切(T)/公差(L)/放弃(U)/闭合(C)]: @14<280✓
输入下一个点或 [端点相切(T)/公差(L)/放弃(U)/闭合(C)]: @10<330✓
输入下一个点或 [端点相切(T)/公差(L)/放弃(U)/闭合(C)]: @20<10✓
输入下一个点或 [端点相切(T)/公差(L)/放弃(U)/闭合(C)]: @17<68✓
输入下一个点或 [端点相切(T)/公差(L)/放弃(U)/闭合(C)]: @20<115✓
输入下一个点或 [端点相切(T)/公差(L)/放弃(U)/闭合(C)]: @18<156✓
输入下一个点或 [端点相切(T)/公差(L)/放弃(U)/闭合(C)]: @22<203✓
输入下一个点或 [端点相切(T)/公差(L)/放弃(U)/闭合(C)]: @18<250✓
输入下一个点或 [端点相切(T)/公差(L)/放弃(U)/闭合(C)]: @27<288✓
输入下一个点或 [端点相切(T)/公差(L)/放弃(U)/闭合(C)]: @36<350✓
输入下一个点或 [端点相切(T)/公差(L)/放弃(U)/闭合(C)]: @40<58✓
输入下一个点或 [端点相切(T)/公差(L)/放弃(U)/闭合(C)]: @37<120✓
输入下一个点或 [端点相切(T)/公差(L)/放弃(U)/闭合(C)]: @38<180✓
输入下一个点或 [端点相切(T)/公差(L)/放弃(U)/闭合(C)]: @33<230✓
输入下一个点或 [端点相切(T)/公差(L)/放弃(U)/闭合(C)]: @35<275✓

输入下一个点或 [端点相切(T)/公差(L)/放弃(U)/闭合(C)]: @44<325↙
输入下一个点或 [端点相切(T)/公差(L)/放弃(U)/闭合(C)]: @7<340↙
输入下一个点或 [端点相切(T)/公差(L)/放弃(U)/闭合(C)]: @7<210↙
输入下一个点或 [端点相切(T)/公差(L)/放弃(U)/闭合(C)]: @4<180↙
输入下一个点或 [端点相切(T)/公差(L)/放弃(U)/闭合(C)]: ↙

执行结果如图 9-6 所示。将此图形命名并进行保存。

在此绘图示例中，构成涡卷弹簧的曲线是通过绘制样条曲线的方式近似绘制的，样条曲线的各控制点均通过相对坐标形式的极坐标来确定。如果最后得到的曲线形状不符合要求，还可以利用夹点功能改变控制点的位置，即改变曲线的形状。具体过程：单击曲线对象，AutoCAD 用蓝色小方框显示各控制点，如图 9-7(a)所示。当需要改变某控制点的位置时，单击该控制点，则该点以红色显示。此时拖动鼠标，该控制点会随光标移动，且曲线形状也发生对应变化，如图 9-7(b)所示。将控制点拖动到新位置后，单击鼠标左键，控制点移动到该位置，曲线形状也会发生相应的变化。

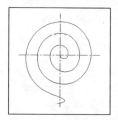

图 9-6　绘制曲线

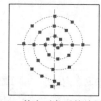
(a) 单击对象后的结果

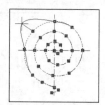
(b) 改变控制点的位置

图 9-7　修改控制点

本书光盘中的文件"DWG\第 09 章\图 9-4.dwg"是本练习图形的最终结果。

9.1.2　绘制弹簧零件图

本节将绘制弹簧零件图，如图 9-8 所示。

从图 9-8 中可以看出，除弹簧的两端外，其余部分主要是由角度不同的两组平行线构成。下面将根据这一特点绘制弹簧。

首先以光盘中的文件 DWT\Gb-a4-v.dwt 为样板建立新图形。

1. 绘制图形

01 绘制中心线

将"中心线"图层设为当前图层。

单击"绘图"工具栏中的"直线"按钮，或选择"绘图"|"直线"命令，即执行 LINE 命令，AutoCAD 提示如下。

图 9-8　弹簧零件图

指定第一个点:(通过鼠标在绘图屏幕恰当位置拾取一点)
指定下一点或 [放弃(U)]: @90,0↙(通过相对坐标确定另一点)
指定下一点或 [放弃(U)]: ↙(结束绘制直线命令)

单击"修改"工具栏中的"偏移"按钮，或选择"修改"|"偏移"命令，即执行 OFFSET

命令，AutoCAD 提示如下。

> 指定偏移距离或 [通过(T)/删除(E)/图层(L)] <通过>: 15✓ (将偏移距离设为 15)
> 选择要偏移的对象，或 [退出(E)/放弃(U)] <退出>:(选择由执行 LINE 命令绘制出的中心线)
> 指定要偏移的那一侧上的点，或 [退出(E)/多个(M)/放弃(U)] <退出>:(在所选择中心线的上方任意拾取一点)
> 选择要偏移的对象，或 [退出(E)/放弃(U)] <退出>:(再选择同样的中心线)
> 指定要偏移的那一侧上的点，或 [退出(E)/多个(M)/放弃(U)] <退出>:(在所选择中心线的下方任意拾取一点)
> 选择要偏移的对象，或 [退出(E)/放弃(U)] <退出>:✓

至此，完成中心线的绘制，如图 9-9 所示。

02 绘制辅助线

单击"绘图"工具栏中的"直线"按钮✎，或选择"绘图"|"直线"命令，即执行 LINE 命令，AutoCAD 提示如下。

> 指定第一个点:(在图 9-9 中，在位于最下方的中心线之下的恰当位置拾取一点。请参照图 9-10 确定该点)
> 指定下一点或 [放弃(U)]: @45<96(通过相对坐标确定另一端点)
> 指定下一点或 [放弃(U)]: ✓

至此，完成辅助线的绘制，如图 9-10 所示。

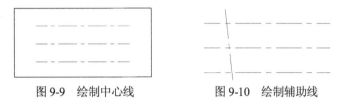

图 9-9　绘制中心线　　　　图 9-10　绘制辅助线

03 绘制圆

将"粗实线"图层置为当前图层。

单击"绘图"工具栏中的"圆"按钮⊘，或选择"绘图"|"圆"|"圆心、半径"命令，即执行 CIRCLE 命令，AutoCAD 提示如下。

> 指定圆的圆心或 [三点(3P)/两点(2P)/切点、切点、半径(T)]:(捕捉图 9-10 中斜辅助线与下水平线的交点)
> 指定圆的半径或 [直径(D)]: 3✓ (圆半径为 3)

再次执行 CIRCLE 命令，AutoCAD 提示如下。

> CIRCLE 指定圆的圆心或 [三点(3P)/两点(2P)/切点、切点、半径(T)]:(捕捉图 9-10 中斜辅助线与上水平线的交点)
> 指定圆的半径或 [直径(D)] <3.0>:✓

执行结果如图 9-11 所示。

04 绘制切线

单击"绘图"工具栏中的"直线"按钮✎，或选择"绘图"|"直线"命令，即执行 LINE 命令，AutoCAD 提示如下。

指定第一个点:(在图 9-11 所示的位于上方的圆的左侧捕捉切点)
指定下一点或 [放弃(U)]:(在图 9-11 所示的位于下方的圆的左侧捕捉切点)
指定下一点或 [放弃(U)]:↙

执行 LINE 命令，AutoCAD 提示如下。

LINE 指定第一个点:(在图 9-11 所示的位于上方的圆的右侧捕捉切点)
指定下一点或 [放弃(U)]:(在图 9-11 所示的位于下方的圆的右侧捕捉切点)
指定下一点或 [放弃(U)]: ↙

执行结果如图 9-12 所示。

05 矩形阵列

单击"修改"工具栏中的"矩形阵列"按钮|品品|，或选择"修改"|"阵列"|"矩形阵列"命令(如图 9-13 所示)，即执行 ARRAYRECT 命令，AutoCAD 提示如下。

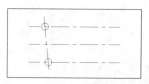

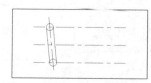

图 9-11 绘制圆　　　　图 9-12 绘制切线　　　　图 9-13 "阵列"子菜单

选择对象:(选择图 9-12 中的两个圆和对应的两条切线)
选择对象:↙
选择夹点以编辑阵列或 [关联(AS)/基点(B)/计数(COU)/间距(S)/列数(COL)/行数(R)/层数(L)/退出(X)] <退出>:
COU↙
输入列数数或 [表达式(E)]: 4↙
输入行数数或 [表达式(E)]: 1↙
选择夹点以编辑阵列或 [关联(AS)/基点(B)/计数(COU)/间距(S)/列数(COL)/行数(R)/层数(L)/退出(X)] <退出>: S↙
指定列之间的距离或 [单位单元(U)]: 10↙
指定行之间的距离: ↙
选择夹点以编辑阵列或 [关联(AS)/基点(B)/计数(COU)/间距(S)/列数(COL)/行数(R)/层数(L)/退出(X)] <退出>:↙

执行结果如图 9-14 所示。

06 绘制切线

使用与步骤**04**类似的方法，绘制另外两条切线，结果如图 9-15 所示。

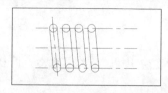

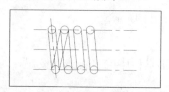

图 9-14 阵列结果　　　　　　　　图 9-15 绘制切线

07 阵列

使用与步骤**05**类似的方法，对在步骤**06**中绘制的切线进行一行四列阵列(列间距仍为 10)，结果如图 9-16 所示。

08 复制圆

单击"修改"工具栏中的"复制"按钮，或选择"修改"|"复制"命令，即执行 COPY 命令，AutoCAD 提示如下。

> 选择对象:(在图 9-16 中，选择最上面一行位于最右边的圆)
> 选择对象:↙
> 指定基点或 [位移(D)/模式(O)] <位移>:(在绘图屏幕上任意拾取一点)
> 指定第二个点或 [阵列(A)] <使用第一个点作为位移>:@10,0↙
> 指定第二个点或 [阵列(A)/退出(E)/放弃(U)] <退出>:↙

执行结果如图 9-17 所示。

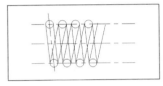

图 9-16　阵列结果

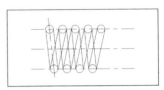

图 9-17　复制圆

09 绘制辅助直线

执行 LINE 命令，在图 9-17 的左侧绘制垂直线，结果如图 9-18 所示。

10 修剪

单击"修改"工具栏中的"修剪"按钮，或选择"修改"|"修剪"命令，即执行 TRIM 命令，AutoCAD 提示如下。

> 选择剪切边...
> 选择对象或 <全部选择>:(在图 9-18 中，选择作为剪切边的对象，选择结果如图 9-19 所示，虚线对象为被选择对象)
> 选择对象:↙
> 选择要修剪的对象，或按住 Shift 键选择要延伸的对象，或
> [栏选(F)/窗交(C)/投影(P)/边(E)/删除(R)/放弃(U)]:(在图 9-19 中，在需要修剪掉的部位拾取对应对象(请参照图 9-20))
> 选择要修剪的对象，或按住 Shift 键选择要延伸的对象，或
> [栏选(F)/窗交(C)/投影(P)/边(E)/删除(R)/放弃(U)]:↙

执行结果如图 9-20 所示。

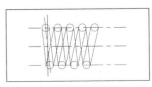

图 9-18　绘制直线

图 9-19　选择剪切边(虚线部分为被选择对象)

11 删除、调整位置

执行 ERASE 命令，删除图 9-20 中位于左侧的两条多余斜线。执行 MOVE 命令，将图 9-20 中除中心线外的图形对象向左移动一定距离，以保证其与中心线的相对位置合适，结果如图 9-21 所示。

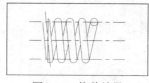

图 9-20　修剪结果

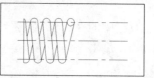

图 9-21　修整结果

12 复制

绘制图 9-8 中位于右面的弹簧部分。下面将通过复制、旋转等方法得到这些图形，也可以按前面所述的方法绘制这些图形。

单击"修改"工具栏中的"复制"按钮 ，或选择"修改"|"复制"命令，即执行 COPY 命令，AutoCAD 提示如下。

```
选择对象:(选择图 9-21 所示的除 3 条水平中心线以外的其他图形对象)
选择对象:↙
指定基点或 [位移(D)/模式(O)] <位移>:(在绘图屏幕上任意拾取一点)
指定第二个点或 [阵列(A)] <使用第一个点作为位移>:@80,0↙
指定第二个点或 [阵列(A)/退出(E)/放弃(U)] <退出>:↙
```

执行结果如图 9-22 所示。

13 旋转

单击"修改"工具栏中的"旋转"按钮 ，或选择"修改"|"旋转"命令，即执行 ROTATE 命令，AutoCAD 提示如下。

```
选择对象:(选择通过步骤12复制后得到的图形对象)
选择对象:↙
指定基点:(捕捉图 9-22 中通过复制所得图形中的左垂直线与位于中间的水平中心线的交点)
指定旋转角度，或 [复制(C)/参照(R)] <0.0>: 180↙
```

执行结果如图 9-23 所示。

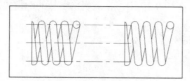

图 9-22　复制结果

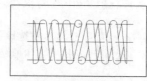

图 9-23　旋转结果

14 删除

由图 9-8 可知，位于右边的弹簧图形只有 3 圈，因此需要删除图 9-23 中的一部分图形才符合要求。单击"修改"工具栏中的"删除"按钮 ，或选择"修改"|"删除"命令，即执行 ERASE 命令，AutoCAD 提示如下。

> 选择对象:(选择要删除的对象，如图 9-24 所示(虚线部分为被选择的对象))
> 选择对象:↙

执行结果如图 9-25 所示。

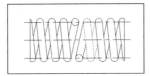
图 9-24　选择删除对象

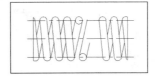
图 9-25　删除结果

[15] 移动

单击"修改"工具栏中的"移动"按钮 ⊕，或选择"修改"|"移动"命令，即执行 MOVE 命令，AutoCAD 提示如下。

> 选择对象:(选择对象，如图 9-26 所示(虚线部分为被选择对象))
> 选择对象: ↙
> 指定基点或 [位移(D)] <位移>:(在绘图屏幕上任意拾取一点)
> 指定第二个点或 <使用第一个点作为位移>:@10,0↙

执行结果如图 9-27 所示。

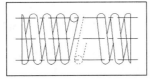
图 9-26　选择对象

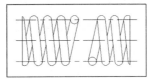
图 9-27　移动结果

[16] 填充剖面线

将"剖面线"图层置为当前图层。

单击"绘图"工具栏中的"图案填充"按钮 ▨，或选择"绘图"|"图案填充"命令，即执行 HATCH 命令，打开"图案填充和渐变色"对话框，通过该对话框进行相关设置，如图 9-28 所示。

从图 9-28 可以看出，填充图案为 ANSI31，填充角度为 0，填充比例为 0.5，并通过"拾取点"按钮，确定两个圆为填充边界。

单击该对话框中的"确定"按钮，完成图案的填充。结果如图 9-29 所示。

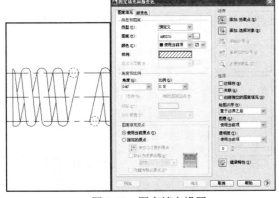
图 9-28　图案填充设置

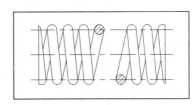
图 9-29　填充剖面线

2. 标注尺寸

01 绘制中心线和辅助线

为了标注尺寸，分别在"中心线"图层和"细实线"图层绘制对应的中心线与辅助线，绘制结果如图 9-30 所示。将"尺寸标注"图层置为当前图层。

02 标注直径尺寸 ϕ30 等(参见图 9-8)

将"尺寸标注"图层置为当前图层。

单击"标注"工具栏中的"线性"按钮 ⊢，或选择"标注" | "线性"命令，即执行 DIMLINEAR 命令，AutoCAD 提示如下。

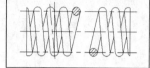

图 9-30　绘制中心线与辅助线

> 指定第一个尺寸界线原点或 <选择对象>:(捕捉图 9-30 中上水平中心线的右端点)
> 指定第二条尺寸界线原点:(捕捉图 9-30 中下水平中心线的右端点)
> 指定尺寸线位置或
> [多行文字(M)/文字(T)/角度(A)/水平(H)/垂直(V)/旋转(R)]:T↙
> 输入标注文字:%%c30↙
> 指定尺寸线位置或
> [多行文字(M)/文字(T)/角度(A)/水平(H)/垂直(V)/旋转(R)]:(向右拖动尺寸线，将其拖动到合适位置后单击)

执行结果如图 9-31 所示。

使用类似的方法，可以标注出直径尺寸 ϕ36，长度尺寸 10 和 80，结果如图 9-32 所示。

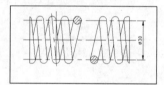

图 9-31　标注直径尺寸 ϕ30

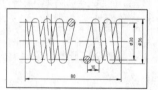

图 9-32　标注其他尺寸

 提示

标注长度尺寸 10 时，应捕捉对应的圆心作为尺寸线的起始点；标注直径尺寸 ϕ36 时，应捕捉对应半圆的象限点作为尺寸线的起始点。

03 标注直径尺寸 ϕ6

单击"标注"工具栏中的"直径"按钮 ◎，或选择"标注" | "直径"命令，即执行 DIMDIAMETER 命令，AutoCAD 提示如下。

> 选择圆弧或圆:(拾取图 9-32 中位于上方的有剖面线的圆。注意，应在圆边界处拾取圆)
> 指定尺寸线位置或 [多行文字(M)/文字(T)/角度(A)]:(拖动鼠标，使尺寸线位于合适位置后，单击鼠标左键)

执行结果如图 9-33 所示。

04 标注角度尺寸 6°

单击"标注"工具栏中的"角度"按钮 △，或选择"标注" | "角度"命令，即执行 DIMANGULAR 命令，AutoCAD 提示如下。

选择圆弧、圆、直线或 <指定顶点>:(拾取在尺寸标注的步骤**01**中绘制的垂直中心线)

选择第二条直线:(拾取在尺寸标注的步骤**01**中绘制的辅助线)

指定标注弧线位置或 [多行文字(M)/文字(T)/角度(A)/象限点(Q)]:(拖动鼠标，使尺寸线位于合适位置，单击)

执行结果如图 9-34 所示。

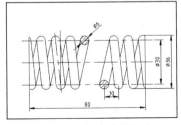

图 9-33 标注直径尺寸

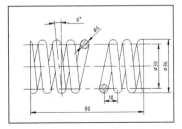

图 9-34 标注角度尺寸

至此，完成弹簧图形的绘制。用户可以为此图形填写标题栏和技术要求等。最后，将该图形命名并保存。

本书光盘中的文件"DWG\第 09 章\图 9-8.dwg"是本练习图形的最终结果。

9.2 绘制电机

电机是外购件，通常不需要设计。但在绘制机械图时，特别是绘制装配图时，经常需要绘制电机的外形。本节以图 9-35 所示的电机为例，介绍其绘制过程。

首先建立新图形，并根据 8.1.2 节介绍的步骤定义图层，或直接以光盘中的文件 DWT\Gb-a3-h.dwt 为样板建立新图形。

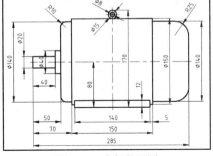

图 9-35 电机外形图

01 绘制水平中心线

电机全长为 285，所以取中心线的长度为 295。将"中心线"图层置为当前图层。单击"绘图"工具栏中的"直线"按钮，或选择"绘图"|"直线"命令，即执行 LINE 命令，AutoCAD 提示如下。

指定第一个点:(在绘图区域恰当位置拾取一点)

指定下一点或 [放弃(U)]: @295,0✓

指定下一点或 [放弃(U)]: ✓

02 绘制辅助线

将"粗实线"图层设为当前图层。执行 LINE 命令，AutoCAD 提示如下。

指定第一个点:(捕捉在步骤**01**中所绘中心线的左端点)

指定下一点或 [放弃(U)]:(通过单击状态栏上 (正交模式)按钮打开正交功能，然后在已确定第一点的上方拾取一点，两点之间的距离约为 80)

指定下一点或 [放弃(U)]:✓

单击"修改"工具栏中的"移动"按钮⊞，或选择"修改"|"移动"命令，即执行 MOVE 命令，AutoCAD 提示如下。

> 选择对象:(选择前一步骤绘制的辅助直线)
> 选择对象:↙
> 指定基点或 [位移(D)] <位移>:(在绘图屏幕任意拾取一点)
> 指定第二个点或 <使用第一个点作为位移>: @5,0↙

执行结果如图 9-36 所示。此垂直辅助线确定了所绘图形的最左端位置。

💡 提示

　　这里通过绘制水平中心线左端点的垂直线、然后移动其位置的方式，得到与中心线左端点相距一定距离的垂直线。也可以利用对象捕捉功能，通过相对于已有位置点偏移一定距离的方式，确定新绘直线的起始点。例如，本书 9.3 节的步骤**08** 滑块的绘制，就是通过此方法指定矩形的角点位置。

图 9-36　绘制中心线与辅助线

03 绘制垂直平行线

单击"修改"工具栏中的"偏移"按钮⚎，或选择"修改"|"偏移"命令，即执行 OFFSET 命令，AutoCAD 提示如下。

> 指定偏移距离或 [通过(T)/删除(E)/图层(L)] <通过>: 40↙
> 选择要偏移的对象，或 [退出(E)/放弃(U)] <退出>:(选择图 9-36 中所示的垂直辅助线)
> 指定要偏移的那一侧上的点，或 [退出(E)/多个(M)/放弃(U)] <退出>:(在图 9-36 中所示垂直辅助线的右侧任意拾取一点)
> 选择要偏移的对象，或 [退出(E)/放弃(U)] <退出>:↙

执行 OFFSET 命令，AutoCAD 提示如下。

> 指定偏移距离或 [通过(T)/删除(E)/图层(L)] <40.0>: 50↙
> 选择要偏移的对象，或 [退出(E)/放弃(U)] <退出>:(选择图 9-36 中所示的垂直辅助线)
> 指定要偏移的那一侧上的点，或 [退出(E)/多个(M)/放弃(U)] <退出>:(在图 9-36 中所示垂直辅助线的右侧任意拾取一点)
> 选择要偏移的对象，或 [退出(E)/放弃(U)] <退出>:↙

执行 OFFSET 命令，AutoCAD 提示如下。

> 指定偏移距离或 [通过(T)/删除(E)/图层(L)] <50.0>: 70↙
> 选择要偏移的对象，或 [退出(E)/放弃(U)] <退出>:(选择图 9-36 中所示的垂直辅助线)
> 指定要偏移的那一侧上的点，或 [退出(E)/多个(M)/放弃(U)] <退出>:(在图 9-36 中所示垂直辅助线的右侧任意拾取一点)
> 选择要偏移的对象，或 [退出(E)/放弃(U)] <退出>:↙

执行 OFFSET 命令，AutoCAD 提示如下。

> 　指定偏移距离或 [通过(T)/删除(E)/图层(L)] <70.0>: 220↙
> 　选择要偏移的对象，或 [退出(E)/放弃(U)] <退出>:(选择图 9-36 中所示的垂直辅助线)
> 　指定要偏移的那一侧上的点，或 [退出(E)/多个(M)/放弃(U)] <退出>:(在图 9-36 中所示垂直辅助线的右侧任
> 意拾取一点)
> 　选择要偏移的对象，或 [退出(E)/放弃(U)] <退出>:↙

执行 OFFSET 命令，AutoCAD 提示如下。

> 　指定偏移距离或 [通过(T)/删除(E)/图层(L)] <220.0>: 285↙
> 　选择要偏移的对象，或 [退出(E)/放弃(U)] <退出>:(选择图 9-36 中所示的垂直辅助线)
> 　指定要偏移的那一侧上的点，或 [退出(E)/多个(M)/放弃(U)] <退出>:(在图 9-36 中所示垂直辅助线的右侧任
> 意拾取一点)
> 　选择要偏移的对象，或 [退出(E)/放弃(U)] <退出>:↙

执行结果如图 9-37 所示。

04 绘制水平平行线

与步骤 **03** 类似，执行 OFFSET 命令，以图 9-37 中的水平中心线为操作对象，分别按偏移距离
10、20、70 和 75 向上进行偏移。执行结果如图 9-38 所示。

图 9-37　绘制平行线　　　　　　图 9-38　绘制水平平行线

05 更改图层

从图 9-38 中可以看出，由步骤 **04** 得到的 4 条水平线均与中心线位于同一图层。现利用特性窗
口将它们更改到"粗实线"图层。

单击"标准"工具栏中的"特性"按钮 ▣ (或选择"工具"|"选项板"|"图形"命令)，即执行 PROPERTIES
命令，打开特性选项板。拾取在步骤 **04** 中绘制的 4 条水平线，在特性窗口中显示这些线段的公共特性。
通过"图层"选项卡将它们的图层由"中心线"改为"粗实线"，如图 9-39 所示。

更改图层后的结果如图 9-40 所示。

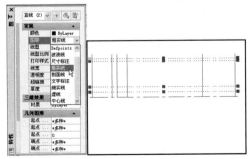
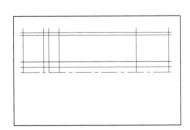

图 9-39　修改特性　　　　　　　图 9-40　更改图层后的结果

提示 ──────

也可以通过"指定偏移距离或 [通过(T)/删除(E)/图层(L)]"提示中的"图层(L)"选项设置对象偏移后所在的图层，或通过"图层"工具栏更改已有图形对象的图层。后一种操作方法见本绘图过程中的步骤**15**。

06 修剪

单击"修改"工具栏中的"修剪"按钮，或选择"修改"|"修剪"命令，即执行 TRIM 命令，AutoCAD 提示如下。

> 选择剪切边...
> 选择对象或 <全部选择>:(选择剪切边，如图 9-41 所示，虚线对象为被选中对象)
> 选择对象:↙
> 选择要修剪的对象，或按住 Shift 键选择要延伸的对象，或
> [栏选(F)/窗交(C)/投影(P)/边(E)/删除(R)/放弃(U)]:(在此提示下，分别在图 9-41 中有小叉的部位拾取对应的直线)
> 选择要修剪的对象，或按住 Shift 键选择要延伸的对象，或
> [栏选(F)/窗交(C)/投影(P)/边(E)/删除(R)/放弃(U)]:↙

执行结果如图 9-42 所示。

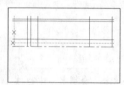 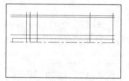

图 9-41　选择剪切边　　　　　图 9-42　修剪结果

执行 TRIM 命令，AutoCAD 提示如下。

> 选择剪切边...
> 选择对象或 <全部选择>:(选择剪切边，图 9-43 所示中的虚线对象为被选中对象)
> 选择对象:↙
> 选择要修剪的对象，或按住 Shift 键选择要延伸的对象，或
> [栏选(F)/窗交(C)/投影(P)/边(E)/删除(R)/放弃(U)]:(在此提示下，分别在图 9-43 中有小叉的部位拾取对应直线)
> 选择要修剪的对象，或按住 Shift 键选择要延伸的对象，或
> [栏选(F)/窗交(C)/投影(P)/边(E)/删除(R)/放弃(U)]:↙

执行结果如图 9-44 所示。

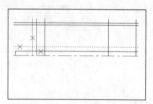 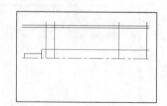

图 9-43　选择剪切边　　　　　图 9-44　修剪结果

使用类似方法，对图 9-44 中的修剪对象做进一步修剪，结果如图 9-45 所示。

提示

　　实际操作中，可通过执行 TRIM 命令完成对应的修剪操作。即执行 TRIM 命令后选择全部的剪切边，然后在对应提示下选择各被修剪对象。

07 创建圆角

单击"修改"工具栏中的"圆角"按钮 ⌐，或选择"修改"|"圆角"命令，即执行 FILLET 命令，AutoCAD 提示如下。

> 选择第一个对象或 [放弃(U)/多段线(P)/半径(R)/修剪(T)/多个(M)]: R↙(设置圆角半径)
> 指定圆角半径:10↙
> 选择第一个对象或 [放弃(U)/多段线(P)/半径(R)/修剪(T)/多个(M)]:(在图 9-45 所示的有小叉的部位拾取一图形对象)
> 选择第二个对象，或按住 Shift 键选择对象以应用角点或 [半径(R)]:(在图 9-45 所示的另一有小叉部位拾取另一图形对象)

执行结果如图 9-46 所示。

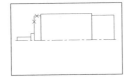　　　　

图 9-45　修剪结果　　　　　　图 9-46　创建圆角

再次执行 FILLET 命令，AutoCAD 提示如下。

> 选择第一个对象或 [放弃(U)/多段线(P)/半径(R)/修剪(T)/多个(M)]: R↙
> 指定圆角半径:25↙
> 选择第一个对象或 [放弃(U)/多段线(P)/半径(R)/修剪(T)/多个(M)]:(在图 9-46 所示的有小叉部位拾取一图形对象)
> 选择第二个对象，或按住 Shift 键选择对象以应用角点或 [半径(R)]:(在图 9-46 所示的另一有小叉部位拾取另一图形对象)

执行结果如图 9-47 所示。

08 镜像

单击"修改"工具栏中的"镜像"按钮 ⚏，或选择"修改"|"镜像"命令，即执行 MIRROR 命令，AutoCAD 提示如下。

> 选择对象:(选择图 9-47 中除中心线以外的其他对象)
> 选择对象:↙
> 指定镜像线的第一点:(捕捉水平中心线的左端点)
> 指定镜像线的第二点:(捕捉水平中心线的右端点)
> 是否删除源对象? [是(Y)/否(N)] <N>:↙

执行结果如图 9-48 所示。

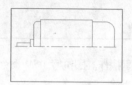

图 9-47　创建圆角 2

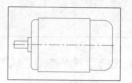

图 9-48　镜像结果

09 绘制平行线

单击"修改"工具栏中的"偏移"按钮 ，或选择"修改"|"偏移"命令，即执行 OFFSET 命令，AutoCAD 提示如下。

> 指定偏移距离或 [通过(T)/删除(E)/图层(L)]: 5↙
> 选择要偏移的对象，或 [退出(E)/放弃(U)] <退出>:(选择图 9-48 中位于最下面的水平直线)
> 指定要偏移的那一侧上的点，或 [退出(E)/多个(M)/放弃(U)] <退出>:(在所选择直线的下方任意拾取一点)
> 选择要偏移的对象，或 [退出(E)/放弃(U)] <退出>:↙

执行 OFFSET 命令，AutoCAD 提示如下。

> 指定偏移距离或 [通过(T)/删除(E)/图层(L)]: 7↙
> 选择要偏移的对象，或 [退出(E)/放弃(U)] <退出>:(选择图 9-48 中位于最下面的水平直线)
> 指定要偏移的那一侧上的点，或 [退出(E)/多个(M)/放弃(U)] <退出>:(在所选择直线的上方任意拾取一点)
> 选择要偏移的对象，或 [退出(E)/放弃(U)] <退出>:↙

执行结果如图 9-49 所示。

执行 OFFSET 命令，AutoCAD 提示如下。

> 指定偏移距离或 [通过(T)/删除(E)/图层(L)]: 5↙
> 选择要偏移的对象，或 [退出(E)/放弃(U)] <退出>:(在图 9-49 所示的有小叉标记的两条垂直线中，选择左边的垂直线)
> 指定要偏移的那一侧上的点，或 [退出(E)/多个(M)/放弃(U)] <退出>:(在所选择直线的右侧任意拾取一点)
> 选择要偏移的对象，或 [退出(E)/放弃(U)] <退出>:(选择图 9-49 所示的右边小叉标记的垂直线)
> 指定要偏移的那一侧上的点，或 [退出(E)/多个(M)/放弃(U)] <退出>:(在所选择直线的左侧任意拾取一点)
> 选择要偏移的对象，或 [退出(E)/放弃(U)] <退出>:↙

执行结果如图 9-50 所示。

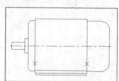

图 9-49　绘制水平平行线

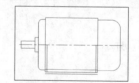

图 9-50　绘制垂直平行线

10 修剪

单击"修改"工具栏中的"修剪"按钮 ，或选择"修改"|"修剪"命令，即执行 TRIM 命令，AutoCAD 提示如下。

> 选择剪切边...
> 选择对象或 <全部选择>:(选择作为剪切边的对象，图 9-51 所示的虚线对象为被选中对象)
> 选择对象:↙

选择要修剪的对象，或按住 Shift 键选择要延伸的对象，或

[栏选(F)/窗交(C)/投影(P)/边(E)/删除(R)/放弃(U)]:(在该提示下，在图 9-51 所示的有小叉的部位选择对应对象，执行结果如图 9-52 所示)

选择要修剪的对象，或按住 Shift 键选择要延伸的对象，或

[栏选(F)/窗交(C)/投影(P)/边(E)/删除(R)/放弃(U)]:(按住 Shift 键，拾取图 9-52 所示的有小叉标记的对象，执行结果如图 9-53 所示，即将所拾取对象延伸到对应边)

选择要修剪的对象，或按住 Shift 键选择要延伸的对象，或

[栏选(F)/窗交(C)/投影(P)/边(E)/删除(R)/放弃(U)]:(拾取图 9-53 所示的有小叉标记的各对象)

选择要修剪的对象，或按住 Shift 键选择要延伸的对象，或

[栏选(F)/窗交(C)/投影(P)/边(E)/删除(R)/放弃(U)]: ↙

执行结果如图 9-54 所示。

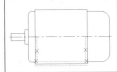
图 9-51　选择剪切边

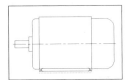
图 9-52　修剪结果

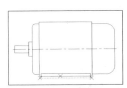
图 9-53　延伸边界

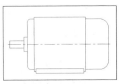
图 9-54　修剪结果

11 绘制中心线

将"中心线"图层置为当前图层。单击"绘图"工具栏中的"直线"按钮，或选择"绘图"|"直线"命令，即执行 LINE 命令，AutoCAD 提示如下。

指定第一个点:(单击"对象捕捉"工具栏中的 (捕捉自)按钮，或在对象捕捉快捷菜单中选择"自")

_from 基点:(捕捉图 9-54 中位于最下方的水平线的中点)

<偏移>: @0,-5↙

指定下一点或 [放弃(U)]:@0,180↙

指定下一点或 [放弃(U)]:↙

12 绘制辅助线

单击"修改"工具栏中的"偏移"按钮，或选择"修改"|"偏移"命令，即执行 OFFSET 命令，AutoCAD 提示如下。

指定偏移距离或 [通过(T)/删除(E)/图层(L)]: 7.5↙

选择要偏移的对象，或 [退出(E)/放弃(U)] <退出>:(选择图 9-55 中位于最上面的水平直线)

指定要偏移的那一侧上的点，或 [退出(E)/多个(M)/放弃(U)] <退出>:(在所选直线的上方任意拾取一点)

选择要偏移的对象，或 [退出(E)/放弃(U)] <退出>:↙

执行结果如图 9-56 所示。

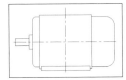
图 9-55　绘制中心线

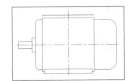
图 9-56　绘制辅助线

13 绘制圆

将"粗实线"图层置为当前图层。单击"绘图"工具栏中的"圆"按钮⊘，或选择"绘图"|"圆"|"圆心、半径"命令，即执行 CIRCLE 命令，AutoCAD 提示如下。

> 指定圆的圆心或 [三点(3P)/两点(2P)/切点、切点、半径(T)]:(捕捉图 9-56 中垂直中心线与在步骤**12**中得到的辅助线的交点)
> 指定圆的半径或 [直径(D)] <3.0>: 4↙(圆半径为 4)

使用同样的方法，绘制相同圆心、半径分别为 7.5 和 12.5 的圆，结果如图 9-57 所示(半径为 12.5 的圆为辅助圆，用于确定其中心线的长度)。

14 修剪

单击"修改"工具栏中的"修剪"按钮╱，或选择"修改"|"修剪"命令，即执行 TRIM 命令，AutoCAD 提示如下。

> 选择剪切边...
> 选择对象或 <全部选择>:(选择图 9-57 中半径为 12.5 的圆)
> 选择对象:↙
> 选择要修剪的对象，或按住 Shift 键选择要延伸的对象，或
> [栏选(F)/窗交(C)/投影(P)/边(E)/删除(R)/放弃(U)]:(在半径为 12.5 的圆之外，分别在两端选择由步骤**12**得到的辅助线，执行结果如图 9-58 所示)
> 选择要修剪的对象，或按住 Shift 键选择要延伸的对象，或
> [栏选(F)/窗交(C)/投影(P)/边(E)/删除(R)/放弃(U)]:↙

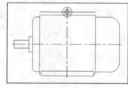

图 9-57　绘制圆

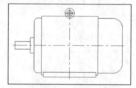

图 9-58　修剪

15 删除、更改图层

执行删除(ERASE)命令，删除半径为 12.5 的圆。

步骤**05**中介绍的更改图层的方法是利用特性窗口实现的。如果利用"图层"工具栏，能够更为方便地更改已有图形对象的图层，方法如下所示。

选中经过步骤**14**修剪后的辅助线，从"图层"工具栏的图层下拉列表中选中"中心线"选项(如图 9-59 所示)，即可将该对象从"粗实线"图层更改到"中心线"图层，更改结果如图 9-60 所示。

图 9-59　利用"图层"工具栏更改图层

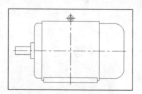

图 9-60　绘制结果

至此，完成电机外形图形的绘制，最后对图形命名并进行保存。

本书光盘中的文件"DWG\第 09 章\图 9-35.dwg"是本练习图形的最终结果。

9.3 绘制曲柄滑块机构

机械设计中，经常需要绘制机构运动简图对机构的运动进行分析。本节将绘制机械传动中常见的机构之一——曲柄滑块机构，如图 9-61 所示(其中，曲柄长为 20，连杆长为 75)。

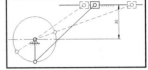

图 9-61 曲柄滑块机构

首先，以光盘中的文件 DWT\Gb-a4-v.dwt 为样板建立新图形。

01 绘制中心线

将"中心线"图层置为当前图层。

单击"绘图"工具栏中的"直线"按钮✍，或选择"绘图"|"直线"命令，即执行 LINE 命令，AutoCAD 提示如下。

```
指定第一个点:(在绘图屏幕恰当位置确定一点)
指定下一点或 [放弃(U)]: @120,0✓
指定下一点或 [放弃(U)]:✓
```

02 绘制表示滑道的平行线

单击"修改"工具栏中的"偏移"按钮⚙，或选择"修改"|"偏移"命令，即执行 OFFSET 命令，AutoCAD 提示如下。

```
指定偏移距离或 [通过(T)/删除(E)/图层(L)]: 30✓(偏移距离为 30)
选择要偏移的对象，或 [退出(E)/放弃(U)] <退出>:(选择已绘制的水平中心线)
指定要偏移的那一侧上的点，或 [退出(E)/多个(M)/放弃(U)] <退出>:(在所绘中心线的上方任意拾取一点)
选择要偏移的对象，或 [退出(E)/放弃(U)] <退出>:✓
```

执行结果如图 9-62 所示。

03 更改图层

在图 9-62 中，选中由步骤**02**得到的平行线，并从"图层"工具栏中的图层下拉列表中选择"粗实线"选项(如图 9-63 所示)，从而将该直线更改为位于"粗实线"图层上的粗实线。

图 9-62 绘制中心线与平行线

图 9-63 更改图层

04 绘制表示曲柄轨迹和表示曲柄回转铰链中心的圆

将"细实线"图层设为当前图层。

单击"绘图"工具栏中的"圆"按钮⊙，或选择"绘图"|"圆"|"圆心、半径"命令，即执行CIRCLE 命令，AutoCAD 提示如下。

> CIRCLE 指定圆的圆心或 [三点(3P)/两点(2P)/切点、切点、半径(T)]:(在水平中心线上的恰当位置(参照图 9-64)确定一点)
> 指定圆的半径或 [直径(D)] <1.5>: 20✓

将"粗实线"图层设为当前图层。

执行 CIRCLE 命令，AutoCAD 提示如下。

> 指定圆的圆心或 [三点(3P)/两点(2P)/切点、切点、半径(T)]:(捕捉已绘制圆的圆心)
> 指定圆的半径或 [直径(D)]:1.5✓

执行结果如图 9-64 所示。

05 绘制表示曲柄的直线

单击"绘图"工具栏中的"直线"按钮，或选择"绘图"|"直线"命令，即执行 LINE 命令，AutoCAD 提示如下。

> 指定第一个点:(捕捉图 9-64 中已绘制圆的圆心)
> 指定下一点或 [放弃(U)]: @0,-20✓
> 指定下一点或 [放弃(U)]: ✓

执行结果如图 9-65 所示。

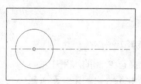 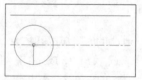

图 9-64 绘制圆　　　　图 9-65 绘制直线

06 绘制辅助圆

执行 CIRCLE 命令，AutoCAD 提示如下。

> 指定圆的圆心或 [三点(3P)/两点(2P)/切点、切点、半径(T)]:(捕捉图 9-65 中的垂直线与大圆的交点)
> 指定圆的半径或 [直径(D)]: 75✓(连杆长度)

执行结果如图 9-66 所示。

07 绘制表示连杆的直线

单击"绘图"工具栏中的"直线"按钮，或选择"绘图"|"直线"命令，即执行 LINE 命令，AutoCAD 提示如下。

> 指定第一个点:(捕捉图 9-66 中垂直线与半径为 20 的圆的交点)
> 指定下一点或 [放弃(U)]:(捕捉图 9-66 中位于上方的水平线与大圆的交点)
> 指定下一点或 [放弃(U)]:✓

执行结果如图 9-67 所示。

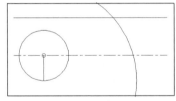 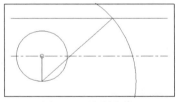

图 9-66　绘制辅助圆　　　　　　　　图 9-67　绘制直线

08 绘制滑块

首先执行 ERASE 命令，删除在步骤 **06** 中绘制的辅助大圆。

下面利用"矩形"命令绘制滑块。为使所绘制的滑块对称于连杆与滑道(即位于上方的水平线)的交点，当确定矩形的角点位置时，应利用对象捕捉功能，以已有点为参考点确定新点。

单击"绘图"工具栏中的"矩形"按钮□，或选择"绘图"|"矩形"命令，即执行 RECTANG 命令，AutoCAD 提示如下。

> 指定第一个角点或 [倒角(C)/标高(E)/圆角(F)/厚度(T)/宽度(W)]:

在此提示下，从"对象捕捉"快捷菜单中(按下 Shift 键，右击，可打开该菜单)选择"自"命令，或单击"对象捕捉"工具栏中的"捕捉自"按钮，AutoCAD 提示如下。

> _from 基点:(捕捉连杆与滑道的交点)
> <偏移>: @-4,3✓ (即从基点偏移-4,3 来得到矩形的第一角点)
> 指定另一个角点或 [面积(A)/尺寸(D)/旋转(R)]: @8,-6✓

执行结果如图 9-68 所示。

09 绘制铰链

执行 CIRCLE 命令，分别以曲柄与连杆的交点、连杆与滑道的交点为圆心，绘制半径为 1.5 的圆，结果如图 9-69 所示。

10 绘制曲柄旋转支承

分别执行 LINE 命令，在曲柄的旋转支承处绘制表示支承的直线，如图 9-70 所示(尺寸由用户确定)。绘制此部分图形时，可以先将图形放大显示，然后再进行绘制。

11 绘制表示机座的斜线

执行 LINE 命令，AutoCAD 提示如下。

> 指定第一个点:(在图 9-70 中的短水平线上确定一点(请参照图 9-71))
> 指定下一点或 [放弃(U)]: @2<-135✓
> 指定下一点或 [放弃(U)]: ✓

执行结果如图 9-71 所示。

单击"修改"工具栏中的"矩形阵列"按钮，或选择"修改"|"阵列"|"矩形阵列"命令(如图 9-72 所示)，即执行 ARRAYRECT 命令，AutoCAD 提示如下。

163

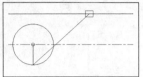

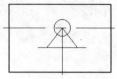
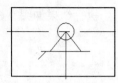

图 9-68　绘制滑块　　　　图 9-69　绘制圆　　　图 9-70　绘制曲柄旋转支承　　　图 9-71　绘制斜线

选择对象:(选择图 9-71 中的斜线)

选择对象:↙

选择夹点以编辑阵列或 [关联(AS)/基点(B)/计数(COU)/间距(S)/列数(COL)/行数(R)/层数(L)/退出(X)] <退出>:
COU↙

输入列数数或 [表达式(E)]: 5↙

输入行数数或 [表达式(E)]: 1↙

选择夹点以编辑阵列或 [关联(AS)/基点(B)/计数(COU)/间距(S)/列数(COL)/行数(R)/层数(L)/退出(X)] <退出>: S↙

指定列之间的距离或 [单位单元(U)]:2↙

指定行之间的距离:↙

选择夹点以编辑阵列或 [关联(AS)/基点(B)/计数(COU)/间距(S)/列数(COL)/行数(R)/层数(L)/退出(X)] <退出>:↙

执行结果如图 9-73 所示。

使用同样的方法，绘制滑道部位的斜线，如图 9-74 所示。

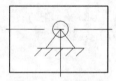
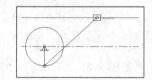

图 9-72　"阵列"子菜单　　　图 9-73　阵列结果　　　图 9-74　绘制斜线

12 修剪

从图 9-74 可以看出，表示杆的直线与表示铰链的圆彼此相交，不符合要求，因此需要进行修剪。下面以表示曲柄与连杆的铰链处为例给予说明。

单击"修改"工具栏中的"修剪"按钮━，或选择"修改"|"修剪"命令，即执行 TRIM 命令，AutoCAD 提示如下。

选择剪切边...

选择对象或 <全部选择>:(选择对应的圆，如图 9-75 所示(虚线圆为被选中对象))

选择对象:↙

选择要修剪的对象，或按住 Shift 键选择要延伸的对象，或

[栏选(F)/窗交(C)/投影(P)/边(E)/删除(R)/放弃(U)]:(在被选中的圆内，依次选择各直线和圆)

选择要修剪的对象，或按住 Shift 键选择要延伸的对象，或

[栏选(F)/窗交(C)/投影(P)/边(E)/删除(R)/放弃(U)]: ↙

执行结果如图 9-76 所示。

使用类似的方法，对其他部位进行修剪，得到的结果如图 9-77 所示。

13 绘制极限位置

将"虚线"图层设为当前图层。

单击"绘图"工具栏中的"圆"按钮⊙，或选择"绘图"|"圆"|"圆心、半径"命令，即执行 CIRCLE 命令，AutoCAD 提示如下。

> 指定圆的圆心或 [三点(3P)/两点(2P)/切点、切点、半径(T)]:(捕捉图 9-77 中的大圆圆心)
> 指定圆的半径或 [直径(D)]: 55✓

再次执行 CIRCLE 命令，AutoCAD 提示如下。

> 指定圆的圆心或 [三点(3P)/两点(2P)/切点、切点、半径(T)]:(捕捉图 9-77 中的大圆圆心)
> 指定圆的半径或 [直径(D)] <55.0>: 95✓

执行结果如图 9-78 所示。

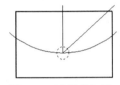 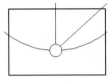 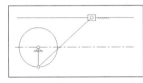 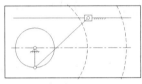

图 9-75　选择剪切边　　图 9-76　修剪结果 1　　图 9-77　修剪结果 2　　图 9-78　绘制辅助圆

14 绘制直线

执行 LINE 命令，分别从由虚线表示的两个圆与滑道的交点处向圆心绘制直线，如图 9-79 所示。

15 延伸

单击"修改"工具栏中的"延伸"按钮 ⊣，或选择"修改"|"延伸"命令，即执行 EXTEND 命令，AutoCAD 提示如下。

> 选择对象或 <全部选择>:(选择图 9-79 中的实线圆)
> 选择对象: ✓
> 选择要延伸的对象，或按住 Shift 键选择要修剪的对象，或
> [栏选(F)/窗交(C)/投影(P)/边(E)/放弃(U)]:(在图 9-79 中，拾取虚线表示的短直线)
> 选择要延伸的对象，或按住 Shift 键选择要修剪的对象，或
> [栏选(F)/窗交(C)/投影(P)/边(E)/放弃(U)]:✓

执行结果如图 9-80 所示。

16 绘制表示铰链的圆

执行 CIRCLE 命令，在表示铰链的各个位置绘制半径为 1.5 的圆，如图 9-81 所示。

17 复制

执行 COPY 命令，将图 9-81 中表示滑块的矩形复制到两个极限位置，然后将复制后的矩形更改到"虚线"图层，结果如图 9-82 所示。

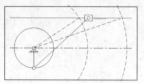 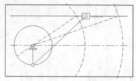 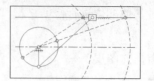 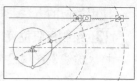

图 9-79　绘制直线　　　图 9-80　延伸直线　　　图 9-81　绘制圆　　　图 9-82　复制滑块

18 整理

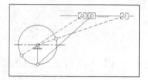

对图 9-82 做进一步整理，包括在铰链位置进行修剪、删除虚线圆及打断多余的中心线和滑道等，结果如图 9-83 所示。完成曲柄连杆的绘制后，将该图形命名并进行保存。

本书光盘中的文件"DWG\第 09 章\图 9-61.dwg"是本练习图形的最终结果。

图 9-83　最终图形

9.4　绘制液压回路

液压传动回路设计也是机械设计中的一个重要环节。本节将利用栅格显示和栅格捕捉功能绘制如图 9-84 所示的液压回路。

首先，以光盘中的文件"DWT \Gb-a4-v.dwt"为样板建立新图形。

01 草图设置

选择"工具"|"绘图设置"命令，打开"草图设置"对话框，在该对话框中进行相关设置，如图 9-85 所示。

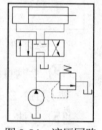

从图 9-85 中可以看出，沿 X 轴和 Y 轴方向的捕捉间距与栅格间距均设为 5，并启用了栅格捕捉与栅格显示功能(即选中了"启用捕捉"和"启用栅格"复选框。单击状态栏上的██(捕捉模式)和██(栅格显示)按钮，也可实现栅格捕捉与栅格显示功能启用与否之间的切换)。

图 9-84　液压回路

单击对话框中的"确定"按钮，关闭"草图设置"对话框，并在绘图屏幕上显示栅格线，如图 9-86 所示(为使图形清晰，本例用栅格点代替了栅格线)。

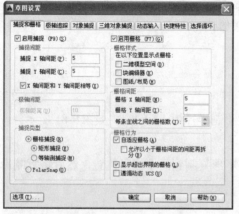

图 9-85　"草图设置"对话框

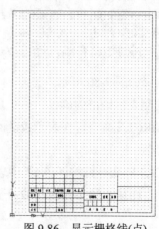

图 9-86　显示栅格线(点)

从图 9-86 中可以看出，用户可以方便地根据坐标格进行绘图。由于已将沿 X 和 Y 轴方向的栅格捕捉与栅格显示的间距均设为 5，因此拖动光标时，光标会沿着栅格点移动，且两栅格点之间的水平或垂直移动距离均为 5。

02　绘制矩形

将"粗实线"图层设为当前图层。

单击"绘图"工具栏中的"矩形"按钮 □，或选择"绘图"|"矩形"命令，即执行 RECTANG 命令，AutoCAD 提示如下。

> 指定第一个角点或 [倒角(C)/标高(E)/圆角(F)/厚度(T)/宽度(W)]:(在绘图屏幕恰当位置确定一点)
>
> 指定另一个角点或 [面积(A)/尺寸(D)/旋转(R)]:(拖动鼠标，使其相对于第一角点沿水平和垂直方向分别移动 14 和 4 个格后，单击)

执行结果如图 9-87 所示。

使用同样的方法，绘制其他两个矩形，最终结果如图 9-88 所示。从图 9-88 中可以清楚地看出新绘制的矩形相对于已有矩形的位置。

03　绘制其他粗实线

参照图 9-84，分别执行 LINE 命令，绘制对应的直线，结果如图 9-89 所示。

04　绘制细实线

将"细实线"图层设为当前图层。

参照图 9-84，执行 LINE 命令，绘制对应的直线，结果如图 9-90 所示。

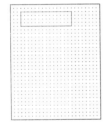 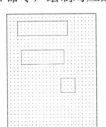 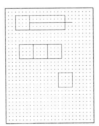 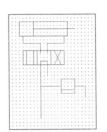

图 9-87　绘制矩形　　图 9-88　绘制其他矩形　　图 9-89　绘制直线 1　　图 9-90　绘制直线 2

05　绘制粗实线

将"粗实线"图层设为当前图层。

参照图 9-84，再次执行 LINE 命令，绘制对应的直线，并执行 CIRCLE 命令，绘制圆，结果如图 9-91 所示。

06　绘制虚线

将"虚线"图层设为当前图层。

参照图 9-84，执行 LINE 命令，绘制图中的虚线，结果如图 9-92 所示。

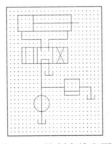 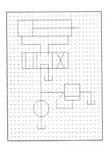

图 9-91　绘制直线和圆　　图 9-92　绘制虚线

至此，已绘制出图形的大部分，其他还需绘制的部分包括一些箭头、斜线和短线等。如果继续启用栅格捕捉与栅格显示功能，某些图形对象较难绘制。因此，单击状态栏上的▦(捕捉模式)和▦(栅格显示)按钮，使它们处于弹起状态，关闭栅格捕捉与栅格显示功能。

07 绘制箭头

将"粗实线"图层设为当前图层。

单击"绘图"工具栏中的"多段线"按钮⤵，或选择"绘图"|"多段线"命令，即执行 PLINE 命令，AutoCAD 提示如下。

```
指定起点:(在图 9-92 中，捕捉圆与垂直线的上交点)
指定下一个点或 [圆弧(A)/半宽(H)/长度(L)/放弃(U)/宽度(W)]: W✓
指定起点宽度 <0.0>:✓(起始宽度为 0)
指定端点宽度 <0.0>: 5✓(终止宽度为 5)
指定下一个点或 [圆弧(A)/半宽(H)/长度(L)/放弃(U)/宽度(W)]: @0,-5✓(通过相对坐标确定另一端点)
指定下一点或 [圆弧(A)/闭合(C)/半宽(H)/长度(L)/放弃(U)/宽度(W)]:✓
```

绘制出液压泵处的箭头，结果如图 9-93 所示。

执行 PLINE 命令，AutoCAD 提示如下。

```
指定起点:(在图 9-93 中，捕捉向右倾斜的直线与上水平线的交点)
指定下一个点或 [圆弧(A)/半宽(H)/长度(L)/放弃(U)/宽度(W)]: W✓
指定起点宽度 <0.0>:✓(起始宽度为 0)
指定端点宽度 <0.0>: 2✓(终止宽度为 2)
指定下一个点或 [圆弧(A)/半宽(H)/长度(L)/放弃(U)/宽度(W)]:(在该提示下，通过捕捉最近点的方式，在已有斜线上确定另一点)
指定下一点或 [圆弧(A)/闭合(C)/半宽(H)/长度(L)/放弃(U)/宽度(W)]:✓
```

使用同样的方法，绘制另一斜线上的箭头，绘制出换向阀右侧的箭头，结果如图 9-94 所示。

使用类似的方法，参照图 9-84，绘制其他箭头，结果如图 9-95 所示(也可以通过复制的方式得到其他箭头)。

08 绘制表示弹簧的斜线

执行 LINE 命令，AutoCAD 提示如下。

```
LINE 指定第一个点:(捕捉图 9-95 中表示溢流阀矩形的上边的中点)
指定下一点或 [放弃(U)]: @5<15✓
指定下一点或 [放弃(U)]: @10<165✓
指定下一点或 [闭合(C)/放弃(U)]: @10<15✓
指定下一点或 [闭合(C)/放弃(U)]: @10<165✓
指定下一点或 [闭合(C)/放弃(U)]: ✓
```

执行结果如图 9-96 所示。

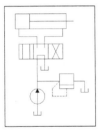
图 9-93 绘制箭头 1

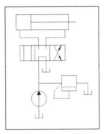
图 9-94 绘制箭头 2

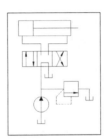
图 9-95 绘制箭头 3

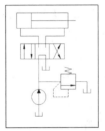
图 9-96 绘制弹簧

09 修剪

单击"修改"工具栏中的"修剪"按钮，或选择"修改"|"修剪"命令，即执行 TRIM 命令，AutoCAD 提示如下。

```
选择剪切边…
选择对象或 <全部选择>:(选择图 9-96 中的圆)
选择对象: ↙
选择要修剪的对象，或按住 Shift 键选择要延伸的对象，或
[栏选(F)/窗交(C)/投影(P)/边(E)/删除(R)/放弃(U)]:(在图 9-96 中的圆内拾取垂直线)
选择要修剪的对象，或按住 Shift 键选择要延伸的对象，或
[栏选(F)/窗交(C)/投影(P)/边(E)/删除(R)/放弃(U)]:↙
```

10 绘制直线

执行 LINE 命令，绘制换向阀中的两条短水平直线，结果如图 9-97 所示。

至此，完成如图 9-84 所示图形的绘制，将该图形命名并进行保存。

本书光盘中的文件"DWG\第 09 章\图 9-84.dwg"是本练习图形的最终结果。

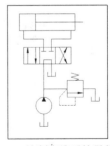
图 9-97 绘制直线后的最终图形

9.5 绘制凸轮机构

本节将绘制如图 9-98(a)所示的直动从动件盘形凸轮机构(图中给出了主要尺寸)；图 9-98(b)是从动件的运动规律。

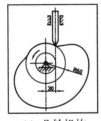
(a) 凸轮机构

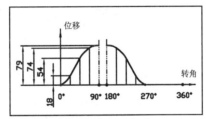
(b) 从动件运动规律

图 9-98 凸轮机构

首先，以光盘中的文件 DWT\Gb-a3-h.dwt 为样板建立新图形。利用反转法绘制凸轮轮廓。

01 绘制中心线、基圆和辅助圆

分别在对应图层绘制各中心线、直径为 60 的基圆和直径为 120 的辅助圆，如图 9-99 所示。

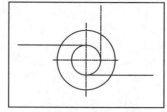

图 9-99 绘制中心线和圆   图 9-100 绘制切线

02 绘制切线

在基圆与中心线的对应交点位置绘制长度适当(长度约 140)的切线，如图 9-100 所示。

03 环形阵列

单击"修改"工具栏中的"环形阵列"按钮💠，或选择"修改"|"环形阵列"命令，即执行 ARRAYPOLAR 命令，AutoCAD 提示如下。

> 选择对象:(选择对应的两条切线，如图 9-101 所示)
> 选择对象:↙
> 指定阵列的中心点或 [基点(B)/旋转轴(A)]:(捕捉中心线交点)
> 选择夹点以编辑阵列或 [关联(AS)/基点(B)/项目(I)/项目间角度(A)/填充角度(F)/行(ROW)/层(L)/旋转项目(ROT)/退出(X)] <退出>:I↙
> 输入阵列中的项目数或 [表达式(E)] <6>:5↙
> 选择夹点以编辑阵列或 [关联(AS)/基点(B)/项目(I)/项目间角度(A)/填充角度(F)/行(ROW)/层(L)/旋转项目(ROT)/退出(X)] <退出>:F↙
> 指定填充角度(+=逆时针、-=顺时针)或 [表达式(EX)] <360>: 90↙
> 选择夹点以编辑阵列或 [关联(AS)/基点(B)/项目(I)/项目间角度(A)/填充角度(F)/行(ROW)/层(L)/旋转项目(ROT)/退出(X)] <退出>:↙

执行结果如图 9-102 所示。

04 确定点

根据图 9-98(b)中所示的升程和回程位移值，在辅助切线上确定对应的点，如图 9-103 所示(图中只标注出尺寸 79，以说明点的对应关系。也可以通过绘制以切点为圆心、以升程或回程的距离值为半径的圆的方式来确定这些点)。

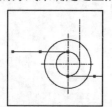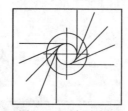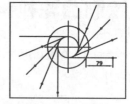

图 9-101 选择阵列对象   图 9-102 阵列结果   图 9-103 确定点

05 绘制圆弧

将"粗实线"图层设为当前图层。

绘制包含角均为 90°、半径为 60 和通过由尺寸 79 所确定点的两条圆弧，如图 9-104 所示。

06 绘制样条曲线

通过已确定的点，绘制两条样条曲线，完成凸轮轮廓的绘制，如图 9-105 所示。

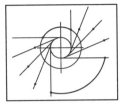

图 9-104　绘制圆弧

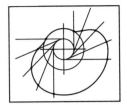

图 9-105　绘制样条曲线

07 整理

删除多余的直线。

08 绘制其他部分

删除图 9-105 中的各条辅助线。根据图 9-98(a)绘制出凸轮机构的其他各部分，即可得到对应的直动从动件盘形凸轮机构。将绘制的图形命名并进行保存。

本书光盘中的文件"DWG\第 09 章\图 9-98.dwg"是本练习图形的最终结果。

9.6 绘制平面图形

本节将绘制如图 9-106 所示的平面图形。

首先，以光盘中的文件 DWT\Gb-a4-v.dwt 为样板建立新图形。

01 绘制中心线

将"中心线"图层设为当前图层。

单击"绘图"工具栏中的"直线"按钮，或选择"绘图"|"直线"命令，即执行 LINE 命令，在屏幕上的适当位置拾取一点作为垂直中心线的一端点，然后指定另一端点坐标为@0,130，即可绘制出垂直中心线(参见图 9-107)。

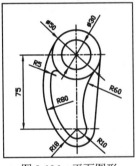

图 9-106　平面图形

执行 LINE 命令，绘制距离为 75 的两条水平中心线，如图 9-107 所示(如果水平中心线的长度不合适，可在最后进行调整)。

02 绘制圆

将"粗实线"图层设为当前图层。

单击"绘图"工具栏中的"圆"按钮，即执行 CIRCLE 命令，AutoCAD 提示如下。

> 指定圆的圆心或 [三点(3P)/两点(2P)/切点、切点、半径(T)]:(捕捉图 9-107 中位于上方的水平中心线与垂直中心线的交点)
> 指定圆的半径或 [直径(D)]: 15✓

绘图结果参见图 9-108。使用类似的方法，绘制直径为 50 的圆以及其他各辅助圆，结果如图 9-108 所示(注:

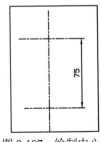

图 9-107　绘制中心线

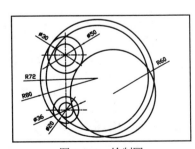

图 9-108　绘制圆

半径为 80 和 60 的两个圆，应通过绘圆菜单中的"相切、相切、半径"选项绘制；半径为 72 的圆可通过偏移半径为 80 的圆、并使其与直径为 20 的圆相切的方式绘制，或通过指定圆心与半径的方式绘制)。

03 绘制切线

执行 LINE 命令，绘制与直径为 50 和 36 的圆的右侧相切的直线，如图 9-109 所示。

04 修剪

单击"修改"工具栏中的"修剪"按钮✐，或选择"修改"|"修剪"命令，即执行 TRIM 命令，AutoCAD 提示如下。

> 选择对象或 <全部选择>:(选择直径为 50 和 36 的两个圆)
> 选择对象:↙
> 选择要修剪的对象，或按住 Shift 键选择要延伸的对象，或
> [栏选(F)/窗交(C)/投影(P)/边(E)/删除(R)/放弃(U)]:(在半径为 80 的圆的右侧拾取该圆)
> 选择要修剪的对象，或按住 Shift 键选择要延伸的对象，或
> [栏选(F)/窗交(C)/投影(P)/边(E)/删除(R)/放弃(U)]:↙

修剪结果如图 9-110 所示。

使用类似的方法，参考图 9-106 进一步修剪，结果如图 9-111 所示(图中的小圆标记是为了便于后续内容讲解而注)。

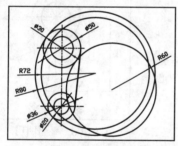
图 9-109　绘制切线

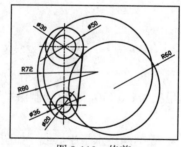
图 9-110　修剪

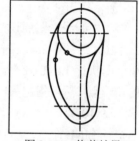
图 9-111　修剪结果

05 创建圆角

单击"修改"工具栏中的"圆角"按钮◻，或选择"修改"|"圆角"命令，即执行 FILLET 命令，AutoCAD 提示如下。

> 选择第一个对象或 [放弃(U)/多段线(P)/半径(R)/修剪(T)/多个(M)]: R↙
> 指定圆角半径 <0.0000>: 5↙
> 选择第一个对象或 [多段线(P)/半径(R)/修剪(T)/多个(U)]:(在图 9-111 中，在某一有小圆标记处拾取对应的对象)
> 选择第二个对象，或按住 Shift 键选择对象以应用角点或 [半径(R)]:(在图 9-111 中，在另一有小圆标记处拾取对应的对象)

执行结果如图 9-106 所示，将该图形命名并进行保存。

本书光盘中的文件"DWG\第 09 章\图 9-106.dwg"是本练习图形的最终结果。

9.7　习题

1. 绘制如图 9-112 所示的拉伸弹簧(图中只给出了主要尺寸,其余尺寸由读者确定)。

本书光盘中的文件"DWG\第 09 章\图 9-112.dwg"是本练习图形的最终结果。

2. 绘制如图 9-113 所示的涡轮蜗杆减速器外形图(图中只给出了主要尺寸,其余尺寸由读者确定)。

本书光盘中的文件"DWG\第 09 章\图 9-113.dwg"是本练习图形的最终结果。

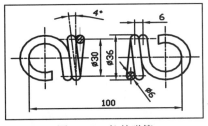

图 9-112　拉伸弹簧

3. 绘制如图 9-114 所示的急回机构(图中只给出了主要尺寸,其余尺寸由读者确定)。

4. 绘制如图 9-115 所示的多缸卸荷回路(尺寸由读者确定)。

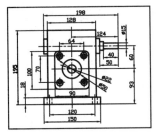

图 9-113　减速器外形

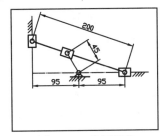

图 9-114　急回机构

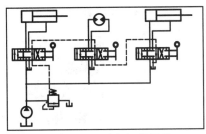

图 9-115　多缸卸荷回路

本书光盘中的文件"DWG\第 09 章\图 9-115.dwg"是本练习图形的最终结果。

5. 绘制如图 9-116(a)所示的滚子从动件盘形凸轮机构(图中只给出了主要尺寸,其余尺寸由读者确定);图 9-116(b)是从动件的运动规律。

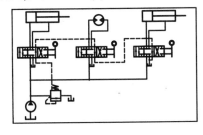

图 9-115　多缸卸荷回路

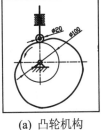

(a) 凸轮机构

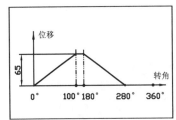

(b) 从动件运动规律

图 9-116　凸轮机构

提示

如果凸轮升程和回程轮廓曲线与圆弧的连接处不光滑,可利用 FILLET 命令添加一个合适半径的圆角。

本书光盘中的文件"DWG\第 09 章\图 9-116.dwg"是本练习图形的最终结果。

第10章 绘制常用标准件

当绘制机械图形，特别是装配图时，标准件(如螺栓、螺母等)的绘制必不可少。如果用户使用的 CAD 系统有对应的标准件库，当需要绘制标准件时，直接将标准件图形插入到图形即可；如果系统中没有对应的标准件库，则需要单独绘制这些图形。本章将介绍一些典型标准件的绘制过程，包括螺栓、把手、轴承以及垫圈等。许多标准件在机械设计时需要频繁使用，如果用户在设计时逐一绘制每一个标准件，在很大程度上会影响绘图的效率，但利用 AutoCAD 的块等功能，通过建立标准件库，使绘图过程变为拼图过程，可以极大地提高绘图效率。后面的第 12 章将介绍建立标准件库、通过 AutoCAD 设计中心使用图库中的图形的方法和技巧。

中文版 AutoCAD 2014 机械图形设计

10.1　绘制螺栓

本节将绘制如图 10-1 所示的螺栓。

首先，以本书所附光盘中的文件 DWT\Gb-a4-v.dwt 为样板建立新图形。

图 10-1　螺栓

01　绘制中心线

将"中心线"图层设为当前图层，绘制水平和垂直中心线，结果如图 10-2 所示。

02　绘制左视图中的六边形

将"粗实线"图层设为当前图层。单击"绘图"工具栏上的"正多边形"按钮，或选择"绘图"|"正多边形"命令，即执行 POLYGON 命令，AutoCAD 提示如下。

> 输入边的数目 <4>: 6✓(边数为6)
> 指定正多边形的中心点或 [边(E)]:(捕捉图 10-2 中两条中心线的交点)
> 输入选项 [内接于圆(I)/外切于圆(C)] <I>:✓(所绘六边形将内接于假设的圆)
> 指定圆的半径: 8.1✓

执行结果如图 10-3 所示。

图 10-2　绘制中心线

图 10-3　绘制六边形

03　旋转六边形

单击"修改"工具栏上的"旋转"按钮，或选择"修改"|"旋转"命令，即执行 ROTATE 命令，将图 10-3 中的六边形旋转 90°，结果如图 10-4 所示。

04　绘制圆

单击"绘图"工具栏上的"圆"按钮，或选择"绘图"|"圆"|"圆心、半径"命令，即执行 CIRCLE 命令，AutoCAD 提示如下。

> 指定圆的圆心或 [三点(3P)/两点(2P)/切点、切点、半径(T)]:(捕捉图 10-4 中两条中心线的交点)
> 指定圆的半径或 [直径(D)]:(在该提示下，启用自动对象捕捉的捕捉垂足功能，并将光标放到六边形的对应边上，AutoCAD 捕捉到垂足，如图 10-5 所示，然后单击)

图 10-4　旋转结果

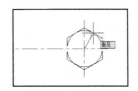

图 10-5　绘制圆

执行结果如图 10-6 所示。

05 绘制直线

执行 LINE 命令，在主视图的适当位置绘制一条垂直线，结果如图 10-7 所示。

图 10-6　绘制圆

图 10-7　绘制直线

06 绘制平行线

单击"修改"工具栏上的"偏移"按钮🔊，或选择"修改"|"偏移"命令，即执行 OFFSET 命令，AutoCAD 提示如下。

```
指定偏移距离或 [通过(T)/删除(E)/图层(L)]: 6↙
选择要偏移的对象，或 [退出(E)/放弃(U)] <退出>:(拾取图 10-7 中的垂直线)
指定要偏移的那一侧上的点，或 [退出(E)/多个(M)/放弃(U)] <退出>:(在所拾取垂直线的右侧任意拾取一点)
选择要偏移的对象，或 [退出(E)/放弃(U)] <退出>:↙
```

执行 OFFSET 命令，AutoCAD 提示如下。

```
指定偏移距离或 [通过(T)/删除(E)/图层(L)]: 40↙
选择要偏移的对象，或 [退出(E)/放弃(U)] <退出>:(拾取图 10-7 中的垂直线)
指定要偏移的那一侧上的点，或 [退出(E)/多个(M)/放弃(U)] <退出>:(在所拾取垂直线的右侧任意拾取一点)
选择要偏移的对象，或 [退出(E)/放弃(U)] <退出>:↙
```

执行 OFFSET 命令，AutoCAD 提示如下。

```
指定偏移距离或 [通过(T)/删除(E)/图层(L)]: 60↙
选择要偏移的对象，或 [退出(E)/放弃(U)] <退出>:(拾取图 10-7 中的垂直线)
指定要偏移的那一侧上的点，或 [退出(E)/多个(M)/放弃(U)] <退出>:(在所拾取垂直线的右侧任意拾取一点)
选择要偏移的对象，或 [退出(E)/放弃(U)] <退出>:↙
```

执行结果如图 10-8 所示。

07 绘制水平直线

执行 LINE 命令，从左视图的对应点在左侧绘制 4 条水平直线，如图 10-9 所示。

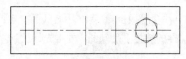

图 10-8　绘制平行线

图 10-9　绘制水平线

08 绘制圆

单击"绘图"工具栏上的"圆"按钮⊙，或选择"绘图"|"圆"|"圆心、半径"命令，即执行 CIRCLE 命令，AutoCAD 提示如下。

```
指定圆的圆心或 [三点(3P)/两点(2P)/切点、切点、半径(T)]:(从对象捕捉快捷菜单中选择"自"命令)
```

_from 基点:(捕捉图 10-9 中水平中心线与最左侧的垂直线的交点)
<偏移>: @12,0✓(确定圆心位置)
指定圆的半径或 [直径(D)]: 12✓(圆半径)

执行结果如图 10-10 所示。

图 10-10　绘制圆

09 修剪

单击"修改"工具栏上的"修剪"按钮，或选择"修改"|"修剪"命令，即执行 TRIM 命令，AutoCAD 提示如下。

选择剪切边...
选择对象或 <全部选择>:(在该提示下选择作为剪切边的对象，如图 10-11 所示(虚线对象为被选对象))
选择对象:✓
选择要修剪的对象，或按住 Shift 键选择要延伸的对象，或
[栏选(F)/窗交(C)/投影(P)/边(E)/删除(R)/放弃(U)]:(在该提示下拾取被修剪对象的修剪部分(请参照图 10-12))
选择要修剪的对象，或按住 Shift 键选择要延伸的对象，或
[栏选(F)/窗交(C)/投影(P)/边(E)/删除(R)/放弃(U)]:✓

执行结果如图 10-12 所示。

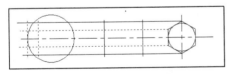

图 10-11　选择剪切边

图 10-12　修剪结果

10 绘制辅助线

图 10-13 所示是螺栓头部的放大图，下面对其做进一步处理。执行 LINE 命令，在图 10-13 中绘制辅助线，结果如图 10-14 所示(在图 10-14 中，垂直辅助线的起始点是已有圆弧与对应水平线的交点，该直线与位于最下面的水平线垂直；水平辅助线是从垂直辅助线的中点向左绘制的水平线)。

11 绘制圆弧

选择"绘图"|"圆弧"|"三点"命令，AutoCAD 提示如下。

指定圆弧的起点或 [圆心(C)]:(捕捉图 10-14 中垂直辅助线与一水平线的交点)
指定圆弧的第二个点或 [圆心(C)/端点(E)]:(捕捉图 10-14 中水平辅助线与位于最左侧的垂直线的交点)
指定圆弧的端点:(捕捉图 10-14 中垂直辅助线与另一水平线的交点)

执行结果如图 10-15 所示。

图 10-13　螺栓头部

图 10-14　绘制辅助线

图 10-15　绘制圆弧

12 镜像

单击"修改"工具栏上的"镜像"按钮，或选择"修改"|"镜像"命令，即执行 MIRROR 命令，对在步骤 **11** 中绘制的圆弧相对于水平中心线镜像，结果如图 10-16 所示。

13 修剪

单击"修改"工具栏上的"修剪"按钮，或选择"修改"|"修剪"命令，即执行 TRIM 命令，AutoCAD 提示如下。

> 选择剪切边...
> 选择对象或 <全部选择>:(选择剪切边，如图 10-17 所示，虚线部分为被选中对象)
> 选择对象:↙
> 选择要修剪的对象，或按住 Shift 键选择要延伸的对象，或
> [栏选(F)/窗交(C)/投影(P)/边(E)/删除(R)/放弃(U)]:(在此提示下，在图 10-17 中拾取被修剪对象上的对应边。
> 请参照图 10-18)
> 选择要修剪的对象，或按住 Shift 键选择要延伸的对象，或
> [栏选(F)/窗交(C)/投影(P)/边(E)/删除(R)/放弃(U)]: ↙

图 10-16　镜像结果

图 10-17　选择剪切边

执行结果如图 10-18 所示(已通过执行 ERASE 命令删除了其中的辅助线)。

14 绘制平行线

单击"修改"工具栏上的"偏移"按钮，或选择"修改"|"偏移"命令，即执行 OFFSET 命令，AutoCAD 提示如下。

> 指定偏移距离或 [通过(T)/删除(E)/图层(L)]: 4↙
> 选择要偏移的对象，或 [退出(E)/放弃(U)] <退出>:(拾取图 10-18 中的水平中心线)
> 指定要偏移的那一侧上的点，或 [退出(E)/多个(M)/放弃(U)] <退出>:(在水平中心线的上方任意拾取一点)
> 选择要偏移的对象，或 [退出(E)/放弃(U)] <退出>:↙

执行 OFFSET 命令，AutoCAD 提示如下。

> 指定偏移距离或 [通过(T)/删除(E)/图层(L)]<4.0>: 3↙
> 选择要偏移的对象，或 [退出(E)/放弃(U)] <退出>:(拾取图 10-18 中的水平中心线)
> 指定要偏移的那一侧上的点，或 [退出(E)/多个(M)/放弃(U)] <退出>:(在水平中心线的上方任意拾取一点)
> 选择要偏移的对象，或 [退出(E)/放弃(U)] <退出>:↙

执行结果如图 10-19 所示。

图 10-18　修剪结果　　　　　　　　图 10-19　绘制平行线

15 修剪

执行 TRIM 命令，AutoCAD 提示如下。

> 选择剪切边…
> 选择对象或 <全部选择>:(选择剪切边，如图 10-20 所示，虚线部分是被选中对象)
> 选择对象: ↙
> 选择要修剪的对象，或按住 Shift 键选择要延伸的对象，或
> [栏选(F)/窗交(C)/投影(P)/边(E)/删除(R)/放弃(U)]:(在此提示下，参照图 10-21 拾取被修剪对象上的对应边)
> 选择要修剪的对象，或按住 Shift 键选择要延伸的对象，或
> [栏选(F)/窗交(C)/投影(P)/边(E)/删除(R)/放弃(U)]: ↙

执行结果如图 10-21 所示。

图 10-20　选择剪切边　　　　　　　图 10-21　修剪结果

16 更改图层

利用"图层"工具栏，将图 10-21 中表示螺栓外径的直线更改到"粗实线"图层，表示螺栓内径的直线更改到"细实线"图层，结果如图 10-22 所示。

17 镜像

单击"修改"工具栏上的"镜像"按钮，或选择"修改"|"镜像"命令，即执行 MIRROR 命令，对图 10-22 中主视图内表示螺栓内

 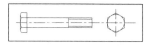

图 10-22　更改图层后的结果　　　　图 10-23　镜像结果

外径的直线和位于主视图右端的两条短垂直线相对于水平中心线镜像，执行结果如图 10-23 所示。

18 倒角

单击"修改"工具栏上的"倒角"按钮，或选择"修改"|"倒角"命令，即执行 CHAMFER 命令，AutoCAD 提示如下。

> 选择第一条直线或 [放弃(U)/多段线(P)/距离(D)/角度(A)/修剪(T)/方式(E)/多个(M)]:D↙ (设置倒角距离)
> 指定第一个倒角距离 <10.0>:1↙
> 指定第二个倒角距离 <1.0>:↙
> 选择第一条直线或 [放弃(U)/多段线(P)/距离(D)/角度(A)/修剪(T)/方式(E)/多个(M)]:(选择图 10-23 中主视图上表示螺栓外径的上水平线)
> 选择第二条直线，或按住 Shift 键选择直线以应用角点或 [距离(D)/角度(A)/方法(M)]:(选择图 10-23 中主视图上位于最右端的垂直线)

执行 CHAMFER 命令，AutoCAD 提示如下。

选择第一条直线或 [放弃(U)/多段线(P)/距离(D)/角度(A)/修剪(T)/方式(E)/多个(M)]: (选择图 10-23 中主视图上表示螺栓外径的下水平线)

选择第二条直线，或按住 Shift 键选择直线以应用角点或 [距离(D)/角度(A)/方法(M)]: (选择图 10-23 中主视图上位于最右端的垂直线)

执行结果如图 10-24 所示。

19 绘制直线并修整图形

执行 LINE 命令，在图 10-24 中的倒角部位绘制直线。然后利用 BREAK 命令将中心线断开，截掉右边多余的部分，执行结果如图 10-25 所示。

图 10-24　倒角结果　　　　图 10-25　最终图形

至此，完成对螺栓的绘制，将该图形命名并进行保存。

本书所附光盘中的文件"DWG\第 10 章\图 10-1.dwg"是本练习图形的最终结果。

10.2　绘制把手

本节将绘制如图 10-26 所示的把手(GB4141.27-84)。

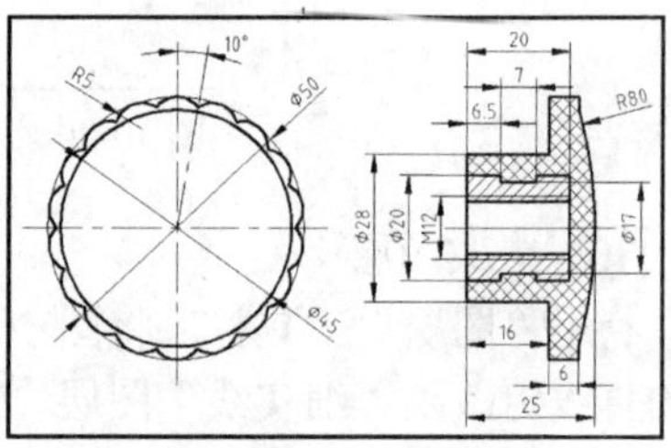

首先，以本书所附光盘中的文件 DWT\Gb-a4-v.dwt 为样板建立新图形。

01 绘制中心线

将"中心线"图层置为当前图层。执行 LINE 命令，绘制水平和垂直中心线，结果如图 10-27 所示。

图 10-26　把手

02 绘制圆

将"粗实线"图层置为当前图层。执行 CIRCLE 命令，绘制主视图中直径为 45 的圆。

将"细实线"图层置为当前图层。执行 CIRCLE 命令，绘制主视图中直径为 50 的细实线圆和直径为 40 的辅助圆(后者用于确定圆弧的圆心位置)，结果如图 10-28 所示。

图 10-27　绘制中心线　　　　图 10-28　绘制圆

03 绘制小圆

将"粗实线"图层置为当前图层。执行 CIRCLE 命令，AutoCAD 提示如下。

指定圆的圆心或 [三点(3P)/两点(2P)/切点、切点、半径(T)]:(捕捉图 10-28 中垂直中心线与半径为 20 的辅助圆的交点)

指定圆的半径或 [直径(D)] <5.0>: 5✓

执行结果如图 10-29 所示。

04 绘制辅助直线

执行 LINE 命令，AutoCAD 提示如下。

> 指定第一个点:(捕捉图 10-29 中两条中心线的交点)
> 指定下一点或 [放弃(U)]: @30<80↙(绘制向右上方倾斜的直线)
> 指定下一点或 [放弃(U)]: ↙

继续执行 LINE 命令，AutoCAD 提示如下。

> 指定第一个点:(捕捉图 10-29 中两条中心线的交点)
> 指定下一点或 [放弃(U)]: @30<100↙(绘制向左上方倾斜的直线)
> 指定下一点或 [放弃(U)]: ↙

执行结果如图 10-30 所示。

05 修剪

单击"修改"工具栏上的"修剪"按钮，或选择"修改"|"修剪"命令，即执行 TRIM 命令进行修剪操作，执行结果如图 10-31 所示。

06 删除

单击"修改"工具栏上的"删除"按钮，或选择"修改"|"删除"命令，即执行 ERASE 命令删除两条辅助直线，执行结果如图 10-32 所示。

　　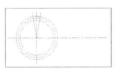　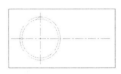

图 10-29　绘制小圆　　图 10-30　绘制辅助直线　　图 10-31　修剪结果　　图 10-32　删除结果

07 环形阵列

单击"修改"工具栏中的"环形阵列"按钮，或选择"修改"|"环形阵列"命令(如图 10-33 所示)，即执行 ARRAYPOLAR 命令，AutoCAD 提示如下。

> 选择对象:(选择图 10-32 中的小圆弧)
> 选择对象:↙
> 指定阵列的中心点或 [基点(B)/旋转轴(A)]: (捕捉中心线交点)
> 选择夹点以编辑阵列或 [关联(AS)/基点(B)/项目(I)/项目间角度(A)/填充角度(F)/行(ROW)/层(L)/旋转项目(ROT)/退出(X)] <退出>: I↙
> 输入阵列中的项目数或 [表达式(E)]:18↙
> 选择夹点以编辑阵列或 [关联(AS)/基点(B)/项目(I)/项目间角度(A)/填充角度(F)/行(ROW)/层(L)/旋转项目(ROT)/退出(X)] <退出>: F↙
> 指定填充角度(+=逆时针、-=顺时针)或 [表达式(EX)] <360>: ↙
> 选择夹点以编辑阵列或 [关联(AS)/基点(B)/项目(I)/项目间角度(A)/填充角度(F)/行(ROW)/层(L)/旋转项目(ROT)/退出(X)] <退出>:↙

执行结果如图 10-34 所示。

08 绘制左视图直线

执行 LINE 命令，在左视图的适当位置绘制位于最左侧的垂直线，如图 10-35 所示。

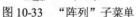
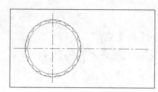
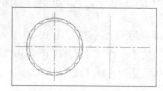

图 10-33　"阵列"子菜单　　　　图 10-34　阵列结果　　　　图 10-35　绘制直线

09 绘制平行线

单击"修改"工具栏上的"偏移"按钮🔳，或选择"修改"|"偏移"命令，即执行 OFFSET 命令，AutoCAD 提示如下。

> 指定偏移距离或 [通过(T)/删除(E)/图层(L)]: 6.5↙
> 选择要偏移的对象，或 [退出(E)/放弃(U)] <退出>:(拾取图 10-35 中位于左视图中的垂直线)
> 指定要偏移的那一侧上的点，或 [退出(E)/多个(M)/放弃(U)] <退出>:(在所拾取直线的右侧任意拾取一点)
> 选择要偏移的对象，或 [退出(E)/放弃(U)] <退出>:↙

执行 OFFSET 命令，AutoCAD 提示如下。

> 指定偏移距离或 [通过(T)/删除(E)/图层(L)] <6.5>: 13.5↙
> 选择要偏移的对象，或 [退出(E)/放弃(U)] <退出>:(拾取图 10-35 中位于左视图中的垂直线)
> 指定要偏移的那一侧上的点，或 [退出(E)/多个(M)/放弃(U)] <退出>:(在所拾取直线的右侧任意拾取一点)
> 选择要偏移的对象，或 [退出(E)/放弃(U)] <退出>:↙

执行 OFFSET 命令，AutoCAD 提示如下。

> 指定偏移距离或 [通过(T)/删除(E)/图层(L)] <13.5>: 16↙
> 选择要偏移的对象，或 [退出(E)/放弃(U)] <退出>:(拾取图 10-35 中位于左视图中的垂直线)
> 指定要偏移的那一侧上的点，或 [退出(E)/多个(M)/放弃(U)] <退出>:(在所拾取直线的右侧任意拾取一点)
> 选择要偏移的对象，或 [退出(E)/放弃(U)] <退出>:↙

执行 OFFSET 命令，AutoCAD 提示如下。

> 指定偏移距离或 [通过(T)/删除(E)/图层(L)] <16.0>: 20↙
> 选择要偏移的对象，或 [退出(E)/放弃(U)] <退出>:(拾取图 10-35 中位于左视图中的垂直线)
> 指定要偏移的那一侧上的点，或 [退出(E)/多个(M)/放弃(U)] <退出>:(在所拾取直线的右侧任意拾取一点)
> 选择要偏移的对象，或 [退出(E)/放弃(U)] <退出>:↙

执行 OFFSET 命令，AutoCAD 提示如下。

> 指定偏移距离或 [通过(T)/删除(E)/图层(L)] <20.0>: 22↙
> 选择要偏移的对象，或 [退出(E)/放弃(U)] <退出>:(拾取图 10-35 中位于左视图中的垂直线)
> 指定要偏移的那一侧上的点，或 [退出(E)/多个(M)/放弃(U)] <退出>:(在所拾取直线的右侧任意拾取一点)
> 选择要偏移的对象，或 [退出(E)/放弃(U)] <退出>:↙

再次执行 OFFSET 命令，AutoCAD 提示如下。

> 指定偏移距离或 [通过(T)/删除(E)/图层(L)] <22>: 25↙

选择要偏移的对象，或 [退出(E)/放弃(U)] <退出>:(拾取图 10-35 中位于左视图中的垂直线)
指定要偏移的那一侧上的点，或 [退出(E)/多个(M)/放弃(U)] <退出>:(在所拾取直线的右侧任意拾取一点)
选择要偏移的对象，或 [退出(E)/放弃(U)] <退出>:✓

执行结果如图 10-36 所示。

10 绘制水平平行线

使用与步骤**09**类似的方法，以水平中心线为偏移对象，绘制与水平中心线距离分别是 5、6、8.5、10、14 和 25 的水平中心线，结果如图 10-37 所示。

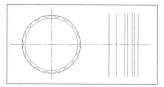
图 10-36　绘制垂直平行线

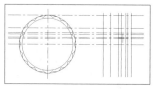
图 10-37　绘制水平平行线

11 修剪

左视图中的线条较多，需要分两步进行修剪。

单击"修改"工具栏上的"修剪"按钮，或选择"修改"|"修剪"命令，即执行 TRIM 命令，AutoCAD 提示如下。

选择剪切边…
选择对象或 <全部选择>:(拾取对应的剪切边，如图 10-38 所示，虚线图形为被选中对象)
选择对象:✓
选择要修剪的对象，或按住 Shift 键选择要延伸的对象，或
[栏选(F)/窗交(C)/投影(P)/边(E)/删除(R)/放弃(U)]:(在该提示下，在要修剪的部位拾取被剪对象(参照图 10-39))
选择要修剪的对象，或按住 Shift 键选择要延伸的对象，或
[栏选(F)/窗交(C)/投影(P)/边(E)/删除(R)/放弃(U)]:✓

修剪结果如图 10-39 所示。

继续执行 TRIM 命令，AutoCAD 提示如下。

选择剪切边…
选择对象或 <全部选择>:(拾取对应的剪切边，如图 10-40 所示，虚线图形为被选中对象)
选择对象:✓
选择要修剪的对象，或按住 Shift 键选择要延伸的对象，或
[栏选(F)/窗交(C)/投影(P)/边(E)/删除(R)/放弃(U)]:(在该提示下，在要修剪的部位拾取被剪对象(参照图 10-41))
选择要修剪的对象，或按住 Shift 键选择要延伸的对象，或
[栏选(F)/窗交(C)/投影(P)/边(E)/删除(R)/放弃(U)]:✓

修剪结果如图 10-41 所示。

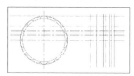
图 10-38　选择剪切边(1)

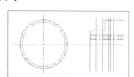
图 10-39　修剪结果(1)

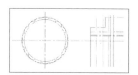
图 10-40　选择剪切边(2)

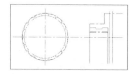
图 10-41　修剪结果(2)

12 更改图层

利用"特性"工具栏，在图 10-41 所示的左视图中，将表示螺纹孔底径的直线更改到"细实线"图层，将经过修剪后得到的其他直线更改到"粗实线"图层，结果如图 10-42 所示。

13 绘制圆

单击"绘图"工具栏上的"圆"按钮 ⊙，或选择"绘图"|"圆"命令，即执行 CIRCLE 命令，AutoCAD 提示如下。

> 指定圆的圆心或 [三点(3P)/两点(2P)/切点、切点、半径(T)]: (从对象捕捉快捷菜单中选择"自"命令)
> _from (捕捉图 10-42 中水平中心线与位于最右侧的垂直线的交点)
> 基点: <偏移>:@-80,0✓ (确定圆心位置)
> 指定圆的半径或 [直径(D)] <5.0>: 80✓ (圆半径)

执行结果如图 10-43 所示。

14 修剪

执行 TRIM 命令，AutoCAD 提示如下。

> 选择剪切边...
> 选择对象或 <全部选择>:(选择剪切边，如图 10-44 中的虚线所示)
> 选择对象:✓
> 选择要修剪的对象，或按住 Shift 键选择要延伸的对象，或
> [栏选(F)/窗交(C)/投影(P)/边(E)/删除(R)/放弃(U)]:(参照图 10-45，在需要修剪的部位拾取对应对象)
> 选择要修剪的对象，或按住 Shift 键选择要延伸的对象，或
> [栏选(F)/窗交(C)/投影(P)/边(E)/删除(R)/放弃(U)]: ✓

执行结果如图 10-45 所示。

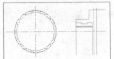
图 10-42 更改图层后的结果

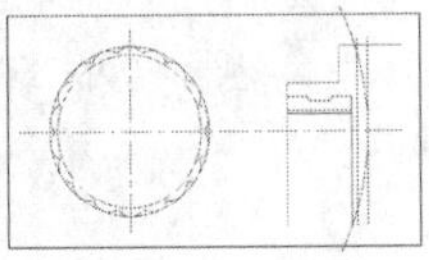

图 10-43 绘制圆

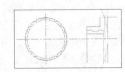
图 10-44 选择剪切边(3)

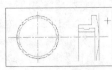
图 10-45 修剪结果(3)

15 镜像

单击"修改"工具栏上的"镜像"按钮 ⚏，或选择"修改"|"镜像"命令，即执行 MIRROR 命令，对图 10-45 的左视图中位于水平中心线之上的各图形对象相对于水平中心线进行镜像，执行结果如图 10-46 所示。

16 修剪、删除

参照图 10-26，对图 10-46 中的左视图进一步修剪，并删除位于最右边的垂直线，结果如图 10-47 所示。

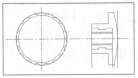
图 10-46 镜像结果

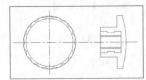
图 10-47 修剪结果

17 填充剖面线

先进行金属剖面线的填充。将"剖面线"图层置为当前图层。单击"绘图"工具栏上的"图案填充"按钮 ⬚，或选择"绘图"|"图案填充"命令，即执行 HATCH 命令，打开"图案填充和渐变色"对话框，在该对话框中进行相关设置，如图 10-48 所示。

从图 10-48 中可以看出，填充图案为 ANSI31，填充角度为 0，填充比例为 0.5，并通过"拾取点"按钮确定了填充边界(如图 10-48 中的虚线部分所示)。

单击该对话框中的"确定"按钮，完成金属剖面线的填充。

接下来填充非金属剖面线。执行 HATCH 命令，在打开的"图案填充和渐变色"对话框中进行相关设置，如图 10-49 所示。

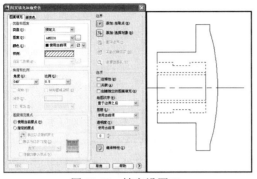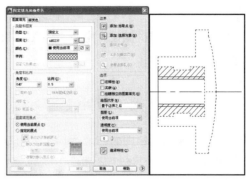

図 10-48　填充设置(1)　　　　図 10-49　填充设置(2)

从图 10-49 中可以看出，填充图案为 ANSI37，填充角度为 0，填充比例为 0.6，并通过"拾取点"按钮确定了填充边界(如图 10-49 中的虚线部分所示)。

单击该对话框中的"确定"按钮，完成非金属剖面线的填充。结果如图 10-50 所示(图中的小叉标记用于后继绘图过程的绘图说明)。

从图 10-50 中可以看出，水平中心线的长度不符合要求，可通过打断功能对其进行处理。

18 打断

单击"修改"工具栏上的"打断"按钮，或选择"修改"|"打断"命令，即执行 BREAK 命令，AutoCAD 提示如下。

> 选择对象:(在图 10-50 中，在最左面有小叉的部位拾取水平中心线)
> 指定第二个打断点或 [第一点(F)]:(在水平中心线的左端点之外任意拾取一点)

执行 BREAK 命令，AutoCAD 提示如下。

> 选择对象:(在图 10-50 中，在两视图中间有小叉的部位拾取水平中心线)
> 指定第二个打断点或 [第一点(F)]:(在图 10-50 中，在两视图中间另一有小叉的部位拾取水平中心线)

继续执行 BREAK 命令，AutoCAD 提示如下。

> 选择对象:(在图 10-50 中，在最右面有小叉的部位拾取水平中心线)
> 指定第二个打断点或 [第一点(F)]:(在水平中心线的右端点之外任意拾取一点)

至此，完成把手的绘制，将该图形命名并进行保存。最终执行结果如图 10-51 所示。

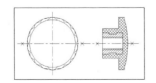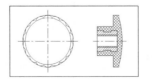

图 10-50　填充结果　　　　图 10-51　最终结果

本书所附光盘中的文件"DWG\第 10 章\图 10-26.dwg"是本练习图形的最终结果。

10.3 绘制轴承

轴承种类繁多，是机械设计中最常用的标准件之一，国家标准对轴承的绘制做出了具体的规定。本节将介绍如何绘制轴承。

10.3.1 绘制向心轴承

图 10-52 是向心轴承的画法之一。本节将绘制标号为 6206 的向心轴承。其主要尺寸为：D=62；d=30；B=16；A=16。

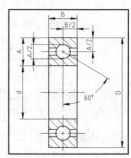

图 10-52   向心轴承

由图 10-52 中可以看出，轴承是完全对称的图形，因此只需要绘制出其中的一半，然后对其进行镜像即可得到与其对称的另外一半。

首先，以本书所附光盘中的文件 DWT\Gb-a4-v.dwt 为样板建立新图形。

01 绘制中心线和垂直线

将"中心线"图层置为当前图层。执行 LINE 命令绘制水平中心线。

将"粗实线"图层置为当前图层。执行 LINE 命令绘制垂直线，执行结果如图 10-53 所示。

02 复制垂直线

单击"修改"工具栏上的"复制"按钮 ，或选择"修改"|"复制"命令，即执行 COPY 命令，AutoCAD 提示如下。

```
选择对象:(选择图 10-53 中的垂直线)
选择对象:↙
指定基点或 [位移(D)/模式(O)] <位移>:(在绘图屏幕任意位置拾取一点)
指定第二个点或 [阵列(A)] <使用第一个点作为位移>: @16,0↙
指定第二个点或 [阵列(A)/退出(E)/放弃(U)] <退出>:↙
```

执行结果如图 10-54 所示。

03 绘制直线

执行 LINE 命令绘制水平直线，执行结果如图 10-55 所示。

图 10-53   绘制中心线和垂直线

图 10-54   复制直线

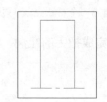

图 10-55   绘制直线

04 复制直线、绘制直线

执行 COPY 命令，AutoCAD 提示如下。

选择对象:(选择图 10-55 中位于最上方的水平直线)
选择对象:↙
指定基点或 [位移(D)/模式(O)] <位移>:(在绘图屏幕任意位置拾取一点)
指定第二个点或 [阵列(A)] <使用第一个点作为位移>: @0,-16↙
指定第二个点或 [阵列(A)/退出(E)/放弃(U)] <退出>:↙

继续执行 COPY 命令，AutoCAD 提示如下。

选择对象:(选择图 10-55 中的水平中心线)
选择对象:↙
指定基点或 [位移(D)/模式(O)] <位移>:(在绘图屏幕任意位置拾取一点)
指定第二个点或 [阵列(A)] <使用第一个点作为位移>: @0,23↙
指定第二个点或 [阵列(A)/退出(E)/放弃(U)] <退出>:↙

将"中心线"图层置为当前图层。执行 LINE 命令，AutoCAD 提示如下。

指定第一个点:(捕捉图 10-55 中位于最上方的水平直线的中点)
指定下一点或 [放弃(U)]: @0,-20↙
指定下一点或 [放弃(U)]:↙

执行结果如图 10-56 所示。

05 绘制表示滚珠的圆

将"粗实线"图层设为当前图层。单击"绘图"工具栏上的"圆"按钮 ⊘，或选择"绘图"|
"圆"|"圆心、半径"命令，即执行 CIRCLE 命令，绘制半径为 4 的圆，执行结果如图 10-57 所示。

06 绘制辅助直线

执行 LINE 命令，AutoCAD 提示如下。

指定第一个点:(捕捉图 10-57 中的圆心)
指定下一点或 [放弃(U)]: @10<-30↙
指定下一点或 [放弃(U)]: ↙

执行结果如图 10-58 所示。

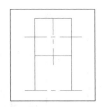　　　　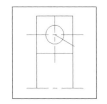

图 10-56　绘制垂直线等　　　　图 10-57　绘制圆　　　　图 10-58　绘制辅助线

07 绘制直线

执行 LINE 命令绘制直线，执行结果如图 10-59 所示。

08 镜像

单击"修改"工具栏上的"镜像"按钮 ⚎，或选择"修改"|"镜像"命令，即执行 MIRROR
命令，对在步骤 **07** 中绘制的直线相对于垂直中心线镜像，执行结果如图 10-60 所示。

09 镜像

执行 MIRROR 命令，将图 10-60 中与圆相交的两条短水平直线相对于水平中心线镜像，执行结果如图 10-61 所示。

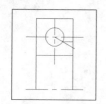
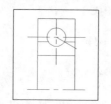
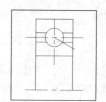

图 10-59　绘制直线　　　　图 10-60　镜像结果(1)　　　　图 10-61　镜像结果(2)

10 删除、移动

对图 10-61 执行 ERASE 命令，删除图中的辅助斜线；然后执行 MOVE 命令，将垂直中心线向上移动一定的距离，如图 10-62 所示。

11 镜像

至此，已完成了轴承一半图形的绘制(剖面线除外)。现在将其相对于中心线作镜像处理。

执行 MIRROR 命令进行镜像操作，执行结果如图 10-63 所示。

12 填充剖面线

将"剖面线"图层置为当前图层。

单击"绘图"工具栏上的"图案填充"按钮，或选择"绘图"|"图案填充"命令，即执行 HATCH 命令，打开"图案填充和渐变色"对话框，在该对话框中进行相关设置，如图 10-64 所示。

从图 10-64 中可以看出，选择填充图案为 ANSI31，填充角度为 90，填充比例为 1，并通过"拾取点"按钮确定了填充边界(如图 10-64 中的虚线部分所示)。

单击"确定"按钮，完成填充操作，最终图形如图 10-65 所示。

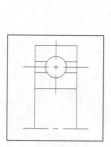
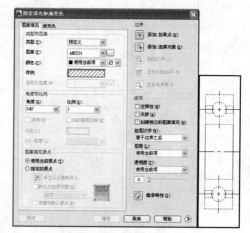
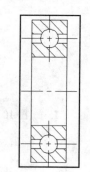

图 10-62　修整结果　图 10-63　镜像结果(3)　　　　图 10-64　填充设置　　　　图 10-65　最终图形

将此图形命名并保存到磁盘，第 7 章的练习中还将用到此图形。

本书所附光盘中的文件"DWG\第 10 章\图 10-52.dwg"是本练习图形的最终结果。

10.3.2　绘制圆锥滚子轴承

图 10-66 是圆锥滚子轴承的画法之一。本节将绘制标号为 30206 的圆锥滚子轴承。其主要尺寸为：D=62；d=30；T=17.25；B=16；C=14；A=16。

首先，以本书所附光盘中的文件 DWT\Gb-a4-v.dwt 为样板建立新图形。

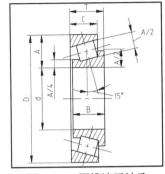

图 10-66　圆锥滚子轴承

01 绘制轮廓线和中心线

使用与绘制向心轴承类似的方法，分别在"中心线"和"粗实线"图层中绘制中心线与轮廓线，如图 10-67 所示(图中给出了图形的尺寸)。

02 定义新 UCS(UCS：用户坐标系统)

在样本文件 Gb-a4-v.dwt 中，图框线的左下角位置是坐标系的原点位置。为了方便地绘制出图 10-66 中表示轴承滚柱的斜矩形，在此定义新坐标系，即用户坐标系(简称 UCS)。

首先来移动坐标系。选择"工具"|"新建 UCS"|"原点"命令，AutoCAD 提示如下。

> 指定新原点 <0,0,0>：

在该提示下捕捉图 10-67 中位于上方的两条中心线的交点，结果如图 10-68 所示。

从图 10-68 中可以看出，坐标系图标已在新确定的原点位置显示，即两条中心线的交点为原点。标有 X 及 Y 的两个箭头方向表示 UCS 的 X 方向和 Y 方向。

 提示

如果读者执行上述操作后没有显示坐标系图标，选择菜单项"视图"|"显示"|"UCS 图标"|"开"，即可显示对应的坐标系图标。

下面旋转坐标系。选择"工具"|"新建 UCS"|Z 命令，AutoCAD 提示如下。

> 指定绕 Z 轴的旋转角度 <90.0>：15↙

执行结果如图 10-69 所示，即新坐标系相对于原坐标系沿逆时针方向旋转 15°。

图 10-67　绘制基本轮廓

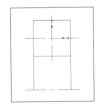

图 10-68　建立新 UCS

图 10-69　旋转 UCS

03 旋转中心线

单击"修改"工具栏上的"旋转"按钮 ，或选择"修改"|"旋转"命令，即执行 ROTATE

命令，AutoCAD 提示如下。

> 选择对象:(选择图 10-69 中位于上方的水平中心线和垂直中心线)
> 选择对象:✓
> 指定基点:(捕捉两条中心线的交点)
> 指定旋转角度，或 [复制(C)/参照(R)]: 15✓

执行结果如图 10-70 所示。

04 绘制平行线

单击"修改"工具栏上的"偏移"按钮，或选择"修改"|"偏移"命令，即执行 OFFSET 命令，AutoCAD 提示如下。

> 指定偏移距离或 [通过(T)/删除(E)/图层(L)]: 14✓
> 选择要偏移的对象，或 [退出(E)/放弃(U)] <退出>:(拾取图 10-70 中位于最左侧的垂直线)
> 指定要偏移的那一侧上的点，或 [退出(E)/多个(M)/放弃(U)] <退出>:(在所拾取直线的右侧任意拾取一点)
> 选择要偏移的对象，或 [退出(E)/放弃(U)] <退出>:✓

执行结果如图 10-71 所示。

继续执行 OFFSET 命令，AutoCAD 提示如下。

> 指定偏移距离或 [通过(T)/删除(E)/图层(L)]: 4✓
> 选择要偏移的对象，或 [退出(E)/放弃(U)] <退出>:(拾取图 10-71 中与 X 坐标轴重合的斜线)
> 指定要偏移的那一侧上的点，或 [退出(E)/多个(M)/放弃(U)] <退出>:(在所拾取直线的上方任意拾取一点)
> 选择要偏移的对象，或 [退出(E)/放弃(U)] <退出>:(拾取图 10-71 中与 X 坐标轴重合的斜线)
> 指定要偏移的那一侧上的点，或 [退出(E)/多个(M)/放弃(U)] <退出>:(在所拾取直线的下方任意拾取一点)
> 选择要偏移的对象，或 [退出(E)/放弃(U)] <退出>:✓

执行结果如图 10-72 所示。

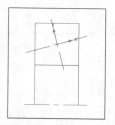 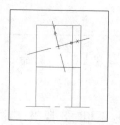 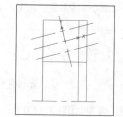

图 10-70　旋转中心线　　　　图 10-71　绘制平行线　　　　图 10-72　通过平移绘制平行线

05 绘制直线

将"粗实线"图层置为当前图层。

执行 LINE 命令，AutoCAD 提示如下。

> 指定第一个点:(捕捉图 10-72 中位于 X 轴下方的斜线与由步骤 **04** 得到的垂直直线的交点)
> 指定下一点或 [放弃(U)]:(捕捉与位于 X 轴上方的斜线的垂足点)
> 指定下一点或 [放弃(U)]: ✓

执行结果如图 10-73 所示。

06 镜像

执行 MIRROR 命令,对步骤 **05** 中绘制的直线镜像,执行结果如图 10-74 所示。

07 绘制平行线

单击"修改"工具栏上的"偏移"按钮 ⚲,或选择"修改"|"偏移"命令,即执行 OFFSET 命令,AutoCAD 提示如下。

```
指定偏移距离或 [通过(T)/删除(E)/图层(L)] <4.0>: 8✓
选择要偏移的对象,或 [退出(E)/放弃(U)] <退出>:(选择图 10-74 中位于中间位置的水平直线)
指定要偏移的那一侧上的点,或 [退出(E)/多个(M)/放弃(U)] <退出>:(在所选择直线的上方任意拾取一点)
选择要偏移的对象,或 [退出(E)/放弃(U)] <退出>:✓
```

执行 OFFSET 命令,AutoCAD 提示如下。

```
指定偏移距离或 [通过(T)/删除(E)/图层(L)] <8.0>: 4✓
选择要偏移的对象,或 [退出(E)/放弃(U)] <退出>:(选择图 10-74 中位于中间位置的水平直线)
指定要偏移的那一侧上的点,或 [退出(E)/多个(M)/放弃(U)] <退出>:(在所选择直线的上方任意拾取一点)
选择要偏移的对象,或 [退出(E)/放弃(U)] <退出>:✓
```

继续执行 OFFSET 命令,AutoCAD 提示如下。

```
指定偏移距离或 [通过(T)/删除(E)/图层(L)] <8.0>: 16✓
选择要偏移的对象,或 [退出(E)/放弃(U)] <退出>:(选择图 10-74 中位于最右侧的垂直线)
指定要偏移的那一侧上的点,或 [退出(E)/多个(M)/放弃(U)] <退出>:(在所选择直线的左侧任意拾取一点)
选择要偏移的对象,或 [退出(E)/放弃(U)] <退出>:✓
```

执行结果如图 10-75 所示。

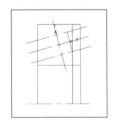 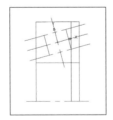 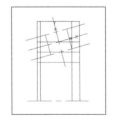

图 10-73 绘制直线   图 10-74 镜像结果   图 10-75 绘制平行线

08 修剪

图 10-75 较为复杂,下面分两步进行修剪。

单击"修改"工具栏上的"修剪"按钮 ⊹,或选择"修改"|"修剪"命令,即执行 TRIM 命令,AutoCAD 提示如下。

```
选择剪切边...
选择对象或 <全部选择>:(在该提示下选择作为剪切边的对象,如图 10-76 所示,虚线为被选择的对象)
选择对象:✓
选择要修剪的对象,或按住 Shift 键选择要延伸的对象,或
```

[栏选(F)/窗交(C)/投影(P)/边(E)/删除(R)/放弃(U)]:(在该提示下拾取被修剪对象的修剪部分(请参照图 10-77))
选择要修剪的对象，或按住 Shift 键选择要延伸的对象，或
[栏选(F)/窗交(C)/投影(P)/边(E)/删除(R)/放弃(U)]:↙

执行结果如图 10-77 所示。

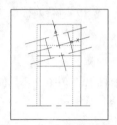
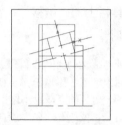

图 10-76　选择剪切边(1)　　　　图 10-77　修剪结果(1)

继续执行 TRIM 命令，AutoCAD 提示如下。

选择剪切边...
选择对象或 <全部选择>:(在该提示下选择作为剪切边的对象，如图 10-78 所示(虚线为被选对象))
选择对象:↙
选择要修剪的对象，或按住 Shift 键选择要延伸的对象，或
[栏选(F)/窗交(C)/投影(P)/边(E)/删除(R)/放弃(U)]:(在该提示下拾取被修剪对象的修剪部分(请参照图 10-79))
选择要修剪的对象，或按住 Shift 键选择要延伸的对象，或
[栏选(F)/窗交(C)/投影(P)/边(E)/删除(R)/放弃(U)]:↙

执行结果如图 10-79 所示。

至此已绘制出图形的一半。

09 其他操作

与 10.3.1 节所述步骤类似，更改图层，对图 10-79 所示图形沿水平中心线镜像，而后填充剖面线，即可得到如图 10-80 所示的最终结果。将该图形命名并进行保存。

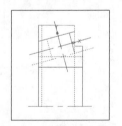
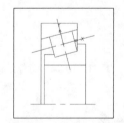
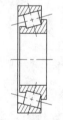

图 10-78　选择剪切边(2)　　　图 10-79　修剪结果(2)　　　图 10-80　最终图形

 提示

最终图形的坐标系为图 10-79 中坐标系图标所示的形式。如果在此坐标状态下标注尺寸，标注结果不符合要求，因为当标注水平或垂直尺寸时，尺寸线要与坐标系的 X 或 Y 坐标轴平行。因此，在标注尺寸之前，应将坐标系绕 Z 轴旋转−15°（可通过"工具"|"新建 UCS"|Z 命令实现该操作）。

本书所附光盘中的文件"DWG\第 10 章\图 10-66.dwg"是本练习图形的最终结果。

10.4 绘制垫圈

本节将绘制圆螺母止动垫圈，如图 10-81 所示。

首先，以本书所附光盘中的文件 DWT\Gb-a4-v.dwt 为样板建立新图形。

01 绘制中心线、圆和直线

根据图 10-81，分别在对应的图层绘制中心线和主视图中的圆与直线，如图 10-82 所示。

02 环形阵列

执行 ARRAYPOLAR 命令，根据图 10-81 对图 10-82 中的两条短直线进行环形阵列，阵列结果如图 10-83 所示。

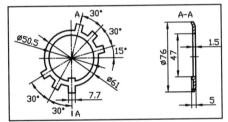

图 10-81 圆螺母止动垫圈

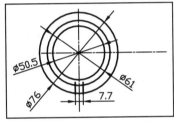

图 10-82 绘制中心线等

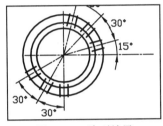

图 10-83 阵列结果

可以分 3 次阵列得到最后的结果，具体步骤如下。

第 1 次阵列：选择图 10-82 中的两条短直线为阵列对象，阵列项目总数设为 3，填充角度设为–60°，并选择两条中心线的交点为阵列中心，可得到图 10-83 中位于左下方、且相隔 30°的两组短直线。

第 2 次阵列：仍选择图 10-82 中的两条短直线为阵列对象，阵列项目总数设为 2，填充角度设为 105°，并选择两条中心线的交点为阵列中心，可得到图 10-83 中与水平中心线呈 15°夹角的两条短直线。

第 3 次阵列：选择在第 2 次阵列后得到的两条短直线为阵列对象，阵列项目总数设为 3，填充角度设为 60°，并选择两条中心线的交点为阵列中心，可得到图 10-83 中位于右上方、且相隔为 30°的两组短直线。

03 绘制左视图轮廓并延伸部分图形

根据图 10-81 绘制左视图轮廓，并将主视图中位于最下方的两条短直线延伸到对应的辅助线，如图 10-84 所示。

04 修剪

执行 TRIM 命令，根据图 10-81 进行修剪等操作，如图 10-85 所示。

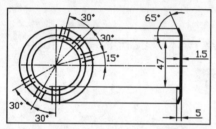
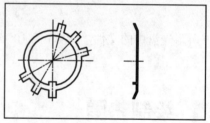

图 10-84　绘制左视图轮廓并延伸部分图形　　　　图 10-85　修剪

05 填充剖面线、整理

对左视图执行 HATCH 命令，填充剖面线，然后对图形进行整理，如调整中心线的长度等，即可得到最终结果，如图 10-81 所示。将该图形命名并进行保存。

本书所附光盘中的文件"DWG\第 10 章\图 10-81.dwg"是本练习图形的最终结果。

10.5 习题

1. 绘制如图 10-86 所示的开槽六角螺母(未注尺寸由读者确定)。

本书所附光盘中的文件"DWG\第 10 章\图 10-86.dwg"是本练习图形的最终结果。

2. 绘制开槽沉头螺钉，如图 10-87 所示(未注尺寸由读者确定)。

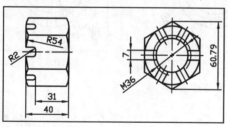
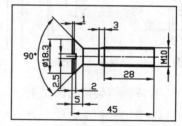

图 10-86　六角螺母　　　　　　　　　　图 10-87　螺钉

本书所附光盘中的文件"DWG\第 10 章\图 10-87.dwg"是本练习图形的最终结果。

3. 绘制把手，如图 10-88 所示(未注尺寸由读者确定)。

本书所附光盘中的文件"DWG\第 10 章\图 10-88.dwg"是本练习图形的最终结果。

4. 绘制密封圈，如图 10-89 所示(未注尺寸由读者确定)。

本书所附光盘中的文件"DWG\第 10 章\图 10-89.dwg"是本练习图形的最终结果。

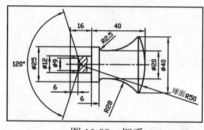
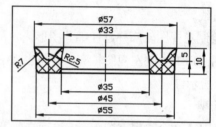

图 10-88　把手　　　　　　　　　　图 10-89　密封圈

第11章 绘制零件图

零件图形千变万化，但大致可以将其分为以下几大类：轴类、箱体类以及板类零件等。各种类型零件的绘制方法多种多样，但也有一定的规律可循。例如，当绘制对称零件(如轴、端盖等)时，可以先绘制其一半的图形，然后相对于轴线或对称线作镜像；当绘制沿若干行和若干列均匀排列的图形时(如螺栓孔)，可以先绘制其中的一个图形，然后利用阵列得到其他图形；当绘制有 3 个视图的零件时，既可以利用栅格显示、栅格捕捉的方式绘制，也可以利用射线按投影关系先绘制一些辅助线，再绘制零件的各个视图的方式绘制。本章将由简到繁地介绍利用 AutoCAD 2014 绘制各种常用零件，如连杆、吊钩、轴、端盖、偏心轮、链轮、齿轮、皮带轮、三视图零件以及箱体零件等图形的方法和技巧。

中文版 AutoCAD 2014 机械图形设计

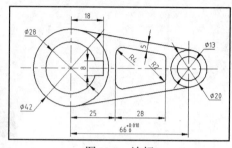

图 11-1 连杆

11.1 绘制连杆

本节将绘制如图 11-1 所示的连杆。

1. 绘制图形

图 11-1 中所示的连杆是结构较为简单的零件图，由圆和直线等图形组成。在绘图过程中，首先绘制中心线，然后绘制圆，再绘制直线、切线等，还需要进行镜像和修剪等操作。此外，由于某些图形对称于水平中心线，因此可以先绘制这些图形的一半，然后通过镜像得到另一半。具体绘图过程如下。

01 建立新图形

以光盘中的文件 DWT\Gb-a4-v.dwt 为样板建立新图形。

02 绘制中心线

将"中心线"图层设为当前图层，绘制水平和垂直中心线，如图 11-2 所示(两条垂直中心线的距离是 66)。

03 绘制圆

将"粗实线"图层置为当前图层。绘制位于左侧的两个同心圆(直径分别为 42 和 28)和右侧的两个同心圆(直径分别为 20 和 13)，如图 11-3 所示。

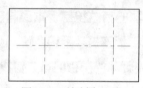

图 11-2 绘制中心线

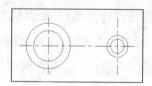

图 11-3 绘制圆

04 绘制平行线，以便绘制键槽

单击"修改"工具栏上的"偏移"按钮，或选择"修改"|"偏移"命令，即执行 OFFSET 命令，AutoCAD 提示如下。

```
指定偏移距离或 [通过(T)/删除(E)/图层(L)]: 4↙
选择要偏移的对象，或 [退出(E)/放弃(U)] <退出>:(拾取图 11-3 中的水平中心线)
指定要偏移的那一侧上的点，或 [退出(E)/多个(M)/放弃(U)] <退出>:(在所拾取中心线的上方任意位置拾取一点)
选择要偏移的对象，或 [退出(E)/放弃(U)] <退出>:↙
```

继续执行 OFFSET 命令，AutoCAD 提示如下。

```
指定偏移距离或 [通过(T)/删除(E)/图层(L)]: 18↙
选择要偏移的对象，或 [退出(E)/放弃(U)] <退出>:(在图 11-3 中，拾取位于左侧的垂直中心线)
指定要偏移的那一侧上的点，或 [退出(E)/多个(M)/放弃(U)] <退出>:(在所拾取中心线的右侧任意位置拾取一点)
选择要偏移的对象，或 [退出(E)/放弃(U)] <退出>:↙
```

执行结果如图 11-4 所示。

05 修剪

单击"修改"工具栏上的"修剪"按钮┼，或选择"修改"|"修剪"命令，即执行 TRIM 命令，AutoCAD 提示如下。

> 选择剪切边...
> 选择对象或 <全部选择>:(选择作为剪切边的对象，虚线对象为被选中对象，如图 11-5 所示)
> 选择对象:↙
> 选择要修剪的对象，或按住 Shift 键选择要延伸的对象，或
> [栏选(F)/窗交(C)/投影(P)/边(E)/删除(R)/放弃(U)]:(参照图 11-6，在需要修剪的部位拾取对应对象)
> 选择要修剪的对象，或按住 Shift 键选择要延伸的对象，或
> [栏选(F)/窗交(C)/投影(P)/边(E)/删除(R)/放弃(U)]:↙

执行结果如图 11-6 所示。

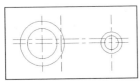
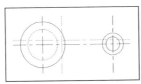
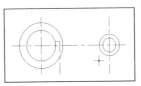

图 11-4　绘制平行线　　　图 11-5　拾取剪切边　　　图 11-6　修剪结果

06 绘制切线

执行 LINE 命令绘制切线，执行结果如图 11-7 所示。

07 绘制平行线

单击"修改"工具栏上的"偏移"按钮⟲，或选择"修改"|"偏移"命令，即执行 OFFSET 命令，AutoCAD 提示如下。

> 指定偏移距离或 [通过(T)/删除(E)/图层(L)]: 5↙
> 选择要偏移的对象，或 [退出(E)/放弃(U)] <退出>:(拾取图 11-7 中的斜线)
> 指定要偏移的那一侧上的点，或 [退出(E)/多个(M)/放弃(U)] <退出>:(在所拾取斜线的下方任意位置拾取一点)
> 选择要偏移的对象，或 [退出(E)/放弃(U)] <退出>:↙

执行 OFFSET 命令，AutoCAD 提示如下。

> 指定偏移距离或 [通过(T)/删除(E)/图层(L)]: 25↙
> 选择要偏移的对象，或 [退出(E)/放弃(U)] <退出>:(在图 11-7 中，拾取位于左侧的垂直中心线)
> 指定要偏移的那一侧上的点，或 [退出(E)/多个(M)/放弃(U)] <退出>:(在所拾取中心线的右侧任意拾取一点)
> 选择要偏移的对象，或 [退出(E)/放弃(U)] <退出>:↙

继续执行 OFFSET 命令，AutoCAD 提示如下。

> 指定偏移距离或 [通过(T)/删除(E)/图层(L)]:53↙
> 选择要偏移的对象，或 [退出(E)/放弃(U)] <退出>:(在图 11-7 中，拾取位于左侧的垂直中心线)
> 指定要偏移的那一侧上的点，或 [退出(E)/多个(M)/放弃(U)] <退出>:(在所拾取中心线的右侧任意拾取一点)
> 选择要偏移的对象，或 [退出(E)/放弃(U)] <退出>:↙

执行结果如图 11-8 所示。

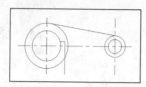

图 11-7　绘制切线

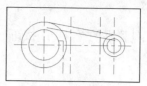

图 11-8　绘制平行线

08 创建圆角

单击"修改"工具栏上的"圆角"按钮△，或选择"修改"|"圆角"命令，即执行 FILLET 命令，AutoCAD 提示如下。

> 选择第一个对象或 [放弃(U)/多段线(P)/半径(R)/修剪(T)/多个(M)]: R↙
> 指定圆角半径: 4↙
> 选择第一个对象或 [放弃(U)/多段线(P)/半径(R)/修剪(T)/多个(M)]: (在图 11-8 中，拾取通过步骤**07**得到的两条垂直平行线中的左垂直中心线)
> 选择第二个对象，或按住 Shift 键选择对象以应用角点或 [半径(R)]: (在图 11-8 中，拾取通过偏移而得到的斜线)

继续执行 FILLET 命令，AutoCAD 提示如下。

> 选择第一个对象或 [放弃(U)/多段线(P)/半径(R)/修剪(T)/多个(M)]: R↙
> 指定圆角半径: 2↙
> 选择第一个对象或 [放弃(U)/多段线(P)/半径(R)/修剪(T)/多个(M)]: (在图 11-8 中，拾取通过步骤**07**得到的两条垂直平行线中的右垂直中心线)
> 选择第二个对象，或按住 Shift 键选择对象以应用角点或 [半径(R)]: (在图 11-8 中，拾取通过偏移而得到的斜线)

执行结果如图 11-9 所示。

09 镜像

执行 MIRROR 命令，对图 11-10 中用虚线显示的对象以水平中心线为对称轴进行镜像，执行结果如图 11-11 所示。

10 绘制辅助圆

从图 11-11 中可以看出，位于右侧的垂直中心线过长，需要修剪。可以用第 3 章介绍的打断方法更改此中心线的长度。本例则通过绘制一个辅助圆，然后用该圆进行修剪的方式对其进行处理。

执行 CIRCLE 命令，以右侧圆的圆心为圆心，绘制半径为 15 的圆，如图 11-12 所示。

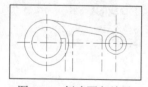　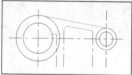　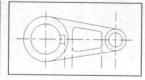　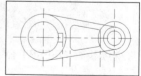

图 11-9　创建圆角结果　　图 11-10　选择镜像对象　　图 11-11　镜像结果　　图 11-12　绘制辅助圆

11 修剪

执行 TRIM 命令，AutoCAD 提示如下。

选择剪切边...
选择对象或 <全部选择>:(选择作为剪切边的对象,如图 11-13 所示,虚线对象为被选中对象)
选择对象:✓
选择要修剪的对象,或按住 Shift 键选择要延伸的对象,或
[栏选(F)/窗交(C)/投影(P)/边(E)/删除(R)/放弃(U)]:(参照图 11-14,在需要修剪掉的部位拾取对应对象)
选择要修剪的对象,或按住 Shift 键选择要延伸的对象,或
[栏选(F)/窗交(C)/投影(P)/边(E)/删除(R)/放弃(U)]:✓

执行结果如图 11-14 所示(图中已通过执行 ERASE 命令删除了在步骤 **10** 中绘制的辅助圆)。

12 更改图层

将图 11-14 中除中心线之外的位于"中心线"图层上的其他各图形对象更改到"粗实线"图层。更改方法:选中需要更改的对象,然后在"图层"工具栏的下拉列表中选择"粗实线"选项,如图 11-15 所示。

至此,完成连杆的绘制。

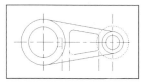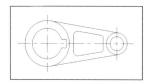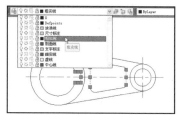

图 11-13　选择剪切边　　　图 11-14　修剪结果　　　图 11-15　更改图层

2. 标注尺寸

01 设置标注样式

要得到如图 11-1 所示的直径尺寸标注形式,还需要进一步设置标注样式。方法如下。

单击"样式"工具栏上的"标注样式"按钮 ，或选择"标注"|"样式"命令,即执行 DIMSTYLE 命令,打开"标注样式管理器"对话框。在"样式"列表框选择"尺寸-35"选项(参见图 8-28),单击对话框中的"新建"按钮,打开"创建新标注样式"对话框,在该对话框的"用于"下拉列表中选择"直径标注"选项,其余设置保持不变,如图 11-16 所示。

单击对话框中的"继续"按钮,打开"新建标注样式"对话框。在该对话框中的"文字"选项卡中,选中"文字对齐"选项组中的"水平"单选按钮,其余设置保持不变,如图 11-17 所示。

图 11-16　为直径标注设置样式　　　　图 11-17　将文字对齐设为水平

单击对话框中的"确定"按钮,完成直径样式的设置,返回到"标注样式管理器"对话框。单

击"标注样式管理器"对话框中的"关闭"按钮,关闭此对话框,完成尺寸标注样式的设置。将"尺寸标注"图层设为当前图层。

02 标注直径

在图 11-1 中有 4 个直径尺寸,首先标注直径尺寸 φ42。

单击"标注"工具栏上的"直径"按钮,或选择"标注"|"直径"命令,即执行 DIMDIAMETER 命令,AutoCAD 提示如下。

> 选择圆弧或圆:(在图 11-15 中,拾取主视图上直径为 42 的圆)
> 指定尺寸线位置或 [多行文字(M)/文字(T)/角度(A)]:(拖动鼠标,使尺寸线位于恰当位置后单击)

执行结果如图 11-18(a)所示。

使用同样的方法标注其余直径尺寸,结果如图 11-18(b)所示。

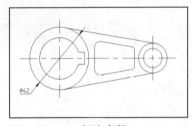 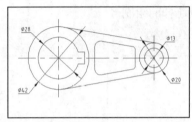

(a) 标注直径 1　　　　　　　　　　(b) 标注直径 2

图 11-18　标注直径

03 标注半径

单击"标注"工具栏上的"半径"按钮,或选择"标注"|"半径"命令,即执行 DIMRADIUS 命令,AutoCAD 提示如下。

> 选择圆弧或圆:(在图 11-18(b)中,参照图 11-19 拾取对应的大圆弧)
> 指定尺寸线位置或 [多行文字(M)/文字(T)/角度(A)]:(拖动鼠标,使尺寸线位于恰当位置后单击)

使用同样的方法,标注图 11-18(b)中小圆弧的半径尺寸,结果如图 11-19 所示。

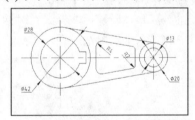

图 11-19　标注半径

04 标注水平尺寸 66 及公差(参见图 11-1)

单击"标注"工具栏上的"线性"按钮,或选择"标注"|"线性"命令,即执行 DIMLINEAR 命令,AutoCAD 提示如下。

> 指定第一个尺寸界线原点或 <选择对象>: >(捕捉图 11-19 中左垂直中心线的下端点)
> 指定第二条尺寸界线原点:(捕捉图 11-19 中右垂直中心线的下端点)

> 指定尺寸线位置或
> [多行文字(M)/文字(T)/角度(A)/水平(H)/垂直(V)/旋转(R)]:M↙

在弹出的文字编辑器中，在默认尺寸文字 66 的后面输入"＋0.010^　0"，如图 11-20(a)所示(注意：要在符号"^"与数字 0 之间输入一个空格，以保证公差沿垂直方向对齐)。然后选中"＋0.010^　0"，单击编辑器中工具栏上的 ⬚(堆叠)按钮，结果如图 11-20(b)所示。

单击编辑器中的"确定"按钮，AutoCAD 提示如下。

> 指定尺寸线位置或
> [多行文字(M)/文字(T)/角度(A)/水平(H)/垂直(V)/旋转(R)]: (向下拖动鼠标，使尺寸线移到合适位置后单击，标注出对应的尺寸与公差)

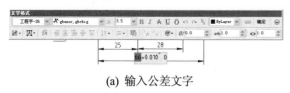

(a) 输入公差文字

(b) 公差堆叠

图 11-20　输入公差

使用同样的方法，标注图 11-1 中其他水平尺寸，并标注垂直尺寸 8，结果如图 11-21 所示。

05 标注壁厚尺寸 5

单击"标注"工具栏上的"对齐"按钮↘，或选择"标注"|"对齐"命令，即执行 DIMALIGNED 命令，AutoCAD 提示如下。

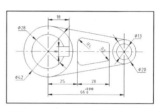

图 11-21　标注水平和垂直尺寸

> 指定第一个尺寸界线原点或 <选择对象>:(在图 11-21 中，在一条斜线上确定一点)
> 指定第二条尺寸界线原点:(利用捕捉垂足的方法确定另一点，如图 11-22 所示)
> 指定尺寸线位置或
> [多行文字(M)/文字(T)/角度(A)]:(使尺寸线移动到合适位置后，单击)

执行结果如图 11-23 所示(已用 ERASE 命令删除了辅助直线)。至此，完成图形的绘制。执行 BREAK 命令，打断与文字重合的中心线部分，最后将该图形命名并进行保存。

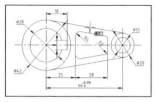

图 11-22　绘制辅助线

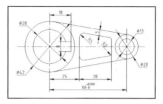

图 11-23　标注结果

提示

> 用户可以编辑已标注的尺寸与公差。编辑方法：选择"修改"|"对象"|"文字"|"编辑"命令，在"选择注释对象或 [放弃(U)]:"提示下，选择已标注的尺寸；此时，AutoCAD 会弹出文字编辑器，并将对应的尺寸值显示在编辑器中，可以至其中对数值进行编辑，如修改尺寸值、修改公差及添加或删除公差等。

本书光盘中的文件"DWG\第 11 章\图 11-1.dwg"是本练习图形的最终结果。

11.2　绘制吊钩

本节将绘制如图 11-24 所示的吊钩平面图。

1. 绘制图形

图 11-24 中所示的吊钩主要是由一系列圆和圆弧组成，本节将利用这一特点绘制此吊钩。

01 建立新图形

以光盘中的文件 DWT\Gb-a4-v.dwt 为样板建立新图形。

02 绘制中心线

将"中心线"图层设为当前图层。

根据图 11-24，分别执行 LINE 命令绘制各对应中心线，如图 11-25 所示(其中 O_1、O_2 和 O_3 分别为对应中心线的交点，且 O_2 点和 O_3 点分别是半径为 48 的圆弧和半径为 23 的圆弧的圆心)。

利用绘制平行线和圆的方法，确定图 11-24 中半径尺寸为 40 的圆弧的圆心位置 O_4，如图 11-26 所示。

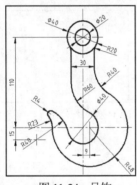

图 11-24　吊钩

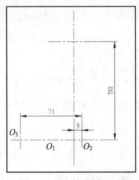

图 11-25　绘制中心线

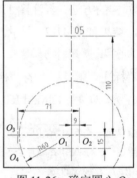

图 11-26　确定圆心 O_4

03 绘制圆

将"粗实线"图层设为当前图层。

- 执行 CIRCLE 命令，以 O_1 点为圆心，绘制半径为 20 的圆。
- 执行 CIRCLE 命令，以 O_2 点为圆心，绘制半径为 48 的圆。
- 执行 CIRCLE 命令，以 O_3 点为圆心，绘制半径为 23 的圆。
- 执行 CIRCLE 命令，以 O_4 点为圆心，绘制半径为 40 的圆。
- 执行 CIRCLE 命令，以 O_5 点为圆心，绘制半径为 10 的圆。
- 执行 CIRCLE 命令，以 O_5 点为圆心，绘制半径为 20 的圆。

执行结果如图 11-27 所示。

04 绘制平行线

单击"修改"工具栏上的"偏移"按钮🔁，或选择"修改"|"偏移"命令，即执行 OFFSET 命令，AutoCAD 提示如下。

指定偏移距离或 [通过(T)/删除(E)/图层(L)] <通过>: 15↙
选择要偏移的对象，或 [退出(E)/放弃(U)] <退出>:(拾取图 11-27 中的长垂直中心线)
指定要偏移的那一侧上的点，或 [退出(E)/多个(M)/放弃(U)]<退出>:(在所拾取直线的右侧任意位置拾取一点)
选择要偏移的对象，或 [退出(E)/放弃(U)] <退出>:(拾取图 11-27 中的长垂直中心线)
指定要偏移的那一侧上的点，或 [退出(E)/多个(M)/放弃(U)]<退出>:(在所拾取中心线的左侧任意位置拾取一点)
选择要偏移的对象，或 [退出(E)/放弃(U)] <退出>:↙

执行结果如图 11-28 所示。

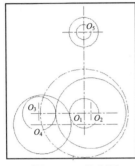

图 11-27　绘制圆

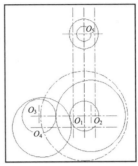

图 11-28　绘制平行线

05 更改图层

利用"图层"工具栏，将在步骤 **04** 中得到的两条平行线更改到"粗实线"图层，结果如图 11-29 所示。

06 创建圆角

本例将通过创建圆角的方式，绘制图 11-24 中半径分别为 40(位于右侧)、60 和 20 的圆弧。

● 创建半径为 40 的圆角

单击"修改"工具栏上的"圆角"按钮 ⃞，或选择"修改"|"圆角"命令，即执行 FILLET 命令，AutoCAD 提示如下。

选择第一个对象或 [放弃(U)/多段线(P)/半径(R)/修剪(T)/多个(M)]:R↙
指定圆角半径: 40↙
选择第一个对象或 [放弃(U)/多段线(P)/半径(R)/修剪(T)/多个(M)]:(在图 11-29 中，在 P_2 点附近拾取对应的直线)
选择第二个对象，或按住 Shift 键选择对象以应用角点或 [半径(R)]:(在图 11-29 中，在 P_3 点附近拾取对应的圆)

● 创建半径为 60 的圆角

执行 FILLET 命令，AutoCAD 提示如下。

选择第一个对象或 [放弃(U)/多段线(P)/半径(R)/修剪(T)/多个(M)]: R↙
指定圆角半径: 60↙
选择第一个对象或 [放弃(U)/多段线(P)/半径(R)/修剪(T)/多个(M)]:(在图 11-29 中，在 P_5 点附近拾取对应的直线)
选择第二个对象，或按住 Shift 键选择对象以应用角点或 [半径(R)]:(在图 11-29 中，在 P_6 点附近拾取对应的圆)

- 创建半径为 20 的圆角

执行 FILLET 命令，AutoCAD 提示如下。

> 选择第一个对象或 [放弃(U)/多段线(P)/半径(R)/修剪(T)/多个(M)]:　R↙
> 指定圆角半径: 20↙
> 选择第一个对象或 [放弃(U)/多段线(P)/半径(R)/修剪(T)/多个(M)]:(在图 11-29 中，在 P_1 点附近拾取对应的圆)
> 选择第二个对象，或按住 Shift 键选择对象以应用角点或 [半径(R)]:(在图 11-29 中，在 P_2 点附近拾取对应的直线)

继续执行 FILLET 命令，AutoCAD 提示如下。

> 选择第一个对象或 [放弃(U)/多段线(P)/半径(R)/修剪(T)/多个(M)]:(在图 11-29 中，在 P_4 点附近拾取对应的圆)
> 选择第二个对象，或按住 Shift 键选择要应用角点的对象:(在图 11-29 中，在 P_5 点附近拾取对应的直线)

执行结果如图 11-30 所示。

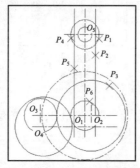 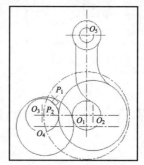

图 11-29　更改图层后的结果　　　　图 11-30　创建圆角

07 绘制辅助圆

选择"绘图"|"圆"|"相切、相切、半径"命令，AutoCAD 提示如下。

> 指定对象与圆的第一个切点:(在图 11-30 中，在 P_1 点处拾取对应圆)
> 指定对象与圆的第二个切点:(在图 11-30 中，在 P_2 点处拾取对应圆)
> 指定圆的半径: 4↙

执行结果如图 11-31 所示。

08 修剪

下面对图 11-31 进行修剪。因需要修剪的内容较多，所以分两步进行说明。

单击"修改"工具栏上的"修剪"按钮，或选择"修改"|"修剪"命令，即执行 TRIM 命令，AutoCAD 提示如下。

> 选择剪切边...
> 选择对象或 <全部选择>:(选择作为剪切边的对象，如图 11-32 所示，虚线对象为被选中对象)
> 选择对象:↙
> 选择要修剪的对象，或按住 Shift 键选择要延伸的对象，或
> [栏选(F)/窗交(C)/投影(P)/边(E)/删除(R)/放弃(U)]:(参照图 11-33，在需要修剪掉的部位拾取对应对象)
> 选择要修剪的对象，或按住 Shift 键选择要延伸的对象，或
> [栏选(F)/窗交(C)/投影(P)/边(E)/删除(R)/放弃(U)]:↙

执行结果如图 11-33 所示。

继续执行 TRIM 命令，AutoCAD 提示如下。

> 选择剪切边...
> 选择对象或 <全部选择>:(选择作为剪切边的对象，如图 11-34 所示，虚线对象为被选中对象)
> 选择对象:↙
> 选择要修剪的对象，或按住 Shift 键选择要延伸的对象，或
> [栏选(F)/窗交(C)/投影(P)/边(E)/删除(R)/放弃(U)]:(参照图 11-35，在需要修剪的部位拾取对应对象)
> 选择要修剪的对象，或按住 Shift 键选择要延伸的对象，或
> [栏选(F)/窗交(C)/投影(P)/边(E)/删除(R)/放弃(U)]:↙

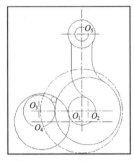 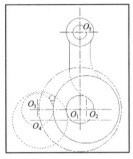 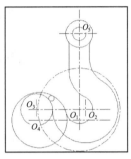 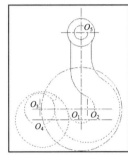

图 11-31　绘制辅助圆　　图 11-32　选择剪切边　　图 11-33　修剪结果　　图 11-34　选择剪切边

执行结果如图 11-35 所示(图中已删除了辅助大圆和中心线等)。

2. 标注尺寸

将"尺寸标注"图层设为当前图层。

01 标注半径

单击"标注"工具栏上的"半径"按钮，或选择"标注"|"半径"命令，即执行 DIMRADIUS 命令，AutoCAD 提示如下。

> 选择圆弧或圆:(在图 11-35 中，拾取在第 1 小节步骤 **06** 中通过创建圆角得到的半径为 40 的圆弧)
> 指定尺寸线位置或 [多行文字(M)/文字(T)/角度(A)]:(拖动鼠标，使尺寸线位于恰当位置时单击)

执行结果如图 11-36 所示。

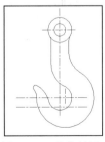 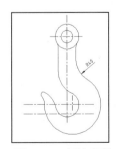

图 11-35　修剪结果　　　　图 11-36　标注半径

使用同样的方法，标注其他圆弧的半径，结果如图 11-37 所示。

205

02 标注直径

参照图 11-24，执行 DIMDIAMETER 命令，标注图 11-37 中两个圆的直径，结果如图 11-38 所示。

03 标注垂直尺寸、水平尺寸

单击"标注"工具栏上的"线性"按钮 ，或选择"标注"|"线性"命令，即执行 DIMLINEAR 命令，AutoCAD 提示如下。

> 指定第一个尺寸界线原点或 <选择对象>: >(捕捉图 11-38 中位于最上方的水平中心线的左端点)
> 指定第二条尺寸界线原点:(捕捉图 11-38 中位于中间位置的水平中心线的左端点)
> 指定尺寸线位置或
> [多行文字(M)/文字(T)/角度(A)/水平(H)/垂直(V)/旋转(R)]:(向左拖动鼠标，使尺寸线移到合适位置后单击)

使用同样的方法，标注图 11-24 中的另一垂直尺寸：15、水平尺寸：9 和 30，结果如图 11-39 所示。

进一步整理图 11-39(主要是调整相应中心线的长度、绘制位于左下角位置的半径尺寸 R40 的垂直中心线等)，最终结果如图 11-40 所示。

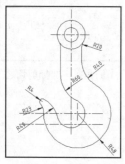
图 11-37　标注半径

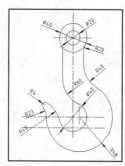
图 11-38　标注直径

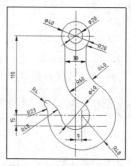
图 11-39　标注直线尺寸

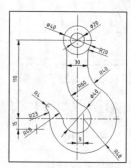
图 11-40　最终图形

至此，完成图形的绘制，将该图形命名并进行保存。

本书光盘中的文件"DWG\第 11 章\图 11-24.dwg"是本练习图形的最终结果。

11.3　绘制轴

图 11-41 是两种常见的轴，本节将介绍图 11-41(a)所示齿轮轴的绘制过程。

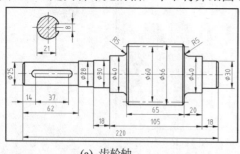
(a) 齿轮轴

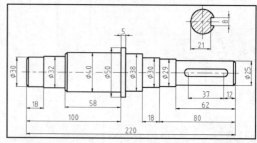
(b) 轴

图 11-41　轴零件图

1. 绘制图形

从图 11-41(a)可以看出，此齿轮轴主要由一些平行线组成，本例将根据零件图的这一特点来进行绘制。

01 建立新图形

建立新图形，并参照 8.1.2 节定义对应的图层，或直接以光盘中的文件 DWT\Gb-a3-h.dwt 为样板建立新图形。

02 绘制中心线和垂直线

将"中心线"图层置为当前图层，绘制水平中心线。将"粗实线"图层置为当前图层，绘制垂直线，执行结果如图 11-42 所示。

03 绘制垂直平行线

下面将利用偏移操作绘制表示各轴段的垂直线。首先绘制距离为 62 的平行线。单击"修改"工具栏上的"偏移"按钮，或选择"修改"|"偏移"命令，即执行 OFFSET 命令，AutoCAD 提示如下。

```
指定偏移距离或 [通过(T)/删除(E)/图层(L)]: 62↙
选择要偏移的对象，或 [退出(E)/放弃(U)] <退出>:(拾取图 11-42 中的垂直线)
指定要偏移的那一侧上的点，或 [退出(E)/多个(M)/放弃(U)] <退出>:(在所拾取直线的右侧任意拾取一点)
选择要偏移的对象，或 [退出(E)/放弃(U)] <退出>:↙
```

执行结果如图 11-43 所示。

图 11-42　绘制中心线和垂直线

图 11-43　绘制平行线

参考图 11-41(a)，通过 OFFSET 命令，可以利用新得到的垂直线绘制与其距离为 17(220-62-105-18×2=17)的平行线。使用类似方法，绘制其他各平行线，如图 11-44 所示(图中标注了各平行线之间的距离)。

04 绘制水平平行线

使用同样的方法，参考图 11-41(a)，分别执行 OFFSET 命令，通过水平中心线绘制对应的平行线，如图 11-45 所示(图中标注了各对应尺寸，未注尺寸的水平线与中心线的距离均为 20)。

图 11-44　绘制平行线

图 11-45　绘制水平平行线

05 修剪

因需要修剪的内容较多，下面分步进行说明。

单击"修改"工具栏上的"修剪"按钮，或选择"修改"|"修剪"命令，即执行 TRIM 命令，AutoCAD 提示如下。

```
选择剪切边...
选择对象或 <全部选择>:(选择作为剪切边的对象，如图 11-46 所示，虚线对象为被选中对象)
选择对象:↙
选择要修剪的对象，或按住 Shift 键选择要延伸的对象，或
[栏选(F)/窗交(C)/投影(P)/边(E)/删除(R)/放弃(U)]:(参照图 11-47，在需要修剪的部位拾取对应对象)
选择要修剪的对象，或按住 Shift 键选择要延伸的对象，或
[栏选(F)/窗交(C)/投影(P)/边(E)/删除(R)/放弃(U)]:↙
```

执行结果如图 11-47 所示。

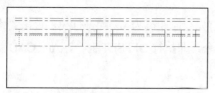

图 11-46 确定剪切边

图 11-47 修剪结果 1

下面将图 11-47 修剪成图 11-41(a)中尺寸为 65 的左端面。

执行 TRIM 命令，AutoCAD 提示如下。

```
选择剪切边...
选择对象或 <全部选择>:(选择作为剪切边的对象，即在图 11-47 中，选择从左向右排列的第 5 条垂直线)
选择对象:↙
选择要修剪的对象，或按住 Shift 键选择要延伸的对象，或
[栏选(F)/窗交(C)/投影(P)/边(E)/删除(R)/放弃(U)]: E↙(执行"边(E)"选项)
输入隐含边延伸模式 [延伸(E)/不延伸(N)] <不延伸>: E↙(按延伸方式修剪)
选择要修剪的对象，或按住 Shift 键选择要延伸的对象，或
[栏选(F)/窗交(C)/投影(P)/边(E)/删除(R)/放弃(U)]:(参照图 11-47，在第 5 条垂直线的左侧拾取位于最上方的水平线)
选择要修剪的对象，或按住 Shift 键选择要延伸的对象，或
[栏选(F)/窗交(C)/投影(P)/边(E)/删除(R)/放弃(U)]:↙
```

执行结果如图 11-48 所示。

从上面的操作可以看出，AutoCAD 假设将剪切边延伸，并进行了修剪。

根据图 11-41(a)，对图 11-48 做进一步修剪，得到的结果如图 11-49 所示。

图 11-48 修剪结果 2

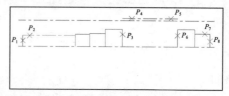

图 11-49 修剪结果 3

06 倒角

单击"修改"工具栏上的"倒角"按钮 ，或选择"修改"|"倒角"命令，即执行 CHAMFER 命令，AutoCAD 提示如下。

> 选择第一条直线或 [放弃(U)/多段线(P)/距离(D)/角度(A)/修剪(T)/方式(E)/多个(M)]: D↙
> 指定第一个倒角距离 : 2↙
> 指定第二个倒角距离 <2.0>:↙
> 选择第一条直线或 [放弃(U)/多段线(P)/距离(D)/角度(A)/修剪(T)/方式(E)/多个(M)]:M↙
> 选择第一条直线或 [放弃(U)/多段线(P)/距离(D)/角度(A)/修剪(T)/方式(E)/多个(M)]:(在图 11-49 中，在 P_1 点处拾取对应直线)
> 选择第二条直线，或按住 Shift 键选择直线以应用角点或 [距离(D)/角度(A)/方法(M)]:(在图 11-49 中，在 P_2 点处拾取对应直线)
> 选择第一条直线或 [放弃(U)/多段线(P)/距离(D)/角度(A)/修剪(T)/方式(E)/多个(M)]:(在图 11-49 中，在 P_3 点处拾取对应直线)
> 选择第二条直线，或按住 Shift 键选择直线以应用角点或 [距离(D)/角度(A)/方法(M)]:(在图 11-49 中，在 P_4 点处拾取对应直线)
> 选择第一条直线或 [放弃(U)/多段线(P)/距离(D)/角度(A)/修剪(T)/方式(E)/多个(M)]:(在图 11-49 中，在 P_5 点处拾取对应直线)
> 选择第二条直线，或按住 Shift 键选择直线以应用角点或 [距离(D)/角度(A)/方法(M)]:(在图 11-49 中，在 P_6 点处拾取对应直线)
> 选择第一条直线或 [放弃(U)/多段线(P)/距离(D)/角度(A)/修剪(T)/方式(E)/多个(M)]:(在图 11-49 中，在 P_7 点处拾取对应直线)
> 选择第二条直线，或按住 Shift 键选择直线以应用角点或 [距离(D)/角度(A)/方法(M)]:(在图 11-49 中，在 P_8 点处拾取对应直线)
> 选择第一条直线或 [放弃(U)/多段线(P)/距离(D)/角度(A)/修剪(T)/方式(E)/多个(M)]:↙

执行结果如图 11-50 所示。

07 绘制直线

参照图 11-41(a)，从图 11-50 的对应倒角处绘制直线，结果如图 11-51 所示。

图 11-50 倒角结果

图 11-51 绘制直线

绘制这些直线时，可以通过捕捉垂直点的方式使所绘直线与中心线准确相交；也可以将各直线绘制得长些，与中心线相交，最后再进行修剪。

08 创建圆角

单击"修改"工具栏上的"圆角"按钮 ，或选择"修改"|"圆角"命令，即执行 FILLET 命令，AutoCAD 提示如下。

> 选择第一个对象或 [放弃(U)/多段线(P)/半径(R)/修剪(T)/多个(M)]: R↙
> 指定圆角半径:5↙

```
选择第一个对象或 [放弃(U)/多段线(P)/半径(R)/修剪(T)/多个(M)]: T↙(执行"修剪(T)"选项)
输入修剪模式选项 [修剪(T)/不修剪(N)] <修剪>: N↙
选择第一个对象或 [放弃(U)/多段线(P)/半径(R)/修剪(T)/多个(M)]:M↙
选择第一个对象或 [放弃(U)/多段线(P)/半径(R)/修剪(T)/多个(M)]:(在图 11-51 中,在点 P₁ 处拾取对应直线)
选择第二个对象,或按住 Shift 键选择对象以应用角点或 [半径(R)]:(在图 11-51 中,在点 P₂ 处拾取对应直线)
选择第一个对象或 [放弃(U)/多段线(P)/半径(R)/修剪(T)/多个(M)]:(在图 11-51 中,在点 P₃ 处拾取对应直线)
选择第二个对象,或按住 Shift 键选择对象以应用角点或 [半径(R)]:(在图 11-51 中,在点 P₄ 处拾取对应直线)
选择第一个对象或 [放弃(U)/多段线(P)/半径(R)/修剪(T)/多个(M)]:↙
```

执行结果如图 11-52 所示。

提示

创建圆角时,已通过"修剪"选项将修剪模式设为"不修剪"。如果没有进行此设置,创建圆角后的结果可能会如图 11-53 所示。

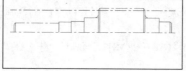

图 11-52 创建圆角

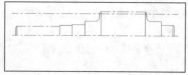

图 11-53 修剪模式下的创建圆角结果

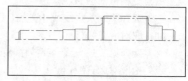

图 11-54 修剪结果

09 修剪

在图 11-52 中,以通过创建圆角得到的圆弧为剪切边进行修剪,结果如图 11-54 所示。

10 更改中心线的长度

从图 11-54 中可以看出,表示齿轮分度圆的中心线较长,需要修剪。改变线长度的方式有多种:如前面章节中使用的利用打断(执行 BREAK 命令)来改变长度;绘制辅助线,以此为剪切边进行修剪等。在此将利用夹点功能更改线长度,步骤如下所示。

在图 11-54 中,拾取位于上方的中心线,在线的两端点和中点处显示夹点(一般为蓝色方形),如图 11-55 所示。当需要改变线的左端点位置时,在左端点处单击,然后通过拖动的方式动态改变此端点的位置。当将端点拖到恰当位置后,单击,即可将对应点更改到新位置。使用同样的方法,更改中心线右端点的位置,结果如图 11-56 所示。

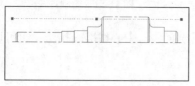

图 11-55 拾取直线后显示出夹点

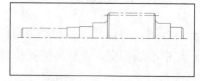

图 11-56 更改中心线长度后的结果

提示

为使通过上述方法更改后的中心线仍保持水平,应在通过夹点进行拖动前,单击状态栏上的▨(正交模式)按钮,即打开正交功能,并关闭自动对象捕捉功能。

[11] 更改线型

至此，已绘制完轴上的一半图形。需要注意的是，图 11-56 中的各水平线均是通过偏移中心线

图 11-57　更改图层

的方式得到的，因此还需要将对应的对象更改到"粗实线"图层，即更改为粗实线(也可以在步骤**04**之后执行此操作)。

在图 11-56 中，选中需要更改图层的各对象，从"图层"工具栏中的图层列表中选中"粗实线"选项(如图 11-57 所示)，即可实现图层的更改。

[12] 镜像

执行 MIRROR 命令，对图 11-56 中除长中心线之外的全部对象相对于水平中心线镜像，执行结果如图 11-58 所示。

[13] 绘制表示键槽的图形

● 绘制圆

单击"绘图"工具栏上的"圆"按钮⊙，或选择"绘图"|"圆"|"圆心、半径"命令，即执行 CIRCLE 命令，AutoCAD 提示如下。

> 指定圆的圆心或 [三点(3P)/两点(2P)/切点、切点、半径(T)]:(从对象捕捉快捷菜单中(按下 Shift 键后，右击可打开该菜单)选择"自"命令)
> _from 基点:(在图 11-58 中，捕捉水平中心线与位于最左端的垂直线的交点)
> <偏移>: @14,0✓(从基点沿水平方向向右偏移 14 来得到圆心位置)
> 指定圆的半径或 [直径(D)]: 4✓

执行结果如图 11-59 所示。

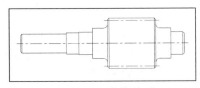

图 11-58　镜像结果

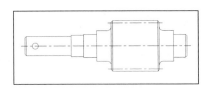

图 11-59　绘制圆

● 复制圆

单击"修改"工具栏上的"复制"按钮⊙，或选择"修改"|"复制"命令，即执行 COPY 命令，AutoCAD 提示如下。

> 选择对象:(在图 11-59 中，选择圆)
> 选择对象:✓
> 指定基点或 [位移(D)/模式(O)] <位移>:(在绘图屏幕上任意位置拾取一点)
> 指定第二个点或 [阵列(A)] <使用第一个点作为位移>: @37,0✓
> 指定第二个点或 [阵列(A)/退出(E)/放弃(U)] <退出>:✓

执行结果如图 11-60 所示。

● 绘制直线

在图 11-60 中，分别执行 LINE 命令，绘制与两个圆均相切的两条直线，结果如图 11-61 所示。

● 修剪

执行 TRIM 命令对图 11-61 进行修剪，执行结果如图 11-62 所示。

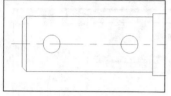

图 11-60　复制圆

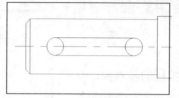

图 11-61　绘制直线

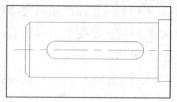

图 11-62　修剪结果

14 绘制剖面图中的中心线和圆

参照图 11-41(a)，在"中心线"图层绘制十字中心线，并在"粗实线"图层绘制直径为 25 的圆，如图 11-63 所示。

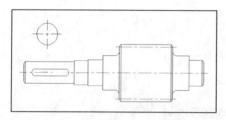

图 11-63　绘制剖面图的中心线和圆

15 绘制平行线

对表示轴剖面的十字中心线进行平行偏移，以便绘制键槽。

单击"修改"工具栏上的"偏移"按钮▣，或选择"修改"|"偏移"命令，即执行 OFFSET 命令，AutoCAD 提示如下。

> 指定偏移距离或 [通过(T)/删除(E)/图层(L)]: 4↙
> 选择要偏移的对象，或 [退出(E)/放弃(U)] <退出>:(拾取剖面图中的水平中心线)
> 指定要偏移的那一侧上的点，或 [退出(E)/多个(M)/放弃(U)] <退出>:(在所拾取直线的上方任意拾取一点)
> 选择要偏移的对象，或 [退出(E)/放弃(U)] <退出>:(拾取剖面图中的水平中心线)
> 指定要偏移的那一侧上的点，或 [退出(E)/多个(M)/放弃(U)] <退出>:(在所拾取直线的下方任意拾取一点)
> 选择要偏移的对象，或 [退出(E)/放弃(U)] <退出>:↙

执行 OFFSET 命令，AutoCAD 提示如下。

> 指定偏移距离或 [通过(T)/删除(E)/图层(L)]:8.5↙(因为 21-12.5=8.5)
> 选择要偏移的对象，或 [退出(E)/放弃(U)] <退出>:(拾取剖面图中的垂直中心线)
> 指定要偏移的那一侧上的点，或 [退出(E)/多个(M)/放弃(U)] <退出>:(在所拾取直线的右侧任意位置拾取一点)
> 选择要偏移的对象，或 [退出(E)/放弃(U)] <退出>:↙

执行结果如图 11-64 所示。

16 修剪

执行 TRIM 命令，AutoCAD 提示如下。

> 选择剪切边...
> 选择对象或 <全部选择>:(选择作为剪切边的对象，即选择图 11-64 中的圆和相关中心线，被选中的对象以

虚线显示，如图 11-65 所示)

    选择对象:✓

    选择要修剪的对象，或按住 Shift 键选择要延伸的对象，或

    [栏选(F)/窗交(C)/投影(P)/边(E)/删除(R)/放弃(U)]:(参照图 11-41(a)，拾取需要修剪的图形对象)

    选择要修剪的对象，或按住 Shift 键选择要延伸的对象，或

    [栏选(F)/窗交(C)/投影(P)/边(E)/删除(R)/放弃(U)]:✓

执行结果如图 11-66 所示。

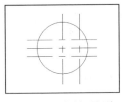 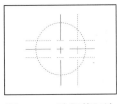 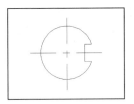

图 11-64　绘制平行线　　　　图 11-65　选择剪切边　　　　图 11-66　修剪结果

然后，将表示键槽的直线更改到"粗实线"图层。

17 填充剖面线

将"剖面线"图层置为当前图层。

单击"绘图"工具栏上的"图案填充"按钮，或选择"绘图"|"图案填充"命令，即执行 HATCH 命令，打开"图案填充和渐变色"对话框，通过该对话框进行相关设置，如图 11-67 所示。

从图 11-67 中可以看出，设置填充图案为 ANSI31，填充角度为 0，填充比例为 1，并通过"拾取点"按钮，确定对应的填充边界(图 11-67 中的虚线区域)。

单击对话框中的"确定"按钮，完成图案的填充，结果如图 11-68 所示。至此，完成图形的绘制。

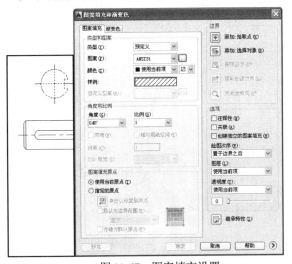 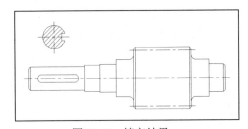

图 11-67　图案填充设置　　　　　　　图 11-68　填充结果

2. 标注尺寸

将"尺寸标注"图层置为当前图层(如果没有对应的标注样式，在标注尺寸之前应定义标注样式)。

01 标注水平尺寸

从图 11-41(a)中可以看出，图中标注了许多水平尺寸，现在标注表示齿轮宽度的尺寸 65。

单击"标注"工具栏上的"线性"按钮，或选择"标注"|"线性"命令，即执行 DIMLINEAR 命令，AutoCAD 提示如下。

> 指定第一个尺寸界线原点或 <选择对象>: >(捕捉图 11-68 中表示齿轮左端面的直线的下端点)
> 指定第二条尺寸界线原点:(捕捉图 11-68 中表示齿轮右端面的直线的下端点)
> 指定尺寸线位置或
> [多行文字(M)/文字(T)/角度(A)/水平(H)/垂直(V)/旋转(R)]:(向下拖动鼠标，使尺寸线移到合适位置后单击鼠标左键)

使用同样的方法，标注图 11-41(a)中的其他水平尺寸，结果如图 11-69 所示。

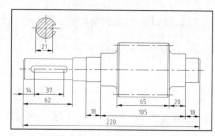

图 11-69　标注水平尺寸

02 标注垂直尺寸与半径尺寸

从图 11-41(a)中可以看出，全部直径尺寸均为垂直尺寸。如果直接按自动测量值标注尺寸，则尺寸值中不显示直径符号ϕ。因此，标注时需要单独设置尺寸值。

现在以标注直径ϕ66 为例进行说明(见图 11-41(a))。

单击"标注"工具栏上的"线性"按钮，或选择"标注"|"线性"命令，即执行 DIMLINEAR 命令，AutoCAD 提示如下。

> 指定第一个尺寸界线原点或 <选择对象>: >(捕捉图 11-69 中位于最上方的水平线的左端点)
> 指定第二条尺寸界线原点:(捕捉图 11-69 中位于最下方的水平线的左端点)
> 指定尺寸线位置或
> [多行文字(M)/文字(T)/角度(A)/水平(H)/垂直(V)/旋转(R)]:T✓
> 输入标注文字 <66>: %%c66✓(注意：这里输入%%c，是为了出现直径符号ϕ)
> 指定尺寸线位置或
> [多行文字(M)/文字(T)/角度(A)/水平(H)/垂直(V)/旋转(R)]:(向右拖动鼠标，使尺寸线移到合适位置后单击)

执行结果如图 11-70 所示。

使用同样的方法，标注其他垂直尺寸，并通过 DIMRADIUS 命令标注半径尺寸，结果如图 11-71 所示。

至此，完成图形的绘制。读者还可以对此图形进行其他标注操作，如填写标题栏、标注技术要求等。

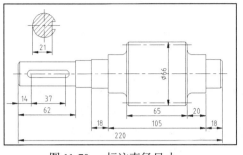

图 11-70　标注直径尺寸

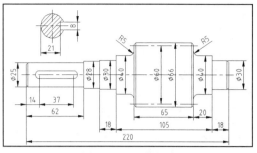

图 11-71　最终图形

　　将该图形命名并进行保存，本书后面将用到此图形。此外，绘制图 11-41(b)所示的轴并存盘，第 13 章将用到此图形。

　　本书光盘中的文件"DWG\第 11 章\图 11-41a.dwg"是与图 11-41(a)对应的图形文件，"DWG\第 11 章\图 11-41b.dwg"是与图 11-41(b)对应的图形文件。

11.4　绘制端盖

　　图 11-72 所示为使用频率较高的端盖。本节将绘制图 11-72(a)所示的端盖。

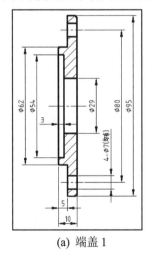

(a) 端盖 1

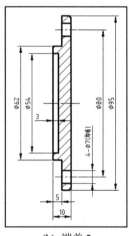

(b) 端盖 2

图 11-72　端盖

1. 绘制图形

01 建立新图形

　　以光盘中的文件 DWT\Gb-a4-v.dwt 为样板建立新图形。

02 绘制水平中心线和垂直线

　　将"中心线"图层置为当前图层，执行 LINE 命令绘制水平中心线(结果参见图 11-73)。

　　将"粗实线"图层置为当前图层。执行 LINE 命令绘制一条长度约为 50 的垂直线，结果如图 11-73 所示。

03 绘制平行线

执行 OFFSET 命令，绘制分别与已有中心线和垂直线平行的一系列直线，如图 11-74 所示(图中标注了各平行线之间的距离)。

04 更改图层

利用"图层"工具栏，将图 11-74 中除位于最下面的水平中心线和与其距离为 40 的水平中心线以外的其他中心线均更改到"粗实线"图层，结果如图 11-75 所示(如果将"粗实线"图层置为当前图层，使用 OFFSET 命令绘制已有直线的平行线时，可以通过设置直接将新得到的直线绘制在当前图层，即"粗实线"图层)。

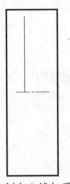 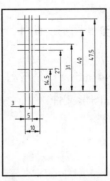 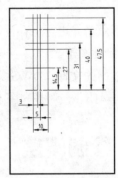

图 11-73　绘制中心线与垂直线　　　图 11-74　绘制平行线　　　图 11-75　更改图层后的结果

05 修剪

因需要修剪的内容较多，所以分步进行介绍。

单击"修改"工具栏上的"修剪"按钮，或选择"修改" | "修剪"命令，即执行 TRIM 命令，AutoCAD 提示如下。

```
选择剪切边...
选择对象或 <全部选择>:(选择作为剪切边的对象，如图 11-76 所示，虚线对象为被选中对象)
选择对象:↙
选择要修剪的对象，或按住 Shift 键选择要延伸的对象，或
[栏选(F)/窗交(C)/投影(P)/边(E)/删除(R)/放弃(U)]:(参照图 11-77，在需要修剪的部位拾取对应的对象)
选择要修剪的对象，或按住 Shift 键选择要延伸的对象，或
[栏选(F)/窗交(C)/投影(P)/边(E)/删除(R)/放弃(U)]:↙
```

执行结果如图 11-77 所示。

继续执行 TRIM 命令，AutoCAD 提示如下。

```
选择剪切边...
选择对象或 <全部选择>:(选择作为剪切边的对象，如图 11-78 所示，虚线对象为被选中对象)
选择对象:↙
选择要修剪的对象，或按住 Shift 键选择要延伸的对象，或
[栏选(F)/窗交(C)/投影(P)/边(E)/删除(R)/放弃(U)]:(参照图 11-79，在需要修剪掉的部位拾取对应对象)
选择要修剪的对象，或按住 Shift 键选择要延伸的对象，或
[栏选(F)/窗交(C)/投影(P)/边(E)/删除(R)/放弃(U)]:↙
```

执行结果如图 11-79 所示。

 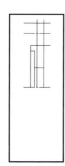 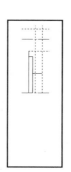 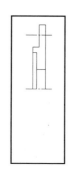

图 11-76　选择剪切边 1　　图 11-77　修剪结果 1　　图 11-78　选择剪切边 2　　图 11-79　修剪结果 2

06 绘制平行线

单击"修改"工具栏上的"偏移"按钮 ⚏，或选择"修改"|"偏移"命令，即执行 OFFSET 命令，AutoCAD 提示如下。

> 指定偏移距离或 [通过(T)/删除(E)/图层(L)]: 3.5✓
> 选择要偏移的对象，或 [退出(E)/放弃(U)] <退出>:(拾取图 11-79 中位于上方的水平中心线)
> 指定要偏移的那一侧上的点，或 [退出(E)/多个(M)/放弃(U)] <退出>:(在所拾取直线的上方任意拾取一点)
> 选择要偏移的对象，或 [退出(E)/放弃(U)] <退出>:(再拾取图 11-79 中位于上方的水平中心线)
> 指定要偏移的那一侧上的点，或 [退出(E)/多个(M)/放弃(U)] <退出>:(在所拾取直线的下方任意拾取一点)
> 选择要偏移的对象，或 [退出(E)/放弃(U)] <退出>:✓

执行结果如图 11-80 所示。

07 更改图层、修剪及调整中心线长度

● 更改图层

利用"图层"工具栏，将图 11-80 中得到的两条平行线更改到"粗实线"图层。

● 修剪

执行 TRIM 命令，对图 11-80 中得到的两条平行线进行修剪，结果如图 11-81 所示。

● 调整中心线长度

利用夹点功能，调整位于上方的水平中心线的长度，结果如图 11-82 所示。

08 倒角

单击"修改"工具栏上的"倒角"按钮 ⬚，或选择"修改"|"倒角"命令，即执行 CHAMFER 命令，创建距离为 1 的倒角，执行结果如图 11-83 所示。

 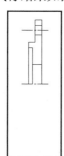 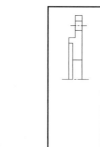 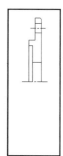

图 11-80　绘制平行线　　图 11-81　修剪结果 3　　图 11-82　改变中心线的长度　　图 11-83　倒角

09 镜像

单击"修改"工具栏上的"镜像"按钮 ，或选择"修改"|"镜像"命令，即执行 MIRROR 命令，对图 11-83 中除长中心线之外的其他对象相对于长水平中心线镜像，执行结果如图 11-84 所示。

10 填充剖面线

将"剖面线"图层置为当前图层。

单击"绘图"工具栏上的"图案填充"按钮 ，或选择"绘图"|"图案填充"命令，即执行 HATCH 命令，打开"图案填充和渐变色"对话框，通过该对话框进行相关设置，如图 11-85 所示。

从图 11-85 中可以看出，设置填充图案为 ANSI31，填充角度为 0，填充比例为 1，并通过"拾取点"按钮，确定对应的填充边界(如图中的虚线区域所示)。

单击对话框中的"确定"按钮，完成图案的填充，结果如图 11-86 所示。

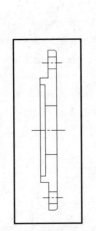
图 11-84　镜像结果

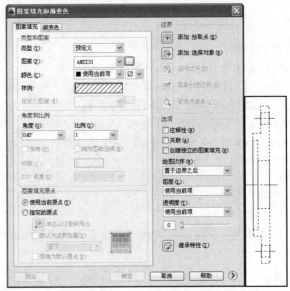
图 11-85　图案填充设置

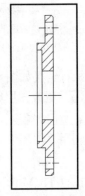
图 11-86　填充结果

2. 标注尺寸

将"尺寸标注"图层置为当前图层。

01 标注水平尺寸

参照图 11-72(a)，标注各水平尺寸，结果如图 11-87 所示。

02 标注垂直尺寸

● 标注垂直尺寸：$\phi 29$

单击"标注"工具栏上的"线性"按钮 ，或选择"标注"|"线性"命令，即执行 DIMLINEAR 命令，AutoCAD 提示如下。

指定第一个尺寸界线原点或 <选择对象>: >(参照图 11-72(a)，在图 11-87 中，捕捉表示直径为 29 的孔的上边界右端点)

指定第二条尺寸界线原点:(参照图 11-72(a)，在图 11-87 中，捕捉表示直径为 29 的孔的下边界右端点)

指定尺寸线位置或

[多行文字(M)/文字(T)/角度(A)/水平(H)/垂直(V)/旋转(R)]:T↙

输入标注文字 <29>: %%c29↙

[多行文字(M)/文字(T)/角度(A)/水平(H)/垂直(V)/旋转(R)]:(向右拖动鼠标，使尺寸线移到合适位置后单击)

执行结果如图 11-88 所示。

- 标注垂直尺寸：4-ϕ7(均布)

单击"标注"工具栏上的"线性"按钮，或选择"标注"|"线性"命令，即执行 DIMLINEAR 命令，AutoCAD 提示如下。

指定第一个尺寸界线原点或 <选择对象>: >(参照图 11-72(a)，在图 11-88 中，在下方捕捉表示直径为 7 的孔的上边界右端点)

指定第二条尺寸界线原点:(参照图 11-72(a)，在图 11-88 中，在下方捕捉表示直径为 7 的孔的下边界右端点)

指定尺寸线位置或

[多行文字(M)/文字(T)/角度(A)/水平(H)/垂直(V)/旋转(R)]:T↙

输入标注文字 <29>: 4-%%c7(均布)↙

[多行文字(M)/文字(T)/角度(A)/水平(H)/垂直(V)/旋转(R)]:(向右拖动鼠标，使尺寸线移到合适位置后单击)

执行结果如图 11-89 所示。

- 标注其他垂直尺寸

使用类似的方法标注其他垂直尺寸，最后得到如图 11-90 所示的结果。至此，完成全部图形的绘制。

将该图形命名并进行保存，本书后面将用到此图形。此外，绘制图 11-72(b)所示的端盖并保存，第 13 章将用到此图形。

本书光盘中的文件"DWG\第 11 章\图 11-72a.dwg"是与图 11-72(a)对应的图形文件，"DWG\第 11 章\图 11-72b.dwg"是与图 11-72(b)对应的图形文件。

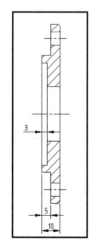 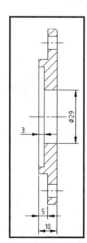 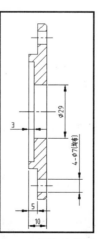 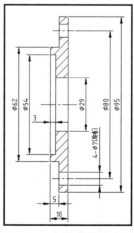

图 11-87　标注水平尺寸　图 11-88　标注垂直尺寸 1　图 11-89　标注垂直尺寸 2　图 11-90　标注其他垂直尺寸

11.5 绘制偏心轮

本节将绘制如图 11-91 所示的双面偏心轮。

1. 绘制图形

01 建立新图形

以光盘中的文件 DWT\Gb-a4-v.dwt 为样板建立新图形。

02 绘制中心线和圆

根据图 11-91，分别在"中心线"和"粗实线"图层绘制中心线和圆，如图 11-92 所示(注意直径为 60 的圆的圆心位置)。

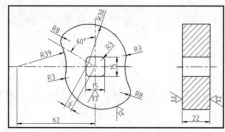

图 11-91　双面偏心轮

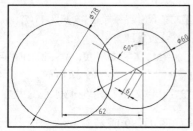

图 11-92　绘制中心线和圆

03 创建圆角

单击"修改"工具栏上的"圆角"按钮◯，或选择"修改"|"圆角"命令，即执行 FILLET 命令，创建半径为 8 的圆角，执行结果如图 11-93 所示。

04 修剪

为使后面的操作更清晰，执行 TRIM 命令对图 11-93 进行修剪，结果如图 11-94 所示。

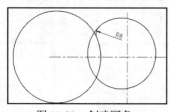

图 11-93　创建圆角

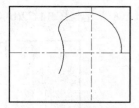

图 11-94　修剪结果

05 镜像

单击"修改"工具栏上的"镜像"按钮△，或选择"修改"|"镜像"命令，即执行 MIRROR 命令，AutoCAD 提示如下。

> 选择对象:(选择图 11-94 中除中心线外的其他图形对象)
> 选择对象:↙
> 指定镜像线的第一点:(捕捉垂直中心线上的一端点)
> 指定镜像线的第二点:(捕捉垂直中心线上的另一端点)
> 是否删除源对象？[是(Y)/否(N)]:N↙

执行结果如图 11-95 所示。

继续执行 MIRROR 命令，AutoCAD 提示如下。

> 选择对象:(在图 11-95 中，选择通过镜像得到的图形对象)
> 选择对象:✓
> 指定镜像线的第一点:(捕捉水平中心线上的一端点)
> 指定镜像线的第二点:(捕捉水平中心线上的另一端点)
> 是否删除源对象？[是(Y)/否(N)]:Y✓

执行结果如图 11-96 所示。

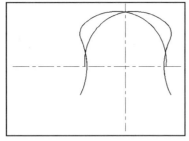

图 11-95　第 1 次镜像的结果

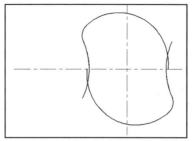

图 11-96　第 2 次镜像结果

06 创建圆角

执行 FILLET 命令，对图 11-96 创建两个半径为 3 的圆角，如图 11-97 所示。

07 绘制其他图形

根据图 11-91 绘制带圆角的正方形并绘制左视图，如图 11-98 所示。

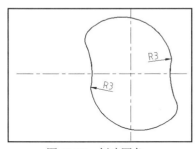

图 11-97　创建圆角

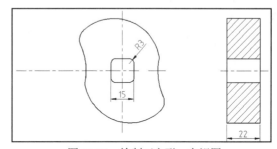

图 11-98　绘制正方形、左视图

2. 标注尺寸

根据图 11-91 标注出各尺寸，完成偏心轮的绘制。将绘制完成的图形命名并进行保存。

本书光盘中的文件 "DWG\第 11 章\图 11-91.dwg" 是本练习图形的最终结果。

11.6　绘制链轮

本节将绘制链轮，如图 11-99 所示。

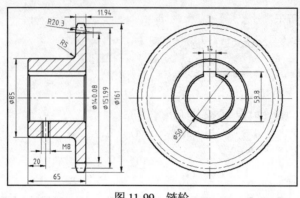

图 11-99　链轮

首先，创建新图形，并参照 8.1 节进行设置图层、绘制图框等操作，或直接以光盘中的文件 DWT\Gb-a3-h.dwt 为样板建立新图形。

1. 绘制图形

01 绘制中心线

将"中心线"图层置为当前图层。

执行 LINE 命令，根据图 11-99 绘制水平和垂直中心线，如图 11-100 所示。

02 绘制左视图中的圆

根据图 11-99，在图 11-100 中，以两条中心线的交点为圆心，在"中心线"图层绘制直径为 151.99 的节圆；在"细实线"图层绘制直径为 140.08 的齿根圆；在"粗实线"图层绘制直径分别为 161(齿顶圆)、85、81(倒角圆)、54(倒角圆)和 50 的圆，结果如图 11-101 所示。

03 绘制左视图中的键槽

● 绘制平行线

单击"修改"工具栏上的"偏移"按钮，或选择"修改"|"偏移"命令，即执行 OFFSET 命令，AutoCAD 提示如下。

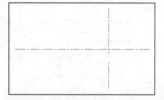

图 11-100　绘制中心线

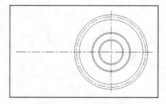

图 11-101　绘制圆

指定偏移距离或 [通过(T)/删除(E)/图层(L)]: 7↙
选择要偏移的对象，或 [退出(E)/放弃(U)] <退出>:(拾取图 11-101 中的垂直中心线)
指定要偏移的那一侧上的点，或 [退出(E)/多个(M)/放弃(U)] <退出>:(在所拾取直线的右侧任意位置拾取一点)
选择要偏移的对象，或 [退出(E)/放弃(U)] <退出>:(拾取图 11-101 中的垂直中心线)
指定要偏移的那一侧上的点，或 [退出(E)/多个(M)/放弃(U)] <退出>:(在所拾取直线的左侧任意位置拾取一点)
选择要偏移的对象，或 [退出(E)/放弃(U)] <退出>:↙

继续执行 OFFSET 命令，AutoCAD 提示如下。

> 指定偏移距离或 [通过(T)/删除(E)/图层(L)]: 28.8↙(因为：53.8-25=28.8)
> 选择要偏移的对象，或 [退出(E)/放弃(U)] <退出>:(拾取图 11-101 中的水平中心线)
> 指定要偏移的那一侧上的点，或 [退出(E)/多个(M)/放弃(U)] <退出>:(在所拾取直线的上方任意位置拾取一点)
> 选择要偏移的对象，或 [退出(E)/放弃(U)] <退出>:↙

执行结果如图 11-102 所示。

● 修剪

单击"修改"工具栏上的"修剪"按钮，或选择"修改"|"修剪"命令，即执行 TRIM 命令，AutoCAD 提示如下。

> 选择剪切边...
> 选择对象或 <全部选择>:(选择作为剪切边的对象，如图 11-103 所示，虚线对象为被选中对象)
> 选择对象:↙
> 选择要修剪的对象，或按住 Shift 键选择要延伸的对象，或
> [栏选(F)/窗交(C)/投影(P)/边(E)/删除(R)/放弃(U)]:(参照图 11-104，在需要修剪的部位拾取对应对象)
> 选择要修剪的对象，或按住 Shift 键选择要延伸的对象，或
> [栏选(F)/窗交(C)/投影(P)/边(E)/删除(R)/放弃(U)]:↙

执行结果如图 11-104 所示。

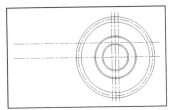
图 11-102　绘制平行线

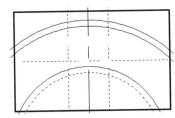
图 11-103　选择剪切边

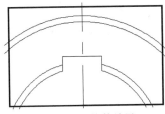
图 11-104　修剪结果

● 更改图层

通过"图层"工具栏，将图 11-104 中的表示键槽的线段从"中心线"图层更改到"粗实线"图层。

04 绘制主视图

根据图 11-99 中主视图所示尺寸，在"粗实线"图层及在主视图的位置绘制 3 条垂直线，并从左视图绘制对应的辅助线；在"中心线"图层，从左视图绘制对应的辅助线，结果如图 11-105 所示。

05 修剪

单击"修改"工具栏上的"修剪"按钮，或选择"修改"|"修剪"命令，即执行 TRIM 命令，AutoCAD 提示如下。

> 选择剪切边...
> 选择对象或 <全部选择>:(选择作为剪切边的对象，如图 11-106 所示，虚线对象为被选中对象)
> 选择对象:↙

选择要修剪的对象，或按住 Shift 键选择要延伸的对象，或
[栏选(F)/窗交(C)/投影(P)/边(E)/删除(R)/放弃(U)]:(参照图 11-107，在需要修剪的部位拾取对应的对象)
选择要修剪的对象，或按住 Shift 键选择要延伸的对象，或
[栏选(F)/窗交(C)/投影(P)/边(E)/删除(R)/放弃(U)]:↙

执行结果如图 11-107 所示(在主视图中，位于上部的小矩形表示后续绘图步骤中需要放大显示的区域)。

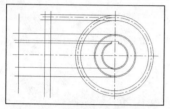 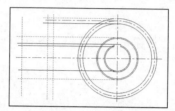 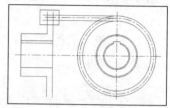

图 11-105　绘制垂直线和辅助线　　图 11-106　确定剪切边　　图 11-107　修剪结果

06 绘制齿形

● 绘制辅助线

为绘制出图 11-99 主视图中所示的链轮齿形，在图 11-107 主视图的上部(即图 11-107 中的小矩形区域)分别绘制距顶线为 9.5、距左直线为 20.3 的两条辅助线，以便确定圆的圆心位置，如图 11-108 所示。

● 绘制圆

执行 CIRCLE 命令，AutoCAD 提示如下。

指定圆的圆心或 [三点(3P)/两点(2P)/切点、切点、半径(T)]:(在图 11-108 中，捕捉在前一步骤中所绘两条辅助线的交点(即有小叉的点))
指定圆的半径或 [直径(D)] <70.0>: 20.3↙

执行结果如图 11-109 所示。

使用同样的方法，在另一侧绘制圆，结果如图 11-110 所示(也可以通过复制的方式得到新圆)。

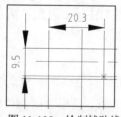 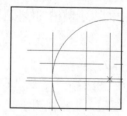 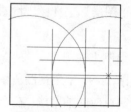

图 11-108　绘制辅助线　　图 11-109　绘制圆 1　　图 11-110　绘制圆 2

● 修剪

单击"修改"工具栏上的"修剪"按钮，或选择"修改"|"修剪"命令，即执行 TRIM 命令，AutoCAD 提示如下。

选择剪切边...
选择对象或 <全部选择>:(选择作为剪切边的对象，如图 11-111 所示，虚线对象为被选中对象)

选择对象:↙

选择要修剪的对象，或按住 Shift 键选择要延伸的对象，或

[栏选(F)/窗交(C)/投影(P)/边(E)/删除(R)/放弃(U)]:(参照图 11-112，在需要修剪的部位拾取对应对象)

选择要修剪的对象，或按住 Shift 键选择要延伸的对象，或

[栏选(F)/窗交(C)/投影(P)/边(E)/删除(R)/放弃(U)]:↙

执行结果如图 11-112 所示。

● 整理

在图 11-112 中，调整中心线及两条辅助线的长度，将它们更改到"中心线"图层，结果如图 11-113 所示。

07 镜像、修剪

执行 MIRROR 命令，对图 11-113 中主视图位置的轮齿轮廓沿水平中心线镜像。

执行 TRIM 命令，对通过镜像得到的图形进行修剪，得到如图 11-114 所示的结果。

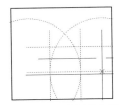 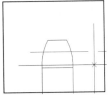 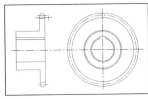

图 11-111　选择剪切边　　图 11-112　修剪结果　　　图 11-113　整理结果　　　图 11-114　镜像及修剪结果

08 绘制 M8 螺纹孔的视图

● 绘制平行线，调整长度

单击"修改"工具栏上的"偏移"按钮 ，或选择"修改"|"偏移"命令，即执行 OFFSET 命令，AutoCAD 提示如下。

指定偏移距离或 [通过(T)/删除(E)/图层(L)]: 20↙

选择要偏移的对象，或 [退出(E)/放弃(U)] <退出>:(在图 11-114 中，拾取主视图中位于最左侧的垂直线)

指定要偏移的那一侧上的点，或 [退出(E)/多个(M)/放弃(U)] <退出>:(在所拾取直线的右侧任意位置拾取一点)

选择要偏移的对象，或 [退出(E)/放弃(U)] <退出>:↙

利用夹点功能更改通过复制得到的直线的长度，结果如图 11-115 所示。

● 绘制平行线

执行 OFFSET 命令，AutoCAD 提示如下。

指定偏移距离或 [通过(T)/删除(E)/图层(L)]: 4↙

选择要偏移的对象，或 [退出(E)/放弃(U)] <退出>:(在图 11-115 中，拾取由前一步骤得到的短垂直线)

指定要偏移的那一侧上的点，或 [退出(E)/多个(M)/放弃(U)] <退出>:(在所拾取直线的右侧任意位置拾取一点)

选择要偏移的对象，或 [退出(E)/放弃(U)] <退出>:(在图 11-115 中，拾取由前一步骤得到的短垂直线)

指定要偏移的那一侧上的点，或 [退出(E)/多个(M)/放弃(U)] <退出>:(在所拾取直线的左侧任意位置拾取一点)

选择要偏移的对象，或 [退出(E)/放弃(U)] <退出>:↙

继续执行 OFFSET 命令，AutoCAD 提示如下。

指定偏移距离或 [通过(T)/删除(E)/图层(L)]: 3✓
选择要偏移的对象，或 [退出(E)/放弃(U)] <退出>:(在图 11-115 中，拾取由前一步骤得到的短垂直线)
指定要偏移的那一侧上的点，或 [退出(E)/多个(M)/放弃(U)] <退出>:(在所拾取直线的右侧任意位置拾取一点)
选择要偏移的对象，或 [退出(E)/放弃(U)] <退出>:(在图 11-115 中，拾取由前一步骤得到的短垂直线)
指定要偏移的那一侧上的点，或 [退出(E)/多个(M)/放弃(U)] <退出>:(在所拾取直线的左侧任意位置拾取一点)
选择要偏移的对象，或 [退出(E)/放弃(U)] <退出>:✓

执行结果如图 11-116 所示。

● 修剪

对图 11-116 进行修剪，结果如图 11-117 所示。

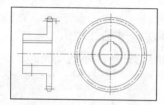 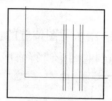 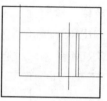

图 11-115　绘制平行线　　　　图 11-116　绘制平行线　　　　图 11-117　修剪结果

● 更改线型

利用"图层"工具栏，将图 11-117 中表示中心线的直线从"粗实线"图层更改到"中心线"图层；将表示螺纹底径的两条直线从"粗实线"图层更改到"细实线"图层，结果如图 11-118 所示。

09 创建圆角

参照图 11-99，执行 FILLET 命令，在主视图的对应位置绘制半径为 2 的圆角，结果如图 11-119 所示。

10 倒角

参照图 11-99，执行 CHAMFER 命令，在主视图的对应位置按距离 2 进行倒角，结果如图 11-120 所示(为表示内孔的线倒角时，应将模式设为"修剪"，倒角后还应进行修剪、绘制直线等操作。读者可以试着执行这些操作，在 11.7 节绘制齿轮时将进行详细介绍)。

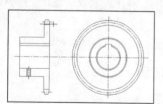 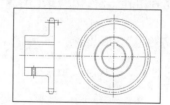 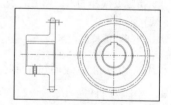

图 11-118　更改图层后的结果　　　图 11-119　创建圆角　　　　图 11-120　倒角结果

11 填充剖面线

将"剖面线"图层置为当前图层。

单击"绘图"工具栏上的"图案填充"按钮，或选择"绘图"|"图案填充"命令，即执行 HATCH 命令，打开"图案填充和渐变色"对话框，在该对话框中进行相关设置，如图 11-121 所示。

从图 11-121 中可以看出，设置填充图案为 ANSI31，填充角度为 0，填充比例为 2，并通过"拾取点"按钮，确定对应的填充边界(如图中的虚线区域所示)。

单击对话框中的"确定"按钮，完成图案的填充，结果如图 11-122 所示。至此，完成该图形的绘制。

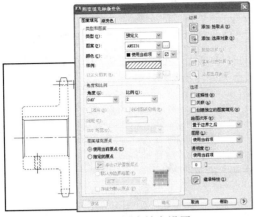

图 11-121　图案填充设置

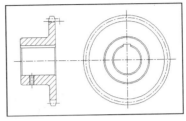

图 11-122　填充剖面线

2. 标注尺寸

将"尺寸标注"图层置为当前图层。

01 标注水平尺寸

● 标注水平尺寸 M8

单击"标注"工具栏上的"线性"按钮，或选择"标注"|"线性"命令，即执行 DIMLINEAR 命令，AutoCAD 提示如下。

> 指定第一个尺寸界线原点或 <选择对象>: >(捕捉图 11-122 中表示螺纹底径的左垂直线下端点)
> 指定第二条尺寸界线原点:(捕捉图 11-122 中表示螺纹底径的右垂直线下端点)
> [多行文字(M)/文字(T)/角度(A)/水平(H)/垂直(V)/旋转(R)]:T↙
> 输入标注文字 <8>: M8↙
> 指定尺寸线位置或
> [多行文字(M)/文字(T)/角度(A)/水平(H)/垂直(V)/旋转(R)]:(向下拖动鼠标，使尺寸线移到合适位置后单击)

使用同样的方法，完成图 11-99 中其他水平尺寸的标注，结果如图 11-123 所示。

02 标注垂直尺寸

参照图 11-99，执行 DIMLINEAR 命令标注垂直尺寸，结果如图 11-124 所示。

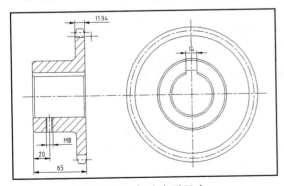

图 11-123　标注水平尺寸

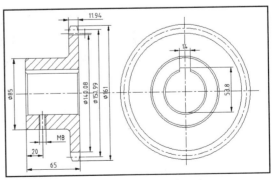

图 11-124　标注垂直尺寸

227

03 标注半径和直径尺寸

参照图 11-99，使用 DIMRADIUS 命令标注图 11-124 中的圆弧半径；使用 DIMDIAMETER 命令标注孔的直径；使用 BREAK 命令在两视图之间打断水平中心线，结果如图 11-125 所示。

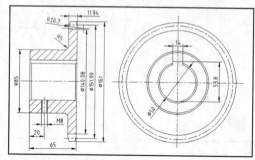

图 11-125　标注半径、直径

至此，完成该图形的绘制，将其命名并进行保存。读者还可以为图形填写标题栏，标注技术要求等。

本书光盘中的文件"DWG\第 11 章\图 11-99.dwg"是本练习图形的最终结果。

11.7　绘制齿轮

本节将介绍如何绘制圆柱直齿轮和锥齿轮。

11.7.1　绘制圆柱直齿轮

本小节将绘制如图 11-126 所示的圆柱直齿轮。

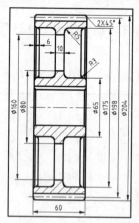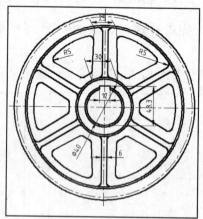

图 11-126　圆柱直齿轮

首先创建新图形，并参照 8.1 节进行设置图层和绘制图框等操作，或直接以光盘中的文件 DWT\Gb-a3-h.dwt 为样板建立新图形。

1. 绘制图形

01 绘制中心线

将"中心线"图层置为当前图层。

执行 LINE 命令，根据图 11-126，分别绘制长为 340 的水平中心线和长为 216 的垂直中心线，如图 11-127 所示(或绘制近似长度的中心线)。

02 绘制左视图中的各圆

根据图 11-126，在左视图的位置上，以两条中心线的交点为圆心，在"中心线"图层绘制直径为 198 的分度圆；分别在"粗实线"图层绘制直径为 40、44(表示倒角的圆)、61(表示倒角的圆)、65、80(辅助圆)、160(辅助圆)、175、179(表示倒角的圆)和 204 的圆。如图 11-128 所示。

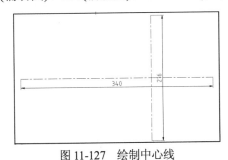

图 11-127　绘制中心线　　　　　　　图 11-128　绘制圆

03 绘制键槽

下面绘制左视图中的键槽。

● 创建平行线

单击"修改"工具栏上的"偏移"按钮，或选择"修改"|"偏移"命令，即执行 OFFSET 命令，AutoCAD 提示如下。

```
指定偏移距离或 [通过(T)/删除(E)/图层(L)]: 6↙
选择要偏移的对象，或 [退出(E)/放弃(U)] <退出>:(拾取图 11-128 中的垂直中心线)
指定要偏移的那一侧上的点，或 [退出(E)/多个(M)/放弃(U)] <退出>:(在所拾取直线的右侧任意位置拾取一点)
选择要偏移的对象，或 [退出(E)/放弃(U)] <退出>:(拾取图 11-128 中的垂直中心线)
指定要偏移的那一侧上的点，或 [退出(E)/多个(M)/放弃(U)] <退出>:(在所拾取直线的左侧任意位置拾取一点)
选择要偏移的对象，或 [退出(E)/放弃(U)] <退出>:↙
```

继续执行 OFFSET 命令，AutoCAD 提示如下。

```
指定偏移距离或 [通过(T)/删除(E)/图层(L)]<6.0>: 23.3↙(因为：43.3-20=23.3)
选择要偏移的对象，或 [退出(E)/放弃(U)] <退出>:(拾取图 11-120 中的水平中心线)
指定要偏移的那一侧上的点，或 [退出(E)/多个(M)/放弃(U)] <退出>:(在所拾取直线的上方任意位置拾取一点)
选择要偏移的对象，或 [退出(E)/放弃(U)] <退出>:↙
```

执行结果如图 11-129 所示。

● 修剪

单击"修改"工具栏上的"修剪"按钮 ⊢，或选择"修改"|"修剪"命令，即执行 TRIM 命令，AutoCAD 提示如下。

> 选择剪切边...
> 选择对象或 <全部选择>:(选择作为剪切边的对象，即在前一步骤中绘制的各平行线与直径最小的圆，如图 11-130 所示，虚线对象为被选中对象)
> 选择对象:↙
> 选择要修剪的对象，或按住 Shift 键选择要延伸的对象，或
> [栏选(F)/窗交(C)/投影(P)/边(E)/删除(R)/放弃(U)]:(参照图 11-131，在需要修剪的部位拾取对应对象)
> 选择要修剪的对象，或按住 Shift 键选择要延伸的对象，或
> [栏选(F)/窗交(C)/投影(P)/边(E)/删除(R)/放弃(U)]:↙

执行结果如图 11-131 所示。

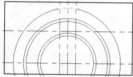 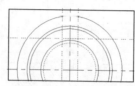 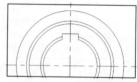

图 11-129 绘制平行线　　　图 11-130 选择剪切边　　　图 11-131 修剪结果

● 更改图层

通过"图层"工具栏，将图 11-131 中表示键槽的线段从"中心线"图层更改到"粗实线"图层。

04 在左视图绘制表示加强筋的平行线

执行 OFFSET 命令，AutoCAD 提示如下。

> 指定偏移距离或 [通过(T)/删除(E)/图层(L)]3:↙
> 选择要偏移的对象，或 [退出(E)/放弃(U)] <退出>:(拾取左视图中的垂直中心线)
> 指定要偏移的那一侧上的点，或 [退出(E)/多个(M)/放弃(U)] <退出>:(在所拾取直线的右侧任意位置拾取一点)
> 选择要偏移的对象，或 [退出(E)/放弃(U)] <退出>:(拾取左视图中的垂直中心线)
> 指定要偏移的那一侧上的点，或 [退出(E)/多个(M)/放弃(U)] <退出>:(在所拾取直线的左侧任意位置拾取一点)
> 选择要偏移的对象，或 [退出(E)/放弃(U)] <退出>:↙

05 绘制辅助线

执行 OFFSET 命令，AutoCAD 提示如下。

> 指定偏移距离或 [通过(T)/删除(E)/图层(L)]: 12.5↙
> 选择要偏移的对象，或 [退出(E)/放弃(U)] <退出>:(拾取左视图中的垂直中心线)
> 指定要偏移的那一侧上的点，或 [退出(E)/多个(M)/放弃(U)] <退出>:(在所拾取直线的左侧任意位置拾取一点)
> 选择要偏移的对象，或 [退出(E)/放弃(U)] <退出>:↙

继续执行 OFFSET 命令，AutoCAD 提示如下。

指定偏移距离或 [通过(T)/删除(E)/图层(L)]: 15✓
选择要偏移的对象，或 [退出(E)/放弃(U)] <退出>:(拾取左视图中的垂直中心线)
指定要偏移的那一侧上的点，或 [退出(E)/多个(M)/放弃(U)] <退出>:(在所拾取直线的左侧任意位置拾取一点)
选择要偏移的对象，或 [退出(E)/放弃(U)] <退出>:✓

执行结果如图 11-132 所示。

06 修剪和绘制直线

在图 11-132 的左视图中，执行 TRIM 命令，使用直径为 65 和 175 的圆(即在垂直中心线右侧标记小叉的两个圆)，对与垂直中心线距离为 3 的两条垂直平行线进行修剪(结果参见图 11-133)。执行 LINE 命令，在垂直中心线左侧，在标记两个小叉的交点之间绘制直线，结果如图 11-133 所示(图中已在绘制直线之后，利用 ERASE 命令删除了位于垂直中心线左侧的两条平行线)。

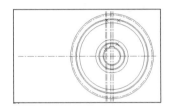 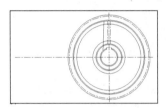

图 11-132　绘制平行线　　　　　图 11-133　修剪和绘制直线

07 镜像

单击"修改"工具栏上的"镜像"按钮，或选择"修改"|"镜像"命令，即执行 MIRROR 命令，对图 11-133 中的斜线相对于垂直中心线镜像，执行结果如图 11-134 所示(图中的小叉用于后续操作的说明)。

08 创建圆角

单击"修改"工具栏上的"圆角"按钮，或选择"修改"|"圆角"命令，即执行 FILLET 命令，AutoCAD 提示如下。

选择第一个对象或 [放弃(U)/多段线(P)/半径(R)/修剪(T)/多个(M)]: R✓(设置圆角半径)
指定圆角半径: 5✓
选择第一个对象或 [放弃(U)/多段线(P)/半径(R)/修剪(T)/多个(M)]:(在图 11-134 中，在 P_1 点处拾取对应直线)
选择第二个对象，或按住 Shift 键选择对象以应用角点或 [半径(R)]:(在图 11-134 中，在 P_2 点处拾取对应圆)

重复执行 FILLET 命令，分别在 P_3 点与 P_4 点对应的对象之间、在 P_5 点与 P_6 点对应的对象之间以及在 P_6 点与 P_1 点对应的对象之间创建半径为 5 的圆角，结果如图 11-135 所示。

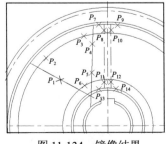 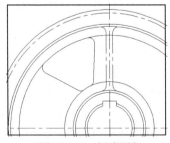

图 11-134　镜像结果　　　　　　图 11-135　创建圆角

执行 FILLET 命令，AutoCAD 提示如下。

> 选择第一个对象或 [放弃(U)/多段线(P)/半径(R)/修剪(T)/多个(M)]:(在图 11-134 中，在 P_7 点处拾取对应的圆)
> 选择第二个对象，或按住 Shift 键选择对象以应用角点或 [半径(R)]:(在图 11-134 中，在 P_8 点处拾取对应的直线)

继续执行 FILLET 命令，分别在 P_9 点与 P_{10} 点对应的对象之间、在 P_{12} 点与 P_{14} 点对应的对象之间以及在 P_{11} 点与 P_{13} 点对应的对象之间创建半径为 5 的圆角，执行结果如图 11-135 所示。

09 修剪

单击"修改"工具栏上的"修剪"按钮 ，或选择"修改"|"修剪"命令，即执行 TRIM 命令，AutoCAD 提示如下。

> 选择剪切边…
> 选择对象或 <全部选择>:(选择图 11-135 中半径为 5 的 4 个圆弧，如图 11-136 中的虚线所示)
> 选择对象:✓
> 选择要修剪的对象，或按住 Shift 键选择要延伸的对象，或
> [栏选(F)/窗交(C)/投影(P)/边(E)/删除(R)/放弃(U)]:(参照图 11-137，在所拾取圆弧之外拾取对应的圆)
> 选择要修剪的对象，或按住 Shift 键选择要延伸的对象，或
> [栏选(F)/窗交(C)/投影(P)/边(E)/删除(R)/放弃(U)]:✓

执行结果如图 11-137 所示。

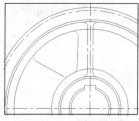
图 11-136　确定剪切边

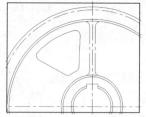
图 11-137　修剪结果

10 更改图层

通过"图层"工具栏，将图 11-137 中对称于垂直中心线的两条平行线从"中心线"图层更改到"粗实线"图层。

11 环形阵列

单击"修改"工具栏中的"环形阵列"按钮 ，或选择"修改"|"环形阵列"命令，即执行 ARRAYPOLAR 命令，AutoCAD 提示如下。

> 选择对象:(选择对应的体系，如图 11-138 中的虚线部分所示)
> 选择对象:✓
> 指定阵列的中心点或 [基点(B)/旋转轴(A)]:(捕捉水平、垂直中心线的交点)
> 输入项目数或 [项目间角度(A)/表达式(E)] <4>: 6✓
> 指定填充角度(+=逆时针、-=顺时针)或 [表达式(EX)] <360>:✓
> 按 Enter 键接受或 [关联(AS)/基点(B)/项目(I)/项目间角度(A)/填充角度(F)/行(ROW)/层(L)/旋转项目(ROT)/退出(X)] <退出>:✓

执行结果如图 11-139 所示。

至此，完成左视图的绘制。下面绘制主视图。

12 绘制垂直线和辅助线

与绘制链轮的过程相似，在主视图的位置上绘制各对应垂直线；并分别在"中心线"图层和"粗实线"图层从左视图向主视图绘制对应的辅助线；绘制与顶线距离为 6.75 的平行线，如图 11-140 所示(图中给出了绘图尺寸)。

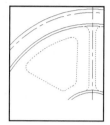

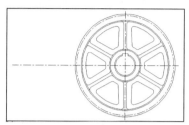

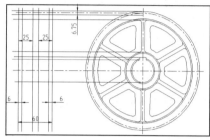

图 11-138　选择阵列对象　　　　图 11-139　阵列结果　　　　图 11-140　绘制直线

13 修剪

参照图 11-126，对图 11-140 中的主视图进行修剪。

单击"修改"工具栏上的"修剪"按钮，或选择"修改"|"修剪"命令，即执行 TRIM 命令，AutoCAD 提示如下。

```
选择剪切边…
选择对象或 <全部选择>:(选择作为剪切边的对象，如图 11-141 所示，虚线对象为被选中对象)
选择对象:↙
选择要修剪的对象，或按住 Shift 键选择要延伸的对象，或
[栏选(F)/窗交(C)/投影(P)/边(E)/删除(R)/放弃(U)]:(参照图 11-142，在需要修剪的部位拾取对应对象)
选择要修剪的对象，或按住 Shift 键选择要延伸的对象，或
[栏选(F)/窗交(C)/投影(P)/边(E)/删除(R)/放弃(U)]:↙
```

执行结果如图 11-142 所示(图 11-142 中，已通过执行 BREAK 命令将水平中心线打断，通过夹点功能将主视图中表示分度圆的中心线改短)。

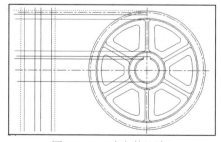

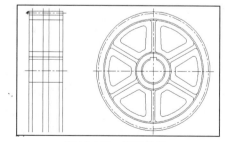

图 11-141　确定剪切边　　　　　　图 11-142　修剪结果

14 倒角

为使图形更加清晰，首先放大主视图中的对应局部图形，如图 11-143 所示。

- 倒角

单击"修改"工具栏上的"倒角"按钮，或选择"修改"|"倒角"命令，即执行 CHAMFER 命令，AutoCAD 提示如下。

> 选择第一条直线或 [放弃(U)/多段线(P)/距离(D)/角度(A)/修剪(T)/方式(E)/多个(M)]: D↙
>
> 指定第一个倒角距离 : 2↙
>
> 指定第二个倒角距离 <2.0>:↙
>
> 选择第一条直线或 [放弃(U)/多段线(P)/距离(D)/角度(A)/修剪(T)/方式(E)/多个(M)]:(在图 11-143 中，在 P_1 点处拾取对应的直线。注意：执行此操作前，应保证修剪模式为"修剪"，如果读者不能确定当前的倒角模式，在该提示下先执行"修剪(T)"选项，并在给出的提示中选择"修剪(T)")
>
> 选择第二条直线，或按住 Shift 键选择直线以应用角点或 [距离(D)/角度(A)/方法(M)]:(在图 11-143 中，在 P_2 点处拾取对应直线)

执行结果如图 11-144 所示。

使用同样的方法在右侧倒角，结果如图 11-145 所示。

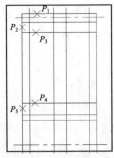
图 11-143　局部放大

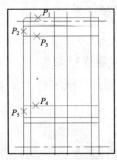
图 11-144　单边倒角结果

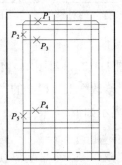
图 11-145　双边倒角结果

执行 CHAMFER 命令，AutoCAD 提示如下。

> 选择第一条直线或 [放弃(U)/多段线(P)/距离(D)/角度(A)/修剪(T)/方式(E)/多个(M)]: T↙
>
> 输入修剪模式选项 [修剪(T)/不修剪(N)] <修剪>: N↙
>
> 选择第一条直线或 [放弃(U)/多段线(P)/距离(D)/角度(A)/修剪(T)/方式(E)/多个(M)]:M↙
>
> 选择第一条直线或 [放弃(U)/多段线(P)/距离(D)/角度(A)/修剪(T)/方式(E)/多个(M)]:(在图 11-145 中，在 P_2 点处拾取对应的直线)
>
> 选择第二条直线，或按住 Shift 键选择要应用角点的直线:(在图 11-145 中，在 P_3 点处拾取对应的直线)
>
> 选择第一条直线或 [放弃(U)/多段线(P)/距离(D)/角度(A)/修剪(T)/方式(E)/多个(M)]:(在图 11-145 中，在 P_4 点处拾取对应直线)
>
> 选择第二条直线，或按住 Shift 键选择要应用角点的直线:(在图 11-145 中，在 P_5 点处拾取对应直线)
>
> 选择第一条直线或 [放弃(U)/多段线(P)/距离(D)/角度(A)/修剪(T)/方式(E)/多个(M)]:↙

执行结果如图 11-146 所示(注意新得到的倒角)。

- 修剪

在图 11-146 中，执行 TRIM 命令，以新得到的两条倒角斜边为剪切边进行修剪，结果如图 11-147 所示。

- 绘制直线

在图 11-147 中，执行 LINE 命令，在倒角处绘制直线，结果如图 11-148 所示。

使用同样的方法在右侧进行相同的操作，结果如图 11-149 所示。

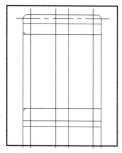　　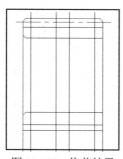　　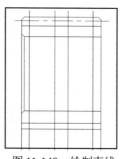　　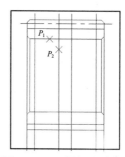

图 11-146　倒角结果　　　图 11-147　修剪结果　　　图 11-148　绘制直线　　图 11-149　对另一侧倒角

15 创建圆角

● 创建半径为 5 的圆角

单击"修改"工具栏上的"圆角"按钮□，或选择"修改"|"圆角"命令，即执行 FILLET 命令，AutoCAD 提示如下。

> 选择第一个对象或 [放弃(U)/多段线(P)/半径(R)/修剪(T)/多个(M)]: R↙
> 指定圆角半径: 5↙
> 选择第一个对象或 [放弃(U)/多段线(P)/半径(R)/修剪(T)/多个(M)]: T↙
> 输入修剪模式选项 [修剪(T)/不修剪(N)] <不修剪>: N↙
> 选择第一个对象或 [放弃(U)/多段线(P)/半径(R)/修剪(T)/多个(M)]:(在图 11-149 中，在 P_1 点处拾取对应的直线)
> 选择第二个对象，或按住 Shift 键选择对象以应用角点或 [半径(R)]:(在图 11-149 中，在 P_2 点处拾取对应的直线)

执行结果如图 11-150 所示。

使用同样的方法创建其他半径为 5 的圆角，结果如图 11-151 所示。

● 修剪

单击"修改"工具栏上的"修剪"按钮，或选择"修改"|"修剪"命令，即执行 TRIM 命令，AutoCAD 提示如下。

> 选择剪切边...
> 选择对象或 <全部选择>:(选择新得到的 4 条圆弧作为剪切边，如图 11-152 所示，虚线对象为被选中对象)
> 选择对象:↙
> 选择要修剪的对象，或按住 Shift 键选择要延伸的对象，或
> [栏选(F)/窗交(C)/投影(P)/边(E)/删除(R)/放弃(U)]:(参照图 11-153，在需要修剪的部位拾取对应对象)
> 选择要修剪的对象，或按住 Shift 键选择要延伸的对象，或
> [栏选(F)/窗交(C)/投影(P)/边(E)/删除(R)/放弃(U)]:↙

执行结果如图 11-153 所示。

● 创建半径为 3 的圆角

执行 FILLET 命令，在图 11-153 中的对应位置创建半径为 3 的圆角，如图 11-154 所示。

● 修剪

对图 11-154 进一步修剪，得到如图 11-155 所示的结果，整体图形效果如图 11-156 所示。

16 倒角

参照图 11-126，对主视图中表示内孔的直线进行类似的倒角处理，结果如图 11-157 所示。

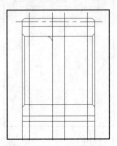
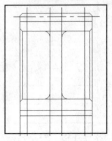
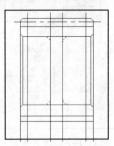
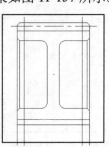

图 11-150　创建圆角 1　　图 11-151　创建圆角 2　　图 11-152　确定剪切边　　图 11-153　修剪结果 1

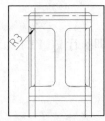
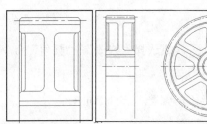
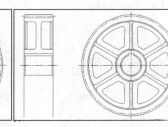

图 11-154　创建圆角 3　图 11-155　修剪结果 2　　图 11-156　整体图形　　　图 11-157　倒角结果

17 在主视图筋板上绘制表示孔的直线

● 绘制辅助圆与辅助线

为在主视图中绘制表示圆的直线，首先在左视图中绘制辅助圆，然后绘制对应的辅助直线，执行结果如图 11-158 所示。

● 修剪

执行 TRIM 命令，对图 11-158 进行修剪，然后删除图 11-158 中的辅助圆，结果如图 11-159 所示。

18 镜像

执行 MIRROR 命令，在图 11-159 的主视图中，对主视图上表示键槽的直线之上的图形对象相对于长水平中心线镜像，执行结果如图 11-160 所示。

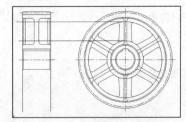

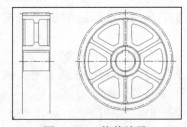
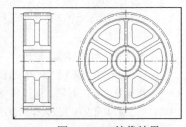

图 11-158　绘制辅助圆与辅助直线　　　　图 11-159　修剪结果 3　　　　　图 11-160　镜像结果

在图 11-160 中，继续执行 TRIM 命令对主视图的下方进行修剪，具体过程略(可参照图 11-126 进行修剪)。

19 填充剖面线

将"剖面线"图层置为当前图层。

单击"绘图"工具栏上的"图案填充"按钮，或选择"绘图"|"图案填充"命令，即执行 HATCH 命令，打开"图案填充和渐变色"对话框，在该对话框中进行相关设置，如图 11-161 所示。

从图 11-161 中可以看出，将填充图案设为 ANSI31，填充角度设为 0，填充比例设为 2，并通过"拾取点"按钮，确定对应的填充边界(如图 11-161 中的虚线区域所示)。

单击对话框中的"确定"按钮，完成图案的填充，结果如图 11-162 所示。

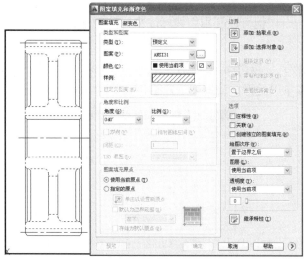

图 11-161　图案填充设置

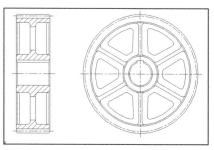

图 11-162　填充剖面线

2. 标注尺寸

将"尺寸标注"图层置为当前图层。

从图 11-126 可以看出，本齿轮有许多标注尺寸。在此标注几个典型尺寸：水平尺寸 60、垂直尺寸 $\phi 204$、倒角尺寸 2×45°及尺寸界线倾斜的水平尺寸 25。

01 标注水平尺寸 60

主视图中表示齿轮宽度的水平尺寸 60 的标注过程较为简单，方法如下。

单击"标注"工具栏上的"线性"按钮，或选择"标注"|"线性"命令，即执行 DIMLINEAR 命令，AutoCAD 提示如下。

```
指定第一个尺寸界线原点或 <选择对象>: >(在图 11-162 中，捕捉主视图左边界的下端点)
指定第二条尺寸界线原点:(在图 11-162 中，捕捉主视图右边界的下端点)
指定尺寸线位置或
[多行文字(M)/文字(T)/角度(A)/水平(H)/垂直(V)/旋转(R)]:(向下拖动鼠标，使尺寸线移到合适位置后单击)
```

02 标注垂直尺寸 $\phi 204$

执行 DIMLINEAR 命令，AutoCAD 提示如下。

```
指定第一个尺寸界线原点或 <选择对象>: >(在图 11-162 中，捕捉主视图中位于最上方的水平直线的右端点)
指定第二条尺寸界线原点:(在图 11-162 中，捕捉主视图中位于最下方的水平直线的右端点)
```

指定尺寸线位置或

[多行文字(M)/文字(T)/角度(A)/水平(H)/垂直(V)/旋转(R)]:T✓

输入标注文字 <204>: %%c204✓

指定尺寸线位置或

[多行文字(M)/文字(T)/角度(A)/水平(H)/垂直(V)/旋转(R)]:(向右拖动鼠标，使尺寸线移到合适位置后单击)

执行结果如图 11-163 所示。

03 标注倒角 2×45°

在 AutoCAD 中没有针对标注倒角尺寸的命令，但可以利用引线标注来标注倒角。

● 设置多重引线样式

单击"多重引线"工具栏上的"多重引线样式"按钮 ，或选择"格式"|"多重引线样式"命令，即执行 MLEADERSTYLE 命令，打开"多重引线样式管理器"对话框，如图 11-164 所示。

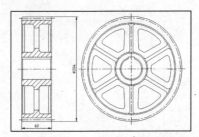

图 11-163 标注水平和垂直尺寸   图 11-164 "多重引线样式管理器"对话框

单击该对话框中的"新建"按钮，在打开的"创建新多重引线样式"对话框的"新样式名"文本框中输入"样式1"，其他采用默认设置，如图 11-165 所示。

单击"继续"按钮，在"修改多重引线样式"对话框的"引线格式"选项卡中，将"箭头"中的"符号"项设为"无"，如图 11-166 所示。

图 11-165 "创建新多重引线样式"对话框   图 11-166 "引线格式"选项卡设置

在"引线结构"选项卡中，将"最大引线点数"设为 2，不使用基线，如图 11-167 所示。

在"内容"选项卡中，将"文字样式"设为"工程字-35"，将"连接位置-左"和"连接位置-右"均设为"最后一行加下划线"，如图 11-168 所示。

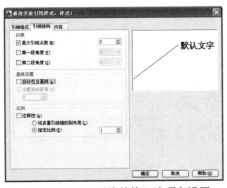

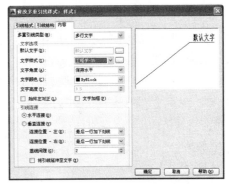

图 11-167　"引线结构"选项卡设置　　　　图 11-168　"内容"选项卡设置

单击"确定"按钮，返回到"多重引线样式管理器"对话框，如图 11-169 所示。

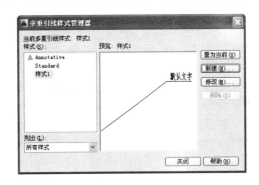

图 11-169　"多重引线样式管理器"对话框

单击"关闭"按钮，完成新多重引线标注样式"样式 1"的定义，并将"样式 1"设为当前样式。

● 标注倒角尺寸

单击"多重引线"工具栏上的"多重引线"按钮，或选择"标注"|"多重引线"命令，即执行 MLEADER 命令，AutoCAD 提示如下。

指定引线箭头的位置或 [引线基线优先(L)/内容优先(C)/选项(O)] <选项>:(在该提示下捕捉引线的引出点，即图 11-170 中的黑点位置)
指定引线基线的位置:(确定引线的第 2 点。可利用相对坐标确定该点，以保证引线沿 45° 方向)

AutoCAD 打开文字编辑器，从中输入对应的文字，如图 11-171 所示(输入"%%D"会显示符号"°"，可以用大写字母 X 表示乘号)。

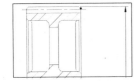

图 11-170　黑点为引线起始点

图 11-171　输入倒角尺寸

单击"文字格式"工具栏上的"确定"按钮，即可标注出对应的倒角尺寸，标注结果如图 11-172

所示。

04 标注尺寸界线倾斜的水平尺寸 25

● 绘制辅助线

为了标注左视图中尺寸界线倾斜的水平尺寸 25(参见图 11-126),在"细实线"图层绘制延伸辅助线,如图 11-173(a)所示(将已有的对应直线延伸到圆,在原切点处将直线打断,再将延伸后得到的新直线更改到"细实线"图层)。

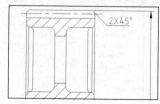

图 11-172 标注倒角尺寸

● 标注水平尺寸

在图 11-173(a)中,以斜线与圆的交点为尺寸界线的起始点,标注水平尺寸,如图 11-173(b)所示。

● 倾斜尺寸界线

选择"标注"│"倾斜"命令,AutoCAD 提示如下。

> 选择对象:(选择图 11-173(b)中的尺寸 25)
> 选择对象:↙
> 输入倾斜角度 (按 ENTER 表示无):-60↙

执行结果如图 11-173(c)所示。

 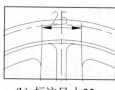 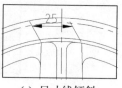

(a) 绘制辅助斜线　　　(b) 标注尺寸 25　　　(c) 尺寸线倾斜

图 11-173 标注尺寸界线倾斜的尺寸

05 标注其他尺寸

参照图 11-126 标注其他尺寸,结果如图 11-126 所示。

至此,完成齿轮零件图的绘制,读者还可以为该图形标注技术要求和填写标题栏等。

将该图形命名并进行保存,第 13 章将用到此图形。

本书光盘中的文件"DWG\第 11 章\图 11-126.dwg"是本练习图形的最终结果。

11.7.2　绘制锥齿轮

本小节将绘制如图 11-174 所示的锥齿轮。

首先创建新图形,并参照 8.1 节进行设置图层和绘制图框等操作,或直接以光盘中的文件 DWT\Gb-a2-h.dwt 为样板建立新图形。

1. 绘制图形

01 绘制中心线

将"中心线"图层置为当前图层。

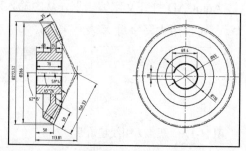

图 11-174 锥齿轮

执行 LINE 命令，根据图 11-174 分别绘制长为 480 的水平中心线和长为 300 的垂直中心线，以及距水平中心线左端点为 135 的短垂直中心线，如图 11-175 所示(图中给出了对应尺寸。读者也可以绘近似长度的中心线，最后再进行整理)。

02 绘制圆和平行线

在左视图的位置上，分别在"中心线"图层和"粗实线"图层绘制对应的各圆，并通过偏移中心线的方式绘制平行线，如图 11-176 所示。

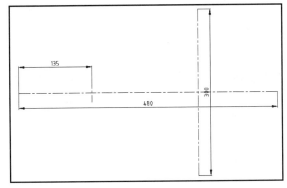

图 11-175　绘制中心线

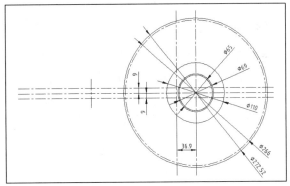

图 11-176　绘制圆与平行线

03 修剪

参考图 11-174 中的键槽，对图 11-176 中左视图内的对应平行线进行修剪，结果如图 11-177 所示(已利用"图层"工具栏将与键槽对应的图形对象更改到"粗实线"图层)。

04 绘制直线和辅助线

● 绘制倾角为 62°15′的斜线

将"中心线"图层置为当前图层。

单击"绘图"工具栏上的 📏"直线"按钮，或选择"绘图"|"直线"命令，即执行 LINE 命令，AutoCAD 提示如下。

> 指定第一个点:(在图 11-177 中，捕捉水平中心线与位于左侧的短垂直中心线的交点)
> 指定下一点或 [放弃(U)]: @155<-117d45′↙ (AutoCAD 规定：XXdYY′ZZ″表示 XX 度 YY 分 ZZ 秒)
> 指定下一点或 [放弃(U)]: ↙

● 绘制倾角为 59°4′的斜线

将"粗实线"图层置为当前图层。

执行 LINE 命令，AutoCAD 提示如下。

> 指定第一个点:(在图 11-177 中，捕捉水平中心线与位于左侧的短垂直中心线的交点)
> 指定下一点或 [放弃(U)]: @155<-120d56′↙
> 指定下一点或 [放弃(U)]: ↙

● 绘制辅助线

从左视图向主视图绘制辅助直线，结果如图 11-178 所示。

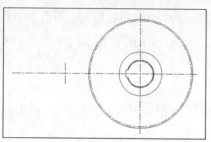

图 11-177　修剪结果

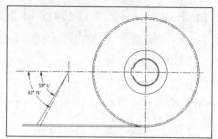

图 11-178　绘制斜线与辅助线

05 绘制轮齿图形

● 绘制与斜中心线垂直的直线

从任意一点向斜中心线绘制垂直线，如图 11-179 中椭圆区域内的图形所示；然后将该直线移动到斜中心线与对应水平线的交点处，再将其延伸，与位于最下方的水平线相交，结果如图 11-180 所示。

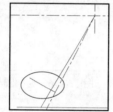

图 11-179　绘制垂直斜线

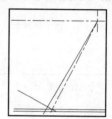

图 11-180　绘制斜线

● 绘制倾斜角为 65°26′的斜线

在图 11-180 中，在新得到的斜线与位于最下方的水平线的交点处重新绘制倾角为 65°26′的斜线，结果如图 11-181 所示(利用相对极坐标绘制)。

● 绘制平行线等

在图 11-181 中，绘制已有直线的平行线，结果如图 11-182 所示。

在图 11-182 中，绘制了与已有直线相距为 50 的平行线，并进行修剪；另一条斜线与角度为 62°15′的斜中心线平行，并满足距离为 35 的要求。

● 绘制直线

在图 11-182 中，在"粗实线"图层分别执行 LINE 命令，在各对应位置绘制两条垂直线，同时删除位于下方的两条水平辅助线，结果如图 11-183 所示。

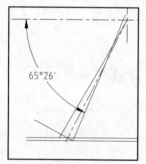

图 11-181　绘制斜线

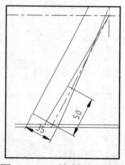

图 11-182　绘制平行线等

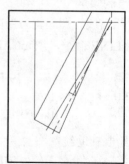

图 11-183　绘制直线

06 绘制垂直线与辅助平行线

根据图 11-174 绘制对应的各垂直线，并从左视图引辅助线，如图 11-184 所示。

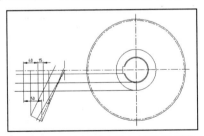

图 11-184 绘制垂直线与辅助平行线

07 修剪

执行 TRIM 命令，AutoCAD 提示如下。

```
选择剪切边…
选择对象或 <全部选择>:(选择作为剪切边的对象，如图 11-185 所示，虚线对象为被选中对象)
选择对象:↙
选择要修剪的对象，或按住 Shift 键选择要延伸的对象，或
[栏选(F)/窗交(C)/投影(P)/边(E)/删除(R)/放弃(U)]:(参照图 11-186，在需要修剪的部位拾取对应对象)
选择要修剪的对象，或按住 Shift 键选择要延伸的对象，或
[栏选(F)/窗交(C)/投影(P)/边(E)/删除(R)/放弃(U)]:↙
```

执行结果如图 11-186 所示。

08 整理图形

对图 11-186 进行延伸、倒角、绘制直线及删除等操作，结果如图 11-187 所示。图 11-188 为已完成的整个图形。

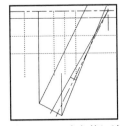
图 11-185 确定剪切边

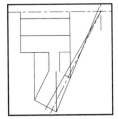
图 11-186 修剪结果

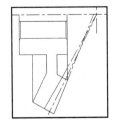
图 11-187 整理结果

09 镜像

执行 MIRROR 命令，在图 11-188 的主视图中，将位于水平中心线以下的全部图形相对于水平中心线镜像，执行结果如图 11-189 所示。

10 填充剖面线

将"剖面线"图层置为当前图层。

单击"绘图"工具栏上的"图案填充"按钮，或选择"绘图"|"图案填充"命令，即执行 HATCH 命令，打开"图案填充和渐变色"对话框，在该对话框中进行相关设置，如图 11-190 所示。

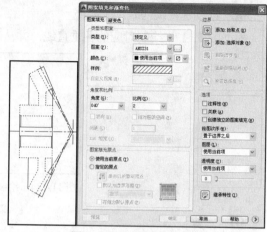

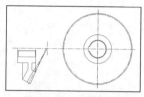

图 11-188　整个图形　　　　图 11-189　镜像结果　　　　　图 11-190　图案填充设置

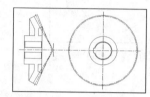

从图 11-190 中可以看出，填充图案为 ANSI31，填充角度为 0，填充比例为 2，并通过"拾取点"按钮，确定对应的填充边界(如图中的虚线区域所示)。

单击对话框中的"确定"按钮，完成图案的填充，结果如图 11-191 所示。至此，完成该图形的绘制。

11　绘制圆

根据图 11-174，在左视图中绘制投影圆，如图 11-192 所示(方法：先从主视图向左视图绘制水平辅助线，然后执行 CIRCLE 命令绘制圆，最后删除水平辅助线)，通过执行 BREAK 命令打断图 11-192 中的水平中心线。

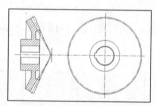

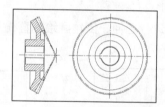

图 11-191　填充结果　　　　　　　　　　图 11-192　绘制圆

2. 标注尺寸

将"尺寸标注"图层置为当前图层。

图 11-174 中的锥齿轮有许多尺寸。在此标注两个典型尺寸：对齐尺寸 35 和角度尺寸 62° 15′。

01　标注对齐尺寸 35

单击"标注"工具栏上的"对齐"按钮 ，或选择"标注"|"对齐"命令，即执行 DIMALIGNED 命令，AutoCAD 提示如下。

> 指定第一个尺寸界线原点或 <选择对象>:(参照图 11-174，在尺寸界线起始点位置捕捉对应交点)
> 指定第二条尺寸界线原点:(参照图 11-174，在尺寸界线起始点位置捕捉另一交点)
> 指定尺寸线位置或
> [多行文字(M)/文字(T)/角度(A)]:(向左上方拖动鼠标，使尺寸线移动到合适位置后单击。结果见图 11-193)

02 标注角度

单击"标注"工具栏上的"角度"按钮△，或选择"标注"|"角度"命令，即执行 DIMANGULAR 命令，AutoCAD 提示如下。

> 选择圆弧、圆、直线或 <指定顶点>:(在主视图中拾取水平中心线)
> 选择第二条直线:(拾取与分度圆相交的斜线)
> 指定标注弧线位置或 [多行文字(M)/文字(T)/角度(A)/象限点(Q)]:T↙
> 输入标注文字: 62%%d15'↙
> 指定标注弧线位置或 [多行文字(M)/文字(T)/角度(A)/象限点(Q)]:(拖动鼠标，使尺寸线移动到合适位置后单击)

执行结果如图 11-193 所示。

03 标注其他尺寸

对图 11-193 标注其他尺寸，结果如图 11-194 所示。

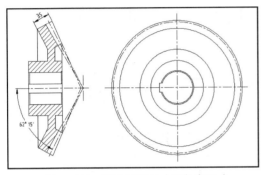

图 11-193　标注对齐尺寸和角度尺寸

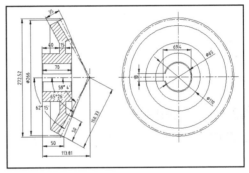

图 11-194　最终图形

至此，完成该图形的绘制，读者还可以对其标注技术要求和填写标题栏等。最后，将此图形命名并进行保存。

本书光盘中的文件"DWG\第 11 章\图 11-174.dwg"是本练习图形的最终结果。

11.8　绘制皮带轮

本节将绘制如图 11-195 所示的 V 型皮带轮。

首先创建新图形，并参照 8.1 节进行设置图层、绘制图框等操作；或直接以光盘中的文件 DWT\ Gb-a3-h.dwt 为样板建立新图形。

图 11-195 中所示图形与前面介绍的链轮、齿轮的绘制有许多类似之处，所以本节重点介绍其不同之处——绘制轮槽，并标注技术要求、填写标题栏。

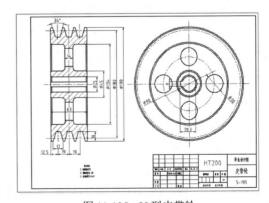

图 11-195　V 型皮带轮

1. 绘制图形

01 绘制中心线

将"中心线"图层置为当前图层。

执行 LINE 命令，根据图 11-195，分别绘制长为 350 的水平中心线和长为 210 的垂直中心线，如图 11-196 所示。

02 绘制左视图

根据图 11-195，在对应图层绘制左视图中的各对应图形，如图 11-197 所示(图中给出了主要尺寸，本例中的倒角尺寸均为 2×45°)。

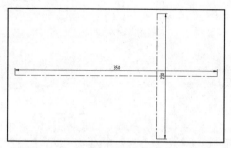

图 11-196　绘制中心线

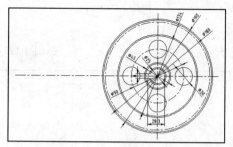

图 11-197　绘制左视图

03 绘制主视图垂直线和辅助线

参照图 11-195，在主视图位置绘制对应的垂直线，从左视图向主视图绘制辅助线，如图 11-198 所示。

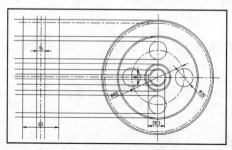

图 11-198　绘制垂直线与辅助线

 提示

由于主视图中的图形对称于水平中心线，可以先绘制出位于水平线之上的一半图形，然后再通过镜像得到另一半图形。为了便于读者对两种绘图方法进行比较，此例中绘出了全部图形。

04 修剪

参照图 11-195，执行 TRIM 命令对主视图进行修剪，结果如图 11-199 所示。

05 倒角、创建圆角等

参照图 11-195，对主视图进行倒角(倒角尺寸均为 2×45°)，创建圆角操作，并利用夹点功能修改位于上方的中心线的长度，利用打断功能打断水平中心线，结果如图 11-200 所示。

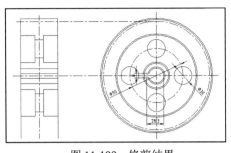
图 11-199　修剪结果

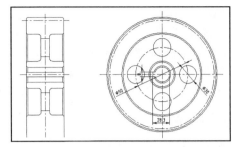
图 11-200　倒角、创建圆角等

06 绘制轮槽

下面绘制主视图中的轮槽。为了方便绘图，放大对应的局部区域，如图 11-201 所示。
先绘制其中的一个槽。

● 绘制中心线和辅助线

参考图 11-195，绘制对应的中心线及辅助线，如图 11-202 所示(图中给出了具体尺寸)。

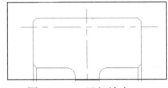
图 11-201　局部放大

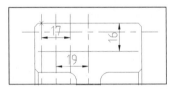
图 11-202　绘制中心线及辅助线

● 绘制斜线

执行 LINE 命令，AutoCAD 提示如下。

> 指定第一个点:(在图 11-202 中，捕捉有小叉位置的点)
> 指定下一点或 [放弃(U)]: @20<-73✓
> 指定下一点或 [放弃(U)]: ✓

执行结果如图 11-203 所示。

使用同样的方法，绘制另一条斜线，结果如图 11-204 所示(也可以通过镜像得到另一条斜线)。

图 11-203　绘制斜线 1

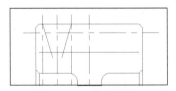
图 11-204　绘制斜线 2

● 修剪

单击"修改"工具栏上的"修剪"按钮，或选择"修改"|"修剪"命令，即执行 TRIM 命令，
AutoCAD 提示如下。

> 选择剪切边...
> 选择对象或 <全部选择>:(选择作为剪切边的对象，如图 11-205 所示，虚线对象为被选中对象)

选择对象:↙

选择要修剪的对象，或按住 Shift 键选择要延伸的对象，或

[栏选(F)/窗交(C)/投影(P)/边(E)/删除(R)/放弃(U)]:(参照图 11-206，在需要修剪的部位拾取对应对象)

选择要修剪的对象，或按住 Shift 键选择要延伸的对象，或

[栏选(F)/窗交(C)/投影(P)/边(E)/删除(R)/放弃(U)]:↙

执行结果如图 11-206 所示。

- 删除和打断

执行 BREAK 命令打断槽的对称线，执行 ERASE 命令删除图 11-206 中位于槽两侧的垂直辅助中心线以及其他多余直线，结果如图 11-207 所示。

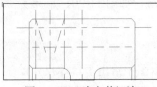 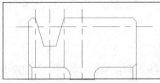 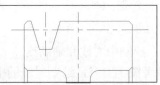

图 11-205　确定剪切边　　　图 11-206　修剪结果　　　图 11-207　删除、打断结果

- 复制

单击"修改"工具栏上的"复制"按钮，或选择"修改"|"复制"命令，即执行 COPY 命令，AutoCAD 提示如下。

选择对象:(在图 11-207 中，选择表示轮槽的两条斜线和水平线，如图 11-208 所示的带夹点对象)

选择对象:↙

指定基点或 [位移(D)/模式(O)] <位移>:(在绘图屏幕上任意拾取一点)

指定第二个点或[阵列(A)] <使用第一个点作为位移>: @19,0↙

指定第二个点或 [阵列(A)/退出(E)/放弃(U)] <退出>: @38,0↙

指定第二个点或 [阵列(A)/退出(E)/放弃(U)] <退出>:↙

执行结果如图 11-209 所示。

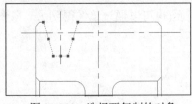 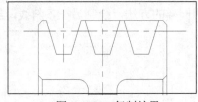

图 11-208　选择要复制的对象　　　　图 11-209　复制结果

- 修剪

对图 11-209 作进一步修剪，并进行相关整理，结果如图 11-210 所示。

07 镜像与修剪

在图 11-210 中，对主视图中表示轮槽的轮廓相对于其水平中心线镜像，参照图 11-195 进行必要的修剪，结果如图 11-211 所示。

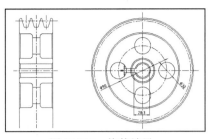　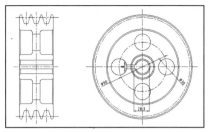

图 11-210　修剪结果　　　　　　　　　　图 11-211　镜像、修剪结果

08 填充剖面线

将"剖面线"图层置为当前图层。

单击"绘图"工具栏上的"图案填充"按钮，或选择"绘图"|"图案填充"命令，即执行 HATCH 命令，打开"图案填充和渐变色"对话框，在该对话框中进行相关设置，如图 11-212 所示。

从图 11-212 中可以看出，填充图案为 ANSI31，填充角度为 0，填充比例为 2，并通过"拾取点"按钮确定了对应的填充边界(如图 11-212 中的虚线区域所示)。

单击对话框中的"确定"按钮，完成图案的填充，结果如图 11-213 所示。至此，完成该图形的绘制。

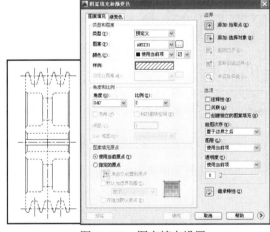　　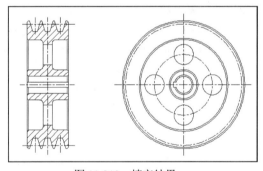

图 11-212　图案填充设置　　　　　　　　图 11-213　填充结果

2. 标注尺寸

下面主要介绍角度尺寸的标注方法。在标注尺寸之前，首先将"尺寸标注"图层置为当前图层。

01 标注角度

单击"标注"工具栏上的"角度"按钮，或选择"标注"|"角度"命令，即执行 DIMANGULAR 命令，AutoCAD 提示如下。

> 选择圆弧、圆、直线或 <指定顶点>:(在图 11-213 的左视图中，在位于左上角位置的轮槽处拾取一轮槽斜线)
> 选择第二条直线:(拾取同一轮槽的另一条斜线)
> 指定标注弧线位置或 [多行文字(M)/文字(T)/角度(A)/象限点(Q)]:(拖动鼠标，使尺寸线移动到合适位置后单击)

执行结果如图 11-214 所示。

02 标注其他尺寸

使用同样的方法，标注其他尺寸，结果如图 11-215 所示。

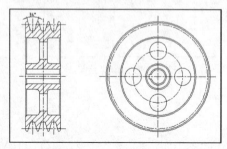

图 11-214　标注角度

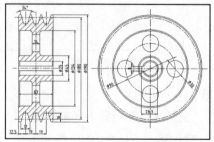

图 11-215　标注全部尺寸

3. 标注技术要求

将“文字标注”图层置为当前图层。

选择“绘图”|“文字”|“多行文字”命令，或单击“绘图”工具栏上的“多行文字”按钮 A，执行 MTEXT 命令，AutoCAD 提示如下。

```
指定第一角点:(参考图 11-195，在该提示下，在标注位置拾取一点，此点作为标注区域的一角点位置)
指定对角点或 [高度(H)/对正(J)/行距(L)/旋转(R)/样式(S)/宽度(W)/栏(C)]:(确定另一角点位置)
```

弹出文字编辑器，从中输入要标注的文字，如图 11-216 所示。

单击文字编辑器中的“确定”按钮，完成文字的标注，结果如图 11-217 所示。

技术要求
1. 铸造圆角R5
2. 铸造斜度1:20
3. 全部倒角2X45°

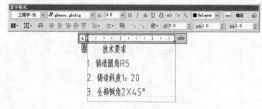

图 11-216　利用文字编辑器输入文字

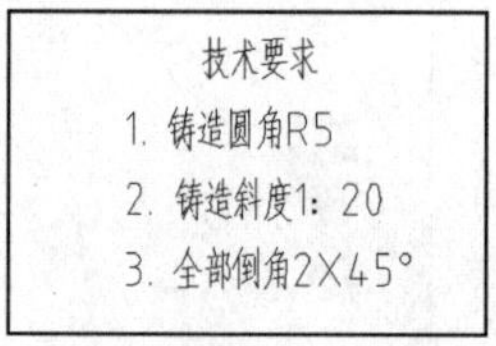

技术要求
1. 铸造圆角R5
2. 铸造斜度1:20
3. 全部倒角2X45°

图 11-217　标注文字

4. 填写标题栏

选择“修改”|“对象”|“文字”|“编辑”命令，在“选择注释对象或 [放弃(U)]:”提示下选择 8.1.6 节中的标题栏块，或直接双击该标题栏块，打开如图 11-218 所示的“增强属性编辑器”对话框。利用该对话框，根据表 11-1 输入对应的属性值，然后单击“确定”按钮，完成标题栏的填写。

表 11-1　标题栏填写内容

填写位置	填写内容
材料标记	HT200
设计单位名称	华北设计院

(续表)

填 写 位 置	填 写 内 容
图样名称	皮带轮
图样代号	无内容
重量	无内容
例	1:1
总张数	400
本图张数序号	210
设计者	无内容
设计日期	无内容

填写后的标题栏如图 11-219 所示。

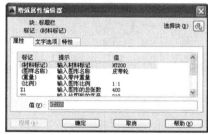

图 11-218　"增强属性编辑器"对话框

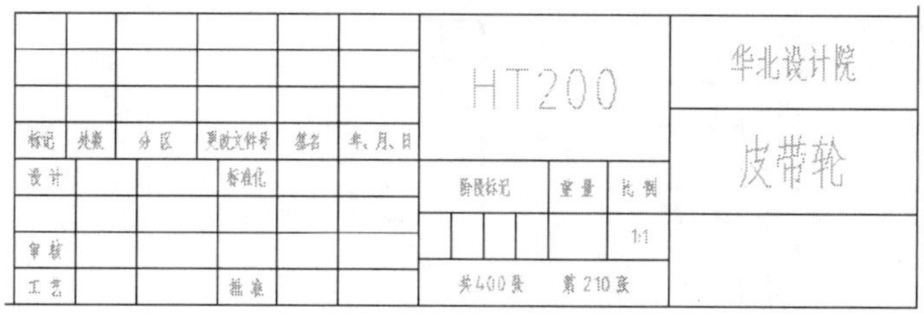

图 11-219　填写后的标题栏

至此，完成全部图形的绘制，最终结果如图 11-220 所示。

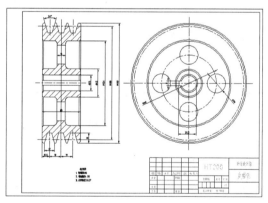

图 11-220　最终图形

将该零件图命名并进行保存，第 13 章将用到此图形。

本书光盘中的文件"DWG\第 11 章\图 11-195.dwg"是本练习图形的最终结果。

11.9　绘制三视图

前面介绍的绘图实例一般有两个视图，本节将绘制两个有标准三视图的零件，即所绘制零件结构图包括主视图、左视图和俯视图。

11.9.1 绘制简单三视图

本节将利用栅格捕捉功能绘制如图 11-221 所示的简单三视图。

从图 11-221 中可以看出，该三视图中的每个视图均由直线构成，同时图形中的尺寸均为 10 的整数倍。因此，利用 AutoCAD 的栅格显示和栅格捕捉功能，无须输入坐标值即可方便地确定各直线的端点位置。

01 绘图设置

选择"工具"|"草图设置"命令，即执行 DSETTINGS 命令，打开"草图设置"对话框。在该对话框的"捕捉和栅格"选项卡中，将栅格捕捉间距和栅格显示间距均设为 10，同时启用栅格显示与栅格捕捉功能，如图 11-222 所示。

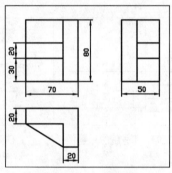

图 11-221　三视图　　　　　　　图 11-222　设置栅格捕捉和栅格显示间距

单击"确定"按钮，关闭对话框，AutoCAD 在屏幕上显示出栅格线。移动光标，此时光标只能落在各栅格点上(为使说明清晰，本书用栅格点代替了栅格线)。

 提示

通过单击状态栏上的▦(捕捉模式)按钮和▦(栅格显示)按钮，可以分别实现栅格捕捉和栅格显示功能启用与否之间的切换。在状态栏上右击▦或▦按钮，从快捷菜单中选择"设置"选项，也可以打开如图 11-222 所示的"草图设置"对话框。

02 绘制图形

执行 LINE 命令，根据提示，在对应栅格点位置确定直线的端点，绘制各直线，即可绘制出对应的图形，如图 11-223 所示。

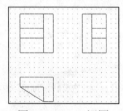

图 11-223　三视图

03 标注尺寸

参照图 11-221 标注各尺寸，最终结果如图 11-221 所示。

11.9.2 绘制支座

本节将介绍绘制如图 11-224 所示支座零件的方法与技巧。

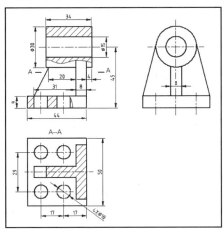

图 11-224 支座

以光盘中的文件 DWT\Gb-a4-v.dwt 为样板建立新图形。首先绘制左视图。

1. 绘制图形

01 绘制中心线

将"中心线"图层置为当前图层。

执行 LINE 命令，在恰当位置绘制主视图、左视图的水平中心线；绘制左视图中的垂直中心线，结果如图 11-225 所示(图中的尺寸仅供参考)。

02 绘制圆

将"粗实线"图层置为当前图层，在右视图对应位置绘制直径分别为 15 和 30 的圆，执行结果如图 11-226 所示。

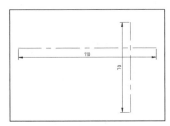

图 11-225 绘制中心线

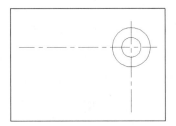

图 11-226 绘制圆

03 绘制平行线

单击"修改"工具栏上的"偏移"按钮 ⬒ ，或选择"修改" | "偏移"命令，即执行 OFFSET

命令，AutoCAD 提示如下。

> 指定偏移距离或 [通过(T)/删除(E)/图层(L)]: 45✓
> 选择要偏移的对象，或 [退出(E)/放弃(U)] <退出>:(拾取图 11-226 中的水平中心线)
> 指定要偏移的那一侧上的点，或 [退出(E)/多个(M)/放弃(U)] <退出>:(在所拾取中心线的下方任意位置拾取一点)
> 选择要偏移的对象，或 [退出(E)/放弃(U)] <退出>:✓

执行 OFFSET 命令，AutoCAD 提示如下。

> 指定偏移距离或 [通过(T)/删除(E)/图层(L)]: 36✓ (45-9=36)
> 选择要偏移的对象，或 [退出(E)/放弃(U)] <退出>:(拾取图 11-226 中的水平中心线)
> 指定要偏移的那一侧上的点，或 [退出(E)/多个(M)/放弃(U)] <退出>:(在所拾取中心线的下方任意位置拾取一点)
> 选择要偏移的对象，或 [退出(E)/放弃(U)] <退出>:✓

执行 OFFSET 命令，AutoCAD 提示如下。

> 指定偏移距离或 [通过(T)/删除(E)/图层(L)]: 4✓
> 选择要偏移的对象，或 [退出(E)/放弃(U)] <退出>:(拾取图 11-226 中的垂直中心线)
> 指定要偏移的那一侧上的点，或 [退出(E)/多个(M)/放弃(U)] <退出>:(在所拾取中心线的左侧任意位置拾取一点)
> 选择要偏移的对象，或 [退出(E)/放弃(U)] <退出>:✓

执行 OFFSET 命令，AutoCAD 提示如下。

> 指定偏移距离或 [通过(T)/删除(E)/图层(L)]: 25✓
> 选择要偏移的对象，或 [退出(E)/放弃(U)] <退出>:(拾取图 11-226 中的垂直中心线)
> 指定要偏移的那一侧上的点，或 [退出(E)/多个(M)/放弃(U)] <退出>:(在所拾取中心线的左侧任意位置拾取一点)
> 选择要偏移的对象，或 [退出(E)/放弃(U)] <退出>:✓

执行结果如图 11-227 所示。

04 修剪

单击"修改"工具栏上的"修剪"按钮，或选择"修改"|"修剪"命令，即执行 TRIM 命令，AutoCAD 提示如下。

> 选择剪切边...
> 选择对象或 <全部选择>:(选择作为剪切边的对象，如图 11-228 所示，虚线对象为被选中对象)
> 选择对象:✓
> 选择要修剪的对象，或按住 Shift 键选择要延伸的对象，或
> [栏选(F)/窗交(C)/投影(P)/边(E)/删除(R)/放弃(U)]:(参照图 11-229，在需要修剪掉的部位拾取对应对象)
> 选择要修剪的对象，或按住 Shift 键选择要延伸的对象，或
> [栏选(F)/窗交(C)/投影(P)/边(E)/删除(R)/放弃(U)]:✓

执行结果如图 11-229 所示。

05 绘制直线

单击"绘图"工具栏上的"直线"按钮，或选择"绘图"|"直线"命令，即执行 LINE 命令，AutoCAD 提示如下。

指定第一个点:(捕捉图 11-229 中有小叉标记的点)
指定下一点或 [放弃(U)]:(在大圆左侧捕捉切点)
指定下一点或 [放弃(U)]: ✓

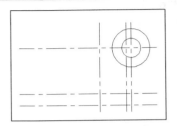

图 11-227　绘制平行线

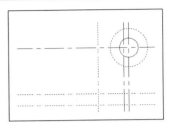

图 11-228　确定剪切边

执行结果如图 11-230 所示。

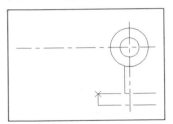

图 11-229　修剪结果

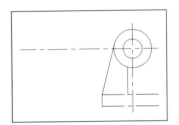

图 11-230　绘制直线

06 镜像

执行 MIRROR 命令，AutoCAD 提示如下。

选择对象:(选择需要镜像的对象，如图 11-231 中的虚线对象所示)
选择对象:✓
指定镜像线的第一点:(捕捉图 11-231 中垂直中心线的一端点)
指定镜像线的第二点:(捕捉图 11-231 中垂直中心线的另一端点)
是否删除源对象？[是(Y)/否(N)] <N>:✓

执行结果如图 11-232 所示。

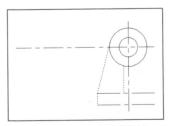

图 11-231　确定镜像对象

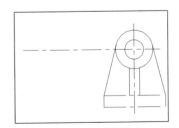

图 11-232　镜像结果

07 更改图层

　　在图 11-232 中，仍有部分图形对象位于中心线图层，利用"图层"工具栏将这部分图形更改到
"粗实线"图层，如图 11-233 所示。

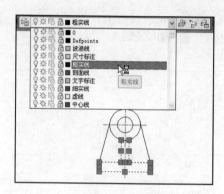

图 11-233　更改图层

08 绘制直线并延伸

执行 LINE 命令，在主视图位置绘制表示主视图最左侧短直线的垂直线。执行 EXTEND 命令，将位于左视图下方的两条水平线延伸到新绘制的垂直线位置，如图 11-234 所示。

09 绘制垂直线与辅助线

在主视图的位置上绘制各对应垂直线，并从左视图向主视图绘制辅助线，如图 11-235 所示(图中给出了主要尺寸)。

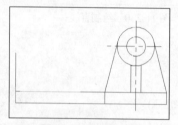

图 11-234　延伸结果

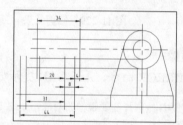

图 11-235　绘制垂直线和辅助线

10 绘制样条曲线和直线

在图 11-224 中，主视图内有两条表示剖切位置的曲线，此类曲线可以利用样条曲线命令绘制。

将"细实线"图层置为当前图层。

单击"绘图"工具栏上的"样条曲线"按钮 ～，或选择"绘图" | "样条曲线"命令，即执行 SPLINE 命令，根据提示，确定样条曲线上的点，即可绘制出对应的曲线，如图 11-236 所示。

将"粗实线"图层置为当前图层。

执行 LINE 命令，在主视图内对应位置绘制斜线，如图 11-237 所示。

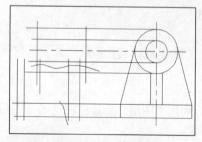

图 11-236　绘制曲线

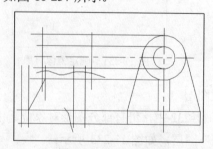

图 11-237　绘制斜线

11 修剪

单击"修改"工具栏上的"修剪"按钮 $\not$，或选择"修改"|"修剪"命令，即执行 TRIM 命令，AutoCAD 提示如下。

```
选择剪切边...
选择对象或 <全部选择>:(选择作为剪切边的对象，如图 11-238 所示，虚线对象为被选中对象)
选择对象:✓
选择要修剪的对象，或按住 Shift 键选择要延伸的对象，或
[栏选(F)/窗交(C)/投影(P)/边(E)/删除(R)/放弃(U)]:(参照图 11-239，在需要修剪掉的部位拾取对应对象)
选择要修剪的对象，或按住 Shift 键选择要延伸的对象，或
[栏选(F)/窗交(C)/投影(P)/边(E)/删除(R)/放弃(U)]:✓
```

执行结果如图 11-239 所示。

12 删除和打断

删除图 11-239 中的两条多余垂直线，并执行 BREAK 命令打断水平中心线，结果如图 11-240 所示。

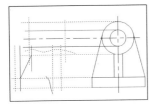
图 11-238　确定剪切边

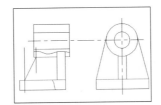
图 11-239　修剪结果

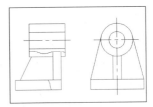
图 11-240　删除、打断后的结果

13 绘制俯视图中的各直线与辅助线。

参考图 11-224，在俯视图的位置上，在各对应图层绘制水平直线，并从主视图向俯视图绘制辅助垂直线等，执行结果如图 11-241 所示。

在图 11-241 中，位于主、左视图中的辅助水平线表示俯视图的剖切位置。俯视图中，两条平行线的距离 40 是通过测量右侧视图中水平辅助直线与两斜边的交点之间的距离得到的，也可根据用户确定的距离值来绘制此平行线。

14 修剪

参照图 11-224 中的俯视图，对图 11-241 中的俯视图进行修剪，结果如图 11-242 所示。

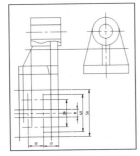
图 11-241　绘制直线与辅助线

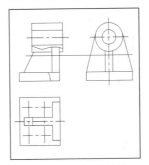
图 11-242　修剪结果

15 绘制圆

执行 CIRCLE 命令，在俯视图对应位置绘制直径为 10 的 4 个圆，并从这些圆在对应图层向主视图对应位置引辅助线，如图 11-243 所示。

16 修剪和整理

参照图 11-224，对图 11-243 进行修剪，并对俯视图中的中心线进行整理，结果如图 11-244 所示。

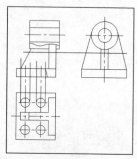

图 11-243　绘制圆和辅助线

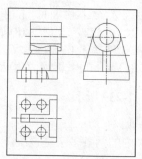

图 11-244　修剪结果

17 填充剖面线

将"剖面线"图层置为当前图层。

单击"绘图"工具栏上的"图案填充"按钮，或选择"绘图"|"图案填充"命令，即执行 HATCH 命令，打开"图案填充和渐变色"对话框，在该对话框中进行相关设置，如图 11-245 所示。

从图 11-245 中可以看出，填充图案选择为 ANSI31，填充角度为 0，填充比例为 1，并通过"拾取点"按钮，确定对应的填充边界(如图中的虚线区域所示)。

单击对话框中的"确定"按钮，完成图案的填充。经进一步整理，结果如图 11-246 所示。

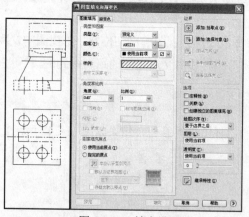

图 11-245　填充设置

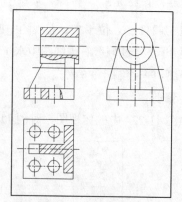

图 11-246　填充剖面线

2. 标注尺寸

将"尺寸标注"图层置为当前图层。参考图 11-224，对图 11-246 标注各尺寸，结果如图 11-247 所示(标注过程略)。

3．标注剖切符号等

绘制、标注与图 11-224 对应的剖切符号以及剖视图标记 A-A 等。

首先，利用打断命令(BREAK 命令)将主视图和左视图中的水平辅助线打断，使其成为表示剖切符号的两条短直线。然后，执行 MTEXT 命令，分别标注符号 A、A 和 A-A，结果如图 11-248 所示。至此，完成图形的绘制，将其命名并进行保存。

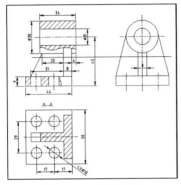

图 11-247　标注尺寸

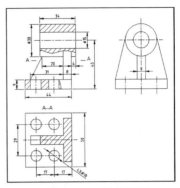

图 11-248　最终图形

本书光盘中的文件"DWG\第 11 章\图 11-224.dwg"是本练习图形的最终结果。

11.10　绘制箱体零件

箱体零件是常用零件之一。本节将介绍如图 11-249 所示的箱体零件的绘制过程。

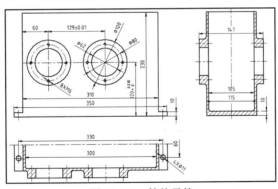

图 11-249　箱体零件

首先，创建新图形，并参照 8.1 节进行设置图层、绘制图框等操作，或直接以光盘中的文件 DWT\Gb-a1-h.dwt(或 DWT\Gb-a2-h.dwt)为样板建立新图形。

1．绘制图形

01 绘制中心线

将"中心线"图层置为当前图层。

259

执行 LINE 命令,在各视图位置绘制对应的中心线,如图 11-250 所示(图中给出了主要参考尺寸。绘制这些中心线时,除尺寸 129 已确定不变外,其余尺寸由读者确定,因为在绘图过程中可根据需要随时调整中心线的位置和长短)。

02 绘制主视图主要对象

在主视图中,分别在"粗实线"和"中心线"图层执行 CIRCLE 命令绘制各对应圆,并绘制已有中心线的各平行线,如图 11-251 所示。

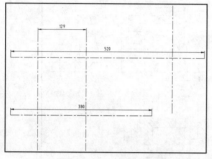

图 11-250　绘制中心线

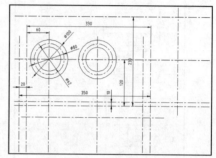

图 11-251　绘制圆与平行线

03 更改图层、修剪和延伸

利用"图层"工具栏,将主视图中新绘制的各平行线更改到"粗实线"图层,并根据图 11-249,对中心线和平行线进行对应的延伸与修剪,结果如图 11-252 所示。

在图 11-252 中并没有对主视图进行完全修剪,即保留了一些长线,因为绘制其他视图时要用到这些线。

04 在左视图和俯视图中绘制辅助线

参照图 11-249,在对应的图层,在左视图和俯视图绘制相应的平行线,并从主视图向这两个视图绘制对应的辅助线,结果如图 11-253 所示。

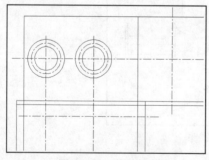

图 11-252　修剪结果

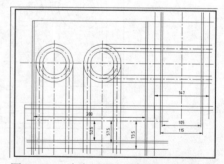

图 11-253　在左视图和俯视图绘制辅助线

05 修剪

参照图 11-249,对图 11-253 做进一步修剪或延伸,结果如图 11-254 所示。

06 修整中心线

对图 11-254 中的相关中心线进行打断等操作,结果如图 11-255 所示。

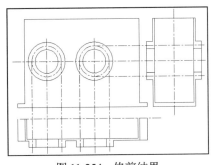

图 11-254　修剪结果

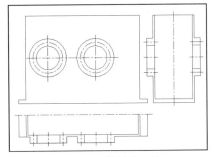

图 11-255　修整中心线

07 创建圆角

参照图 11-249，执行 FILLET 命令，在对应位置绘制半径为 5 的圆角，结果如图 11-256 所示。

08 绘制主视图中的螺纹孔

● 绘制单个螺纹孔

在图 11-256 中执行 CIRCLE 和 BREAK 命令，在位于左侧的中心线圆与垂直中心线的交点处绘制一个 M6 螺纹孔(先绘制一个圆，然后将其打断)，如图 11-257 所示。

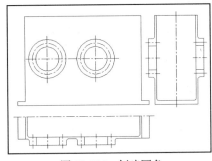

图 11-256　创建圆角

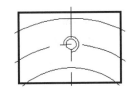

图 11-257　绘制螺纹孔

● 环形阵列

单击"修改"工具栏中的"环形阵列"按钮，或选择"修改"|"环形阵列"命令(如图 11-258 所示)，即执行 ARRAYPOLAR 命令，AutoCAD 提示如下。

> 选择对象:(选择图 11-257 中表示螺纹孔的对象)
> 选择对象:✓
> 指定阵列的中心点或 [基点(B)/旋转轴(A)]:(捕捉对应的阵列中心点)
> 选择夹点以编辑阵列或 [关联(AS)/基点(B)/项目(I)/项目间角度(A)/填充角度(F)/行(ROW)/层(L)/旋转项目(ROT)/退出(X)] <退出>: I✓
> 输入阵列中的项目数或 [表达式(E)] <6>: 4✓
> 选择夹点以编辑阵列或 [关联(AS)/基点(B)/项目(I)/项目间角度(A)/填充角度(F)/行(ROW)/层(L)/旋转项目(ROT)/退出(X)] <退出>: F✓
> 指定填充角度(+=逆时针、-=顺时针)或 [表达式(EX)] <360>:✓
> 选择夹点以编辑阵列或 [关联(AS)/基点(B)/项目(I)/项目间角度(A)/填充角度(F)/行(ROW)/层(L)/旋转项目(ROT)/退出(X)] <退出>:

261

执行结果如图 11-259 所示。

图 11-258 "阵列"子菜单

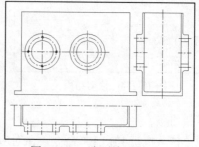

图 11-259 阵列结果

- 复制

执行 COPY 命令，AutoCAD 提示如下。

> 选择对象:(选择图 11-259 中的 4 个螺纹孔)
> 选择对象:↙
> 指定基点或 [位移(D)/模式(O)] <位移>: (在图 11-259 中，捕捉主视图中位于左侧的大圆圆心)
> 指定第二个点或 [阵列(A)] <使用第一个点作为位移>:(在图 11-259 中，捕捉主视图中位于中间的大圆圆心)
> 指定第二个点或 [阵列(A)/退出(E)/放弃(U)] <退出>:↙

执行结果如图 11-260 所示。

09 绘制圆及其中心线

参照图 11-249，在俯视图的对应位置绘制直径为 11 的圆及其中心线，结果如图 11-261 所示。

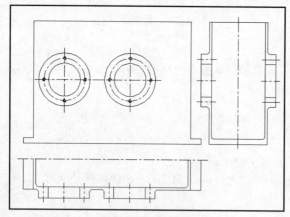

图 11-260 复制结果

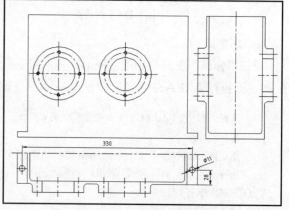

图 11-261 绘制圆及中心线

10 填充剖面线

将"剖面线"图层置为当前图层。

单击"绘图"工具栏上的"图案填充"按钮，或选择"绘图"|"图案填充"命令，即执行 HATCH 命令，打开"图案填充和渐变色"对话框，在该对话框中进行相关设置，如图 11-262 所示。

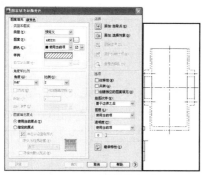

图 11-262　图案填充设置

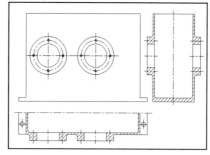

图 11-263　填充结果

从图 11-262 中可以看出，填充图案为 ANSI31，填充角度为 0，填充比例为 2，并通过"拾取点"按钮确定对应的填充边界(如图 11-262 中的虚线区域所示)。

单击对话框中的"确定"按钮，完成图案的填充，结果如图 11-263 所示。

2. 标注尺寸

01 标注垂直尺寸 60(位于俯视图右侧的尺寸)

由图 11-249 可以看出，垂直尺寸 60 只有一条尺寸界线和一半的尺寸线。为了标注这样的尺寸，执行 DIMSTYLE 命令定义一个新尺寸样式，在该样式中，隐藏一条尺寸线和尺寸界线(通过如图 11-264 所示的"线"选项卡实现：在图中分别选中"隐藏尺寸线 2"和"隐藏尺寸界线 2"复选框)。另外，绘制一条与需要标注尺寸的中心线之间距离为 60 的辅助线。然后选择新标注样式为当前样式，执行标注线性尺寸命令标注对应的尺寸，结果如图 11-265 所示。

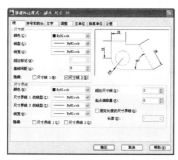

图 11-264　"线"选项卡

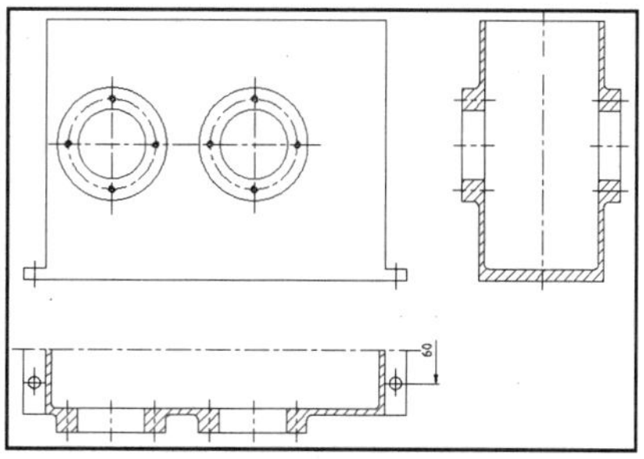

图 11-265　标注垂直尺寸 60

02 标注其他尺寸

参照图 11-249，使用标注样式"尺寸-35"标注其他尺寸及公差，最终结果如图 11-266 所示。

至此，完成全部图形的绘制，将该图形命名并进行保存，第 13 章还将用到此图形。

本书光盘中的文件"DWG\第 11 章\图 11-249.dwg"是本练习图形的最终结果。

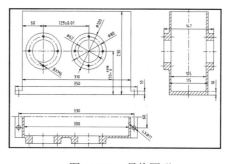

图 11-266　最终图形

11.11 习题

1. 绘制如图 11-267 所示的快换钻套，并标注尺寸(图中只给出了主要尺寸，其余尺寸由读者确定)。

2. 绘制如图 11-268 所示的轴，并标注尺寸(图中只给出了主要尺寸，其余尺寸由读者确定)。

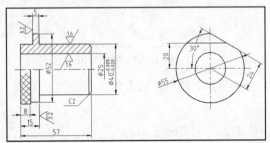

图 11-267 快换钻套

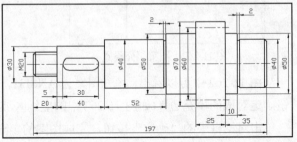

图 11-268 轴

3. 绘制如图 11-269 所示的铰链压板，并标注尺寸(图中只给出了主要尺寸，其余尺寸由读者确定)。

4. 绘制如图 11-270 所示的法兰盘，并标注尺寸(图中只给出了主要尺寸，其余尺寸由读者确定)。

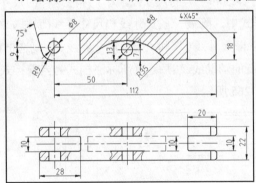

图 11-269 铰链压板

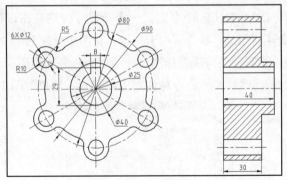

图 11-270 法兰盘

5. 绘制如图 11-271 所示的踏板，并标注尺寸(图中只给出了主要尺寸，其余尺寸由读者确定)。

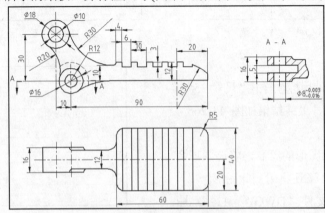

图 11-271 踏板

第12章 创建图块、图库及表格

在实际绘图过程中，经常需要重复绘制某些图形，如螺栓、螺母、垫圈等标准件图形以及常用的外构件等。为了提高绘图效率，AutoCAD 可以将绘制好的图形定义成块，当用户需要绘制它们时，将对应的块按指定的比例和角度插入到当前图形即可。此外，AutoCAD 还支持用户定义由多个块构成的图形库，而且利用 AutoCAD 的设计中心，可以很方便地将图形库中的图形插入到当前所绘图形中。

此外，利用 AutoCAD 2014，可以方便地创建不同样式的表格，而且还可以对表格进行各种编辑操作，如合并单元格，改变行高与列宽等。

12.1 使用粗糙度符号块

粗糙度是机械设计中必不可少的标注内容，由于制图过程中需要频繁地标注粗糙度，因此可以将粗糙度符号定义成块，需要时直接插入即可。

12.1.1 定义粗糙度符号块

本小节介绍粗糙度符号块的定义过程。

图 12-1 所示为常用的粗糙度符号的画法规定，其中 H=1.4h，h 为文字的高度。

下面以 h=3.5 为例(即 H=1.4×3.5=4.9)，绘制该符号。

首先，以光盘中的文件 DWT\Gb-a4-v.dwt 为样板建立新图形，并将"细实线"图层置为当前图层。

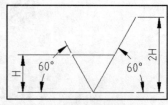

图 12-1 粗糙度画法规定

01 绘制图形

● 绘制水平辅助线

执行 LINE 命令，分别绘制 3 条间距为 4.9 的水平辅助线，如图 12-2 所示。

● 绘制斜线

执行 LINE 命令，AutoCAD 提示如下。

> 指定第一个点:(在图 12-2 中，捕捉位于中间位置的水平直线的左端点)
> 指定下一点或 [放弃(U)]: @10<-60↙
> 指定下一点或 [放弃(U)]:↙

执行结果如图 12-3 所示。

继续执行 LINE 命令，AutoCAD 提示如下。

> 指定第一个点:(在图 12-3 中，捕捉已有斜线与位于最下方的水平直线的交点)
> 指定下一点或 [放弃(U)]: @15<60↙
> 指定下一点或 [放弃(U)]:↙

执行结果如图 12-4 所示。

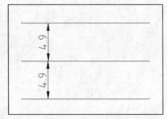

图 12-2 绘制水平辅助线

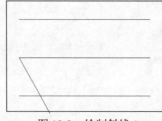

图 12-3 绘制斜线 1

图 12-4 绘制斜线 2

● 修剪和删除

单击"修改"工具栏上的"修剪"按钮，或选择"修改"|"修剪"命令，即执行 TRIM 命令，AutoCAD 提示如下。

> 选择剪切边…
> 选择对象或 <全部选择>:(选择作为剪切边的对象，图 12-5 中，虚线对象为被选中对象)
> 选择对象:↙
> 选择要修剪的对象，或按住 Shift 键选择要延伸的对象，或
> [栏选(F)/窗交(C)/投影(P)/边(E)/删除(R)/放弃(U)]:(参照图 12-6，在需要修剪的部位拾取对应对象)
> 选择要修剪的对象，或按住 Shift 键选择要延伸的对象，或
> [栏选(F)/窗交(C)/投影(P)/边(E)/删除(R)/放弃(U)]:↙

执行结果如图 12-6 所示。

执行 ERASE 命令，删除图 12-6 中的上、下两条水平线，得到的粗糙度符号如图 12-7 所示。

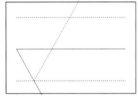  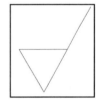

图 12-5　确定剪切边　　　　图 12-6　修剪结果　　　　图 12-7　粗糙度符号

02 定义块

单击"绘图"工具栏上的"创建块"按钮，或选择"绘图"|"块"|"创建"命令，即执行 BLOCK 命令，打开"块定义"对话框，在该对话框中进行定义块相关设置，如图 12-8 所示。

从图 12-8 中可以看出，将块名设为 ROUGHNESS；通过"拾取点"按钮，将图 12-7 中两条斜线的交点选为基点；通过"选择对象"按钮，选择图 12-7 中表示粗糙度符号的 3 条线；通过选中"转换为块"单选按钮，使定义块操作后自动将所选择对象转换成块。

单击对话框中的"确定"按钮，完成块的定义，并将原图形自动转换成块。

此后，就可以利用插入命令在图形中插入已定义块，即插入粗糙度符号。标注粗糙度时还应有文字信息，即粗糙度的值，如图 12-9 所示。

图 12-8　"块定义"对话框　　　　图 12-9　有粗糙度值的粗糙度符号

利用标注文字功能可以在已有符号上标注文字，但过程较为繁琐。而利用 AutoCAD 的属性功能，

就可以很轻松地解决这一问题。下面将介绍其具体实现过程。

12.1.2 定义有属性的粗糙度符号块

1. 定义属性

设已绘制好如图 12-7 所示的粗糙度符号(本书光盘中的文件"DWG\第 12 章\粗糙度符号.dwg"中包含对应的粗糙度符号)。下面为其定义表示粗糙度值的属性。

将"文字标注"图层置为当前图层。选择"绘图"|"块"|"定义属性"命令，即执行 ATTDEF 命令，打开"属性定义"对话框，在该对话框中设置对应的属性，如图 12-10 所示。

从图 12-10 中可以看出，已指定了对应属性的属性标记与提示。通过"文字设置"选项组中的"对正"下拉列表将文字的对正方式选择为"中间"，通过"文字样式"下拉列表选择文字样式为"工程字-35"，单击图 12-10 中的"确定"按钮，AutoCAD 提示如下。

> 指定起点:

在此提示下指定属性的位置，完成标记为 ROU 的属性定义，且 AutoCAD 将该标记按指定的文字样式、对正方式显示在对应的位置，如图 12-11 所示。至此，完成属性的定义。

图 12-10　设置属性

图 12-11　粗糙度符号块

2. 定义块

单击"绘图"工具栏上的"创建块"按钮，或选择"绘图"|"块"|"创建"命令，即执行 BLOCK 命令，打开"块定义"对话框，在该对话框中进行相应的设置，如图 12-12 所示。

图 12-12 中的设置与图 12-8 类似，即块名为 ROUGHNESS。通过"拾取点"按钮，将图 12-11 中两条斜线的交点选作块基点。选中"转换为块"单选按钮，完成定义块后，即可自动将所选择对象转换成块。但与图 12-8 不同，在图 12-12 中，通过"选择对

图 12-12　定义块

象"按钮选择对象时，不仅选择了图 12-11 中表示粗糙度符号的 3 条线，同时也选择了块标记文字 ROU。

单击图 12-12 中的"确定"按钮，弹出图 12-13 所示的"编辑属性"对话框，要求用户输入粗糙度值(这是因为在定义块后要将原有图形自动转换为块。如果定义块时没有要求此功能，则不会弹出该对话框)。输入具体数值后(如输入 3.2)，单击"确定"按钮，完成块的定义，并在原块标记的位置显示对应的属性值，即粗糙度值，结果如图 12-14 所示。

图 12-13　"编辑属性"对话框

图 12-14　有属性值的块

将包含该块的图形以文件名"图 12-14(粗糙度符号块)"保存到磁盘，在后面的学习中还要用到该块。

本书光盘中的文件"DWG\第 12 章\图 12-14(粗糙度符号块).dwg"包含有对应的粗糙度符号块。

12.1.3　插入粗糙度符号块

1. 使用 INSERT 命令插入块

AutoCAD 提供了专门用于插入块的命令：INSERT 命令。

打开本书光盘中的文件"DWG\第 12 章\图 12-15.dwg"，如图 12-15 所示。该文件中已经定义了名为 ROUGHNESS 的粗糙度符号块，下面用 INSERT 命令插入该块，最终得到的标注结果如图 12-16 所示。

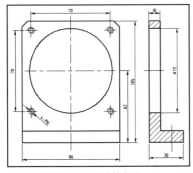

图 12-15　示例图形

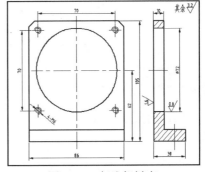

图 12-16　标注粗糙度

标注过程如下。

01 标注孔的粗糙度

打开图形，单击"绘图"工具栏上的"插入块"按钮，或选择"插入"|"块"命令，即执行

INSERT 命令，打开"插入"对话框，在该对话框中进行相关设置，如图 12-17 所示。

从图 12-17 中可以看出，通过"名称"下拉列表选择了块 ROUGHNESS；选中了"在屏幕上指定"复选框，表示将在屏幕上通过指定的方式确定块的插入位置；块的缩放比例设为 1；块的旋转角度设为 0。单击对话框中的"确定"按钮，AutoCAD 关闭对话框，同时提示如下。

> 指定插入点或 [基点(B)/比例(S)/旋转(R)]:(参考图 12-16，在图 12-15 中，在尺寸 ϕ 72 的下尺寸界线处确定一点)
> 输入属性值
> 请输入粗糙度值: 0.8↙

执行结果如图 12-18 所示。

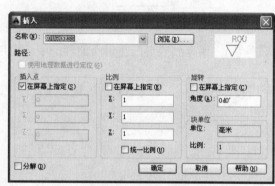

图 12-17 "插入"对话框

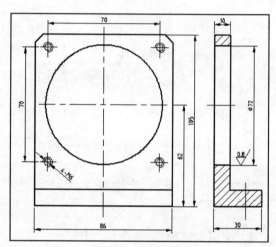

图 12-18 标注粗糙度

02 标注端面粗糙度

执行 INSERT 命令，打开"插入"对话框，在该对话框中进行相关设置，如图 12-19 所示。

图 12-19 与图 12-17 的区别在于：在图 12-19 中将块的旋转角设为 90°，而图 12-17 中设为 0º。单击对话框中的"确定"按钮，AutoCAD 关闭对话框，提示如下。

> 指定插入点或 [基点(B)/比例(S)/旋转(R)]:(参考图 12-16，在图 12-18 中，在左视图中表示左端面的直线上确定一点)
> 输入属性值
> 请输入粗糙度值: 1.6↙

执行结果如图 12-20 所示。

03 标注其余粗糙度

执行 INSERT 命令，打开"插入"对话框，在该对话框中进行与图 12-17 类似的设置，然后单击对话框中的"确定"按钮，AutoCAD 提示如下。

> 指定插入点或 [基点(B)/比例(S)/旋转(R)]: (参考图 12-16，在图 12-20 右上角恰当位置确定一点)
> 输入属性值
> 请输入粗糙度值: 3.2↙

图 12-19　"插入"对话框

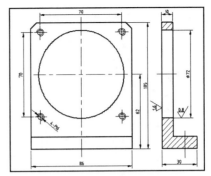

图 12-20　标注端面粗糙度

执行 MTEXT 命令，在新标注粗糙度的左侧标注文字"其余"，最终结果如图 12-16 所示。将图形命名并进行保存。

本书光盘中的文件"DWG\第 12 章\图 12-16.dwg"是本练习图形的最终结果。

提示

> 只有在定义了块的图形中，才能使用 INSERT 命令插入对应的块。如果希望在其他图形中插入块，一般有两种方法：一种是利用 WBLOCK 命令定义块，即定义外部块，然后在任意图形中使用 INSERT 命令插入所定义的块；另一种方法是通过设计中心插入在其他图形中定义的块。下面介绍后一种插入块的方法。

2. 利用设计中心插入块

设已定义了如图 12-14 所示形式的粗糙度符号块，并已将该块所在的图形保存到磁盘(本书光盘中的文件"DWG\第 12 章\图 12-14(粗糙度符号块).dwg"包含对应的粗糙度符号块)。打开本书光盘中的文件"DWG\第 12 章\图 12-21.dwg"，如图 12-21 所示。下面将通过设计中心，为该零件标注粗糙度，结果如图 12-22 所示。

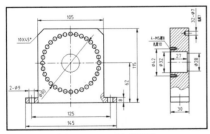

图 12-21　示例图形

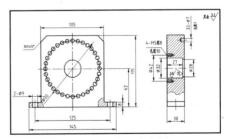

图 12-22　标注粗糙度

操作过程如下。

01 打开图形

打开本书光盘中的文件"DWG\第 12 章\图 12-21.dwg"。

02 打开设计中心

单击"标准"工具栏上的"设计中心"按钮，或选择"工具"|"选项板"|"设计中心"命

令，即执行 ADCENTER 命令，弹出设计中心窗口，在窗口中位于左边的文件列表夹中查找并选择文件"图 12-14(粗糙度符号块).dwg"，AutoCAD 会在右边显示对应的命名对象项，即标注样式、块和图层等，如图 12-23 所示。

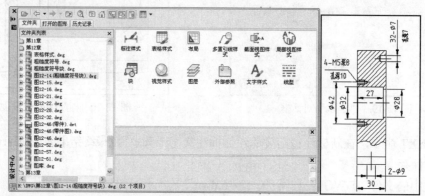

图 12-23　在设计中心中显示命名对象项

双击图 12-23 中位于右侧栏内的"块"选项，AutoCAD 显示图形"图 12-14(粗糙度符号块).dwg"中含有的块，如图 12-24 所示。

图 12-24　显示块

从图 12-24 中可以看出，图形"图 12-14(粗糙度符号块).dwg"中有两个块，即粗糙度符号块和标题栏块。

03 为当前图形插入块

可以采用如下 3 种方法，从图 12-24 中所示的设计中心向当前图形添加粗糙度符号块。

第 1 种方法：将设计中心的粗糙度图标拖动到当前图形需要标注粗糙度的位置(如直径尺寸 φ32 的下尺寸界线上的恰当位置)，释放鼠标，AutoCAD 打开"编辑属性"对话框，在该对话框中输入对应的粗糙度值，如图 12-25 所示。单击对话框中的"确定"按钮，完成粗糙度的标注。采用该方法插入块时，所插入块的方向和大小与其定义相同，即插入时即不能旋转，也不能改变比例。

第 2 种方法：将光标定位在图 12-24 内所示的粗糙度图标处，右击，弹出快捷菜单，如图 12-26 所示。选择快捷菜单中的"插入块"选项，打开与图 12-19 类似的"插入"对话框，在该对话框中进行相关的设置后，单击"确定"按钮，即可实现块的插入。

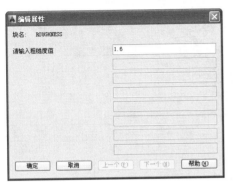

图 12-25　输入属性值

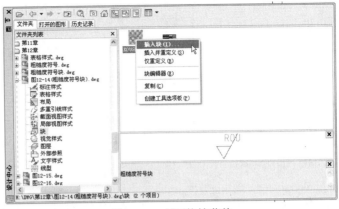

图 12-26　显示快捷菜单

第 3 种方法：将图 12-24 中的粗糙度图标右拖到当前图形中(方法：将光标定位在图标上，右击，不释放鼠标将其拖动到图形区域)，释放鼠标，系统弹出快捷菜单，从中选择"插入块"命令，打开与图 12-19 相似的"插入"对话框，在该对话框中进行设置后，单击"确定"按钮，即可实现块的插入。

利用上述 3 种方法，参照要求对图 12-21 标注粗糙度，即可得到如图 12-22 所示的结果。

本书光盘中的文件"DWG\第 12 章\图 12-22.dwg"是本练习图形的最终结果。

12.2　定义符号库

在实际设计中，有许多频繁使用的同类图形，如螺栓、螺母以及轴承等。如果将这些图形定义到图形库中，需要时直接插入，可以极大地提高绘图效率。

定义符号库的方法有多种，其中最简单的方法是通过块来实现。本节将使用这种方法定义如图 12-27 所示的包含有各种螺栓的符号库。

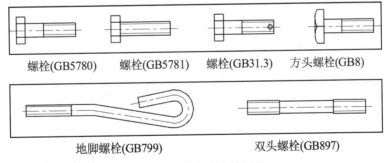

图 12-27　符号库中的图形

定义步骤如下。

01 绘制图形

首先，在相应图层绘制如图 12-27 中所示的各个图形，如图 12-28 所示。

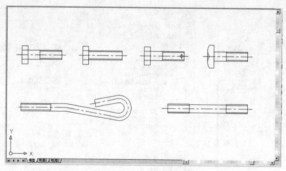

图 12-28 绘制图形

本书光盘中的文件"DWG\第 12 章\图 12-28.dwg"提供了对应的图形。

02 定义块

将图 12-28 中的各个图形分别定义为块。下面以位于第一行第一列的图形为例,说明块的定义过程。执行 BLOCK 命令,打开"块定义"对话框,在对话框中进行相关设置,如图 12-29 所示。

图 12-29 "块定义"对话框

从图 12-29 中可以看出,块名为"螺栓(GB5780)";通过"拾取点"按钮,在图 12-28 中的对应螺栓中,选择螺栓头右端面与中心线的交点为块基点;通过"选择对象"按钮,拾取对应的图形对象作为块对象;选中"转换为块"单选按钮,使得定义块后,自动将所选择对象转换成块;同时,在"说明"框中作出了对块的说明。单击对话框中的"确定"按钮,完成第一个块的定义。

与此类似,分别执行 BLOCK 命令,将图 12-28 中的其他图形也定义为块。其中,块中的主要设置如表 12-1 所示,其余设置与图 12-29 类似。

表 12-1 块设置要求(包括已定义的块)

序 号	块 名 称	块 基 点	说 明
1	螺栓(GB5780)	螺栓头右端面与中心线的交点	螺栓(GB5780)
2	螺栓(GB5781)	螺栓头右端面与中心线的交点	螺栓(GB5781)
3	螺栓(GB31.3)	螺栓头右端面与中心线的交点	螺栓(GB31.3)
4	方头螺栓(GB8)	螺栓头右端面与中心线的交点	方头螺栓(GB8)
5	地脚螺栓(GB799)	螺纹底线与中心线的交点	地脚螺栓(GB799)
6	双头螺栓(GB897)	左螺纹底线与中心线的交点	双头螺栓(GB897)

03 保存图形

选择"文件"|"另存为"命令，打开"图形另存为"对话框。在该对话框中进行相关设置，如图 12-30 所示。

从图 12-30 中可以看出，新文件的名称为"图库"。单击"保存"按钮，完成图库的定义，关闭此图形。

本书光盘中的文件"DWG\第 12 章\图库.dwg"中包含对应的图块。

定义了图形库后，就可以按照前面介绍的方法，利用设计中心，在任意图形中使用库中的符号。例如，图 12-31 是在某一图形中利用设计中心显示文件"图库"中的各个符号。

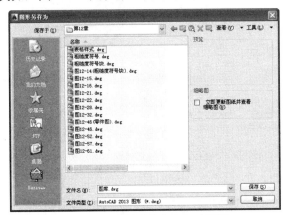

图 12-30　"图形另存为"对话框

图 12-31　显示图库中的块符号

从图 12-31 中可以看出，在"图库"文件中包含前面定义的各个块。如果在右面的窗格中选中"地脚螺栓"图标，则 AutoCAD 在图标窗格中显示对应的图标，在说明窗格中显示对应的说明。利用图 12-31，可以将其中的任一图块插入到当前图形。

在实际绘图中，用户可以根据需要定义一系列图库。

12.3　定义表格块

在机械设计中，对于某些形状相同但尺寸有不同的图形，有时需要通过表格来说明零件的具体尺寸，如图 12-32 所示。

利用直线绘制表格，然后以标注文字的方式得到如图 12-32 所示的表格形式，但这种方法的工作量较大。如果将表格定义成含有对应属性的块，绘图时可以直接填写对应的属性值，与 8.1.6 节栏的处理类似。

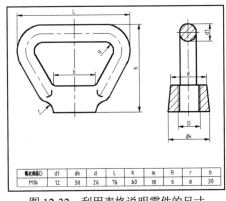

图 12-32　利用表格说明零件的尺寸

275

1. 定义表格块

01 建立新图形

以光盘中的文件 DWT\Gb-a4-v.dwt 为样板建立新图形。

02 绘制零件图

参照图 12-32 中的图形以及表格中的尺寸，在各图层绘制对应的图形对象，如图 12-33 所示。

03 标注尺寸

将"尺寸标注"图层置为当前图层，对图 12-33 标注尺寸，结果如图 12-34 所示(标注尺寸时，用对应的字母表示尺寸值)。

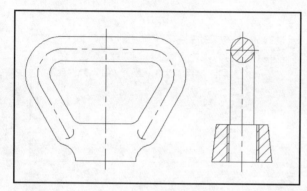

图 12-33　零件图

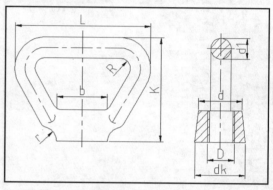

图 12-34　标注尺寸

04 创建表格

将"细实线"图层置为当前图层。参照图 12-32，在图 12-34 所示零件图的下方绘制表格，具体尺寸如图 12-35 所示。

05 标注文字

将"文字标注"图层置为当前图层。标注标题行中的文字时，可以先在一个单元格内标注文字，如标注 d1，如图 12-36 所示。

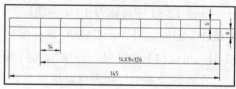

图 12-35　表格尺寸要求

	d1								

图 12-36　标注 d1

利用复制命令，将已标注的 d1 复制到其他需要标注的位置，如图 12-37 所示。

d1	d1	d1	d1	d1	d1	d1	d1	d1	d1

图 12-37　复制 d1

然后，修改复制得到的文字的内容。修改方法：单击某一文字(如单击图 12-37 中位于第三列的 d1)，再双击该文字，AutoCAD 会自动打开文字编辑器，并显示所双击的文字 d1，如图 12-38 所示。

图 12-38　显示文字编辑器

通过编辑器将 d1 更改为正确内容，然后单击工具栏上的"确定"按钮，完成文字的更改，如图 12-39 所示。

d1	d1	dk	d1	d1	d1	d1	d1	d1	d1

图 12-39　更改文字

使用同样的方法，更改其他文字，结果如图 12-40 所示。

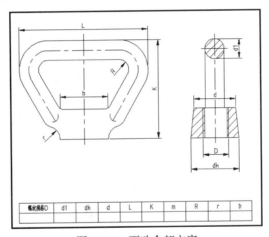

图 12-40　更改全部文字

06 定义属性

　　首先，定义与"螺纹规格 D"对应列的属性。选择"绘图"|"块"|"定义属性"命令，即执行 ATTDEF 命令，打开"属性定义"对话框，在该对话框中输入对应的属性设置，如图 12-41 所示。

　　从图 12-41 中可以看出，属性标记为 D；属性提示为"输入螺纹规格"；通过"文字设置"选项组中的"对正"下拉列表将文字的对正方式选择为"中间"，通过"文字样式"下拉列表将文字样式选择为"工程字-35"。单击"属性定义"对话框中的"确定"按钮，AutoCAD 提示如下。

图 12-41　设置属性

指定起点：

在此提示下指定属性的位置点，完成标记为 D 的属性定义，且 AutoCAD 将该标记按指定的文字样式及对正方式显示在对应位置，如图 12-42 所示。

使用同样的方法，定义其他属性，结果如图 12-43 所示。

由于 AutoCAD 将属性标记以大写字母显示，因此与 R、r 对应的属性标记分别用 R1、R2 表示。另外，各对应属性的提示为：输入 XX(其中 XX 是与标题对应的字母)。至此，完成属性的定义。

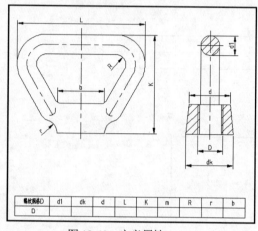

图 12-42　定义属性

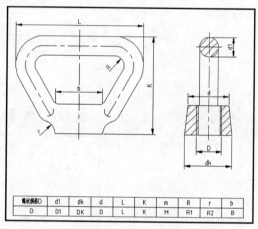

图 12-43　定义全部属性

07　定义块

单击"绘图"工具栏上的"创建块"按钮，或选择"绘图"|"块"|"创建"命令，即执行 BLOCK 命令，打开"块定义"对话框，在该对话框中进行相关设置，如图 12-44 所示。

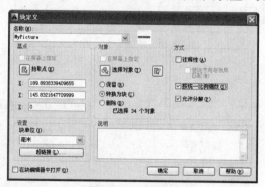

图 12-44　定义块

从图 12-44 中可以看出，块的名称为 MyPicture；通过"拾取点"按钮，将图 12-43 中的某一点作为块基点；选中"转换为块"单选按钮，使得定义块后，自动将所选择对象转换成块；通过"选择对象"按钮，选择图 12-43 中的表格以及表示属性的各标记文字(也可以选择已有图形作为块成员)。

单击对话框中的"确定"按钮，打开如图 12-45 所示的"编辑属性"对话框，要求用户输入各属性值。在此不进行操作，直接单击"确定"按钮来完成块的定义，结果如图 12-46 所示。

图 12-45　"编辑属性"对话框

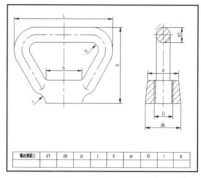

图 12-46　完成块定义

08 保存图形

● 保存到 DWG 文件

将图 12-46 以 DWG 文件格式命名并进行保存(如以文件名"图 12-46(零件图)"保存)。

本书光盘中的文件"DWG\第 12 章\图 12-46(零件图).dwg"中包含有与本练习对应的图形。

● 保存为样板文件

选择"文件"|"另存为"命令,打开"图形另存为"对话框。在该对话框中进行相应的设置,如图 12-47 所示。

从图 12-47 中可以看出,已通过"文件类型"下拉列表选择为"AutoCAD 图形样板 (*.dwt)",并通过"文件名"文本框将文件命名为"图 12-46(零件)"。

单击对话框中的"保存"按钮,打开"样板选项"对话框。在该对话框中输入对应的图形样板文件说明(如图 12-48 所示),然后单击"确定"按钮,完成样板文件的定义。

图 12-47　"图形另存为"对话框

图 12-48　"样板选项"对话框

本书光盘中的文件"DWG\第 12 章\图 12-46(零件).dwt"为与本练习对应的样板文件。

2. 绘制有表格块的图形

有两种方法绘制如图 12-32 所示形式的图形。一种方法是在 AutoCAD 中打开以 DWG 形式保存的图形,然后双击图中的表格,打开"增强属性编辑器"对话框,在其中填写对应的属性。为保证

原图形不被修改，最后应选择"文件"|"另存为"命令，将图形换名并保存。但这样做有时会由于错误操作而将原图形覆盖。另一种方法是利用样板文件绘制，这样可以避免原图形被覆盖的问题。下面的操作是利用样板文件绘制图 12-32 的过程。

单击"标准"工具栏上的"新建"按钮，或选择"文件"|"新建"命令，即执行 AutoCAD 的 NEW 命令，打开"选择样板"对话框，选择样板文件"图 12-46(零件)"，如图 12-49 所示(本书光盘中的文件"DWG\第 12 章\图 12-46(零件).dwt"为对应的样板文件)。

图 12-49　"选择样板"对话框

单击对话框中的"打开"按钮，AutoCAD 以对应的样板建立新图形，并显示样板中的图形对象，如图 12-50 所示。

选择"修改"|"对象"|"文字"|"编辑"命令，在"选择注释对象或 [放弃(U)]:"提示下选中图 12-50 中的表格，AutoCAD 打开如图 12-51 所示的"增强属性编辑器"对话框，参照图 12-32，从中填写各属性值。

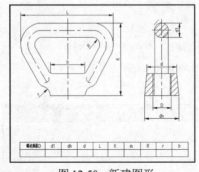

图 12-50　新建图形

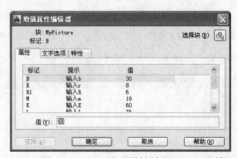

图 12-51　"增强属性编辑器"对话框

单击对话框中的"确定"按钮，即可完成图形的绘制，填写结果如图 12-52 所示。

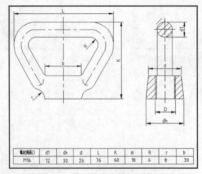

图 12-52　填写结果

至此，完成图形的绘制，将该图形命名并进行保存。

本书光盘中的文件"DWG\第 12 章\图 12-52.dwg"是本练习图形的最终结果。

12.4　使用表格

利用 AutoCAD，用户可以根据需要方便地创建各种形式的表格以及不同的表格样式。本节将介绍这方面的操作实例。

12.4.1　定义表格样式

定义一个新表格样式，具体要求：表格样式名为"表格 1"，表格中数据单元的文字样式采用 8.1 节中定义的"工程字-35"(如果用户的 AutoCAD 系统中没有此样式，应先定义该文字样式，或用其他样式替代)，表格数据均为左对齐，且数据距离单元格左边界的距离为 3，距单元格上、下边界的距离均为 0.5。

步骤如下。

01 建立新图形

以光盘中的文件 DWT\Gb-a4-v.dwt 为样板建立新图形。

02 建表格样式并进行定义

选择"格式"|"表格样式"命令，即执行 TABLESTYLE 命令，打开"表格样式"对话框，如图 12-53 所示。

单击"表格样式"对话框中的"新建"按钮，在打开的"创建新的表格样式"对话框中的"新样式名"文本框中输入"表格 1"，如图 12-54 所示。

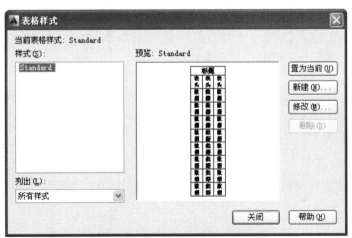

图 12-53　"表格样式"对话框

图 12-54　为表格样式指定名称

单击"继续"按钮，在打开的"新建表格样式"对话框中进行对应的设置，如图 12-55 所示。

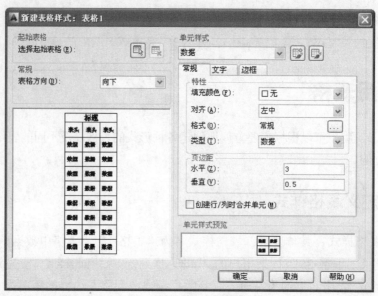

图 12-55　设置表格数据

　　从图 12-55 中可以看出，在与"常规"标签对应的选项卡中，已将对齐方式设为"左中"；在"页边距"选项组中将"水平"项设为 3，将"垂直"项设为 0.5；其余均采用默认设置。

　　单击图 12-55 所示对话框中的"文字"标签，在"文字"标签对应的选项卡中进行相关设置，如图 12-56 所示。

　　还通过"单元样式"选项组中位于第一行的下拉列表分别选中"标题"和"表头"，将"常规"和"文字"选项组中的对应项设置成与"数据"选项组的项相同。

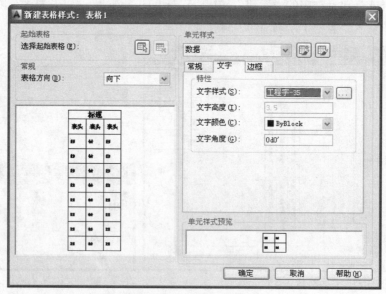

图 12-56　设置文字样式

　　在图 12-56 中，将文字样式设为"工程字-35"。单击"确定"按钮，返回到"表格样式"对话框，单击该对话框中的"关闭"按钮，完成表格样式的创建。

本书光盘中的文件"DWG\第 12 章\表格样式.dwg"中包含有表格样式"表格 1"。

12.4.2　创建表格

使用在 12.4.1 节定义的表格样式"表格 1"创建并填写表格，表格形式及内容如图 12-57 所示。

模数	m	4
齿数	Z1	35
压力角	α	20°
精度等级		7EH JB170 83

图 12-57　插入的表格

步骤如下。

01 建立新图形

打开本书光盘中的文件"DWG\第 12 章\表格样式.dwg"。

02 插入表格并输入数据

选择"绘图"|"表格"命令，或单击"绘图"工具栏上的"表格"按钮▦，即执行 TABLE 命令，打开"插入表格"对话框，在该对话框中进行对应的设置，如图 12-58 所示。

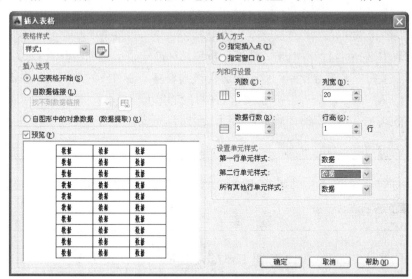

图 12-58　设置表格参数

注意，已通过"设置单元样式"选项组将"第一行单元样式"和"第二行单元样式"下拉列表框设置为"数据"，将"数据行数"设为 3。单击"确定"按钮，AutoCAD 提示如下。

指定插入点:

指定了表格的插入位置后，弹出"文字格式"工具栏，在表格中输入对应的数据，如图 12-59 所示。

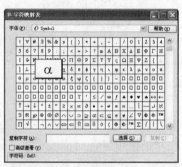

图 12-59   填写表格

图 12-57 所示的表中有一个特殊符号 α，其标注步骤如下。

首先，切换到对应的单元格式(第 3 行，第 B 列)，右击，从弹出的快捷菜单中选择"符号"的"其他"命令，打开"字符映射表"对话框，如图 12-60 所示。

图 12-60   "字符映射表"对话框

从字符映射表中选择 α，然后单击"选择"按钮，α 符号显示在对话框的"复制字符"文本框中。单击"复制"按钮，将符号复制到剪贴板。切换到表格，在对应的单元格中右击，从弹出的快捷菜单中选择"粘贴"命令，即可将符号 α 插入在对应的单元格中。

单击"文字格式"工具栏中的"确定"按钮，至此，完成表格的填写。

提示

> 如果表格的行高和列宽不合适，可以利用夹点功能进行调整，也可以通过"特性"窗口设置行宽和列高(具体操作见下面的练习)。

本书光盘中的文件"DWG\第 12 章\图 12-57.dwg"是本练习的最终结果。

12.4.3　创建与编辑表格

与使用 Word 等其他文字处理软件类似，用户也可以通过 AutoCAD 方便地编辑已有的表格，如进行改变列宽、行高及合并单元格等操作，如下面的练习所示。

使用 12.4.1 节定义的表格样式"表格 1"创建图 12-61 所示的标题栏表格。

步骤如下。

首先，以文件 acadiso.dwt 为样板建立新图形，通过设计中心将本书光盘中的文件"DWG\第 12 章\表格样式.dwg"中的表格样式"表格 1"插入到当前图形。

执行 TABLE 命令，打开"插入表格"对话框，在该对话框中进行对应的设置，如图 12-62 所示 (已将"第一行单元样式"和"第二行单元样式"下拉列表框均设置为"数据")。

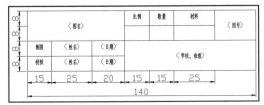

图 12-61　标题栏

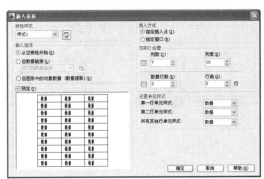

图 12-62　"插入表格"对话框

 注意

> 在图 12-62 所示对话框的设置中，已设置了行和列，但列宽和行高的设置不满足要求，后面将通过编辑操作进行修改。

单击"插入表格"对话框中的"确定"按钮，AutoCAD 提示如下。

指定插入点:

此时，在绘图屏幕的恰当位置拾取一点，AutoCAD 插入对应的表格，并弹出"文字格式"工具栏，如图 12-63 所示。此时，单击"文字格式"工具栏上的"确定"按钮，关闭工具栏，以便编辑表格。

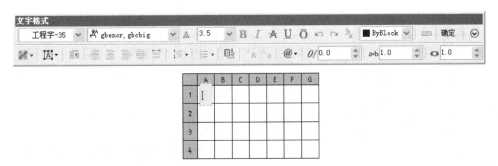

图 12-63　已创建的表格

01 改变列宽

选中表格的第一列，右击，从快捷菜单中选择"特性"命令，AutoCAD 打开特性选项板，将单元宽度改为 15，将单元格高度改为 8，如图 12-64 所示。

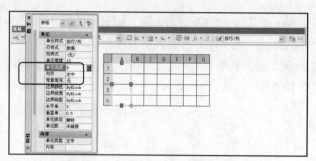

图 12-64　设置单元格的宽度与高度

使用类似的方法，根据图 12-61 所示，依次改变其他单元格的宽度和高度，结果如图 12-65 所示。

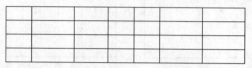

图 12-65　改变尺寸后的表格

02 合并单元

选中位于左上角的 6 个单元格，从"表格"工具栏内位于"合并单元"按钮右侧的箭头引出的下拉列表中选择"全部"选项，如图 12-66 所示。

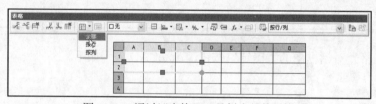

图 12-66　通过"表格"工具栏合并单元格

合并结果如图 12-67 所示。

使用类似的方法，合并位于右下角的 8 个单元格，合并结果如图 12-68 所示。

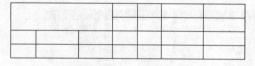

图 12-67　合并结果 1

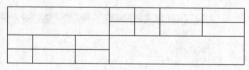

图 12-68　合并结果 2

03 改变文字对齐方式

选中所有单元格，从"表格"工具栏内"对齐"按钮右侧的箭头引出的下拉列表中选择"正中"选项，如图 12-69 所示。

最后，先单击、再双击表格单元，通过弹出的文字编辑器填写表格，即可得到如图 12-61 所示的结果。

图 12-69　改变文字对齐方式

提示

　　填写表格并关闭文字编辑器后，如果双击对应的表格，可以再次打开文字编辑器，并允许用户编辑表格中的文字。

本书光盘中的文件"DWG\第 12 章\图 12-61.dwg"是本练习的最终结果。

12.5　巧用设计中心

从 12.1 节可以看出，通过设计中心，可以方便地将某一图形中的块添加到其他图形中。利用设计中心，还可以将已有图形中的任意命名对象(指图层设置、块、文字样式、表格样式和尺寸标注样式等)添加到其他图形中，即当用户开始绘制新图、定义新样板文件或进行某些设置时，如果在其他图形中存在同样的设置，则无须重复设置。

本节将定义图幅尺寸为 1189(长)×841(宽)的图纸，并进行图层及标注样式等设置。在定义过程中，将利用设计中心将已有图形中的已有设置直接添加到新图形中(本例要用到图 11-195 所示的 V 型皮带轮，读者也可以选用其他图形文件)。定义过程如下。

01　建立新图形

以 AutoCAD 提供的样板 acadiso.dwt 建立新图形。

02　添加图层设置等

利用设计中心，找到与图 11-195 对应的图形(或其他图形)，如图 12-70 所示。

在设计中心中，双击"图层"选项，AutoCAD 会在设计中心显示图 11-195 所有的图层信息，如图 12-71 所示。

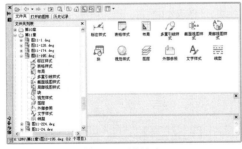
图 12-70　设计中心

图 12-71　在设计中心中确定图层信息

在图 12-71 中，选中各图层对象(方法：按下 Ctrl 键，单击各项)，将这些选中项拖入当前的新图形中，即可为当前图形添加对应的图层设置，如图 12-72 所示。

图 12-72　显示新添加的图层设置

287

使用类似的方法，将图 11-195 中的尺寸标注样式和文字样式添加到当前图形。

03 绘制图幅框

根据图幅尺寸 1189(长)×841(宽)，分别在"粗实线"和"细实线"图层执行 LINE 命令，绘制图框线，如图 12-73 所示。

04 添加块

通过设计中心，使用 12.1.3 节介绍的方法(如拖动的方法)，将图 11-195 中的"标题栏"块插入到新图框对应的位置，插入后打开"编辑属性"对话框，如图 12-74 所示。

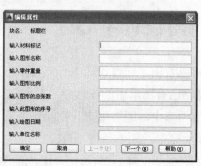

图 12-73　绘制图幅框　　　　　　图 12-74　显示"编辑属性"对话框

此时可以直接在对话框中输入标题栏信息，或单击"确定"按钮关闭对话框，再次使用时，可以通过双击标题栏的方式填写对应的内容。

至此，完成新图形的设置，可以直接将其保存或以样板文件的形式保存。

除上述操作外，用户还可以通过设计中心为新图形添加其他内容，如粗糙度符号块等。

12.6　习题

1. 定义如图 12-75 所示的表示位置公差基准的符号块，要求如下。

如图 12-75(a)所示符号块的块名为 BASE-1，用于图 12-76(a)所示形式的基准；图 12-75(b)所示符号块的块名为 BASE-2，用于图 12-76(b)所示形式的基准。两个块的属性标记均为 A，属性提示为"请输入基准符号"；属性默认值均为 A；以圆的圆心作为属性插入点；属性文字对齐方式为"中间"；以两条直线的交点作为块的基点。

(a) 符号块

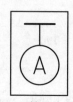

(b) 符号块

图 12-75　基准的符号块

(a) 插入块 BASE-1 得到的符号　　　　　　(b) 插入块 BASE-2 得到的符号

图 12-76　基准示例

2. 绘制如图 12-77 所示的零件，利用设计中心插入在 12.1 节定义的粗糙度符号，并插入在习题 1 中定义的基准符号块。

3. 绘制如图 12-78 所示的液压符号，并建立符号库。

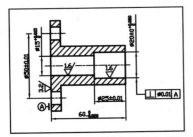

图 12-77　绘图并插入粗糙度符号和基准符号

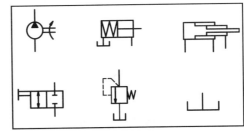

图 12-78　液压符号

表 12-2 是对各块的定义要求。

表 12-2　块设置要求

序　号	块　名　称	块　基　点	说　明
1	液压泵	自定	液压泵
2	单活塞杆液压缸	自定	单活塞杆液压缸
3	双作用伸缩液压缸	自定	双作用伸缩液压缸
4	二位二通手动换向阀	自定	二位二通手动换向阀
5	溢流阀	自定	溢流阀
6	油箱	自定	油箱

4. 创建如图 12-79 所示的标题栏及明细栏表头。

图 12-79　标题栏及明细栏

第13章 绘制装配图

绘制装配图是机械设计的重要内容之一。基于计算机及 AutoCAD 本身的特点，当利用 AutoCAD 绘制出某一部件和设备的装配图后，用户可以很方便地进行拆零件图等操作；如果有了部件或设备的全部零件图，利用复制(指将对象复制到 Windows 剪贴板)、粘贴(指插入 Windows 剪贴板的数据)和插入图形等操作，可以很方便地将已有零件图拼装成装配图，也可以将全部零件组装在一起，快速而准确地检验设计中存在的问题，如检验是否存在干涉、无法装配以及间隙太大等问题，这些也是手工绘图无法比拟的优点之一。本章重点介绍根据已有零件图绘制装配图，以及根据已有装配图拆零件图等操作的方法和技巧。

13.1　根据零件图绘制装配图

当绘制完成一台设备或一个部件的全部零件图后，利用 AutoCAD，用户可以很轻松地将它们拼装成装配图。即使已经有了装配图，也可以将绘制好的零件图重新装配，用以验证各零件设计的正确性(如验证零件尺寸是否合适，零件之间是否出现干涉等)。

本书 11.3、11.4、11.7.1、11.8 和 11.10 各节分别绘制了齿轮轴、端盖、圆柱直齿轮、皮带轮和箱体等零件，本节将利用这些零件以及其他零件绘制如图 13-1 所示的变速器装配图。

提示

> 本例还用到其他 3 个零件：图 11–41(b)所示的轴、图 11–72(b)所示的端盖和一个简单的套，用户可在需要这些零件时再进行绘制。本书光盘提供了这 3 个图形(前两个零件的零件图位于"DWG\第 11 章"文件夹，套零件的零件图位于"DWG\第 13 章"文件夹)。

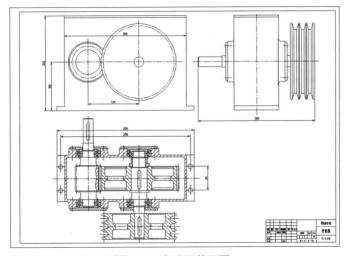

图 13-1　变速器装配图

主要步骤如下。

01　建立新图形

首先，以文件 acadiso.dwt 为样板创建新图形，并参照 2.1 节进行设置图层和绘制图框等操作；或以光盘中的文件 DWT\Gb-a1-h.dwt 为样板建立新图形，然后将该图形以文件名"图 13-1.dwg"(或其他文件名)进行保存。

提示

> 因本例所绘图形较为复杂，为避免由于停电等原因造成的文件丢失等损失，用户在绘图过程中应随时保存文件。

● 打开箱体文件

在 AutoCAD 环境中，打开如图 11-249 所示的箱体零件图(此零件位于本书光盘中的文件"DWG\ 第 11 章\图 11-249.dwg"中)，选择"窗口"|"垂直平铺"命令，AutoCAD 在绘图屏幕以垂直平铺的 形式同时显示新创建的图形和打开的箱体零件图，如图 13-2 所示。

提示

随书光盘中提供了本装配练习需要的所有图形文件。

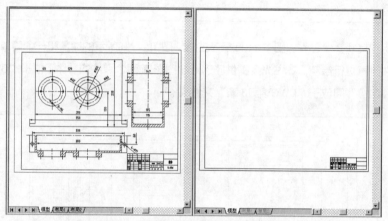

图 13-2　以垂直平铺形式显示各窗口

提示

当以图 13-2 所示形式显示多个窗口时，可以在活动窗口中执行 AutoCAD 的各种操作，其中包括通过实时缩放和实时移动等方式改变窗口中图形的显示比例与显示位置。使某一窗口成为活动窗口的方法：将光标定位在对应的窗口内，单击鼠标拾取键。

● 将箱体图形添加到新绘图形中

从图 13-1 中可以看出，装配图中用到了箱体零件图中的全部视图，故将全部箱体图形添加到新 建图形中(也可以直接将原箱体图形换名存盘，得到新图形)。

将箱体零件所在的窗口设置为活动窗口。单击"标准"工具栏上的"复制"按钮 (注意：不是 "修改"工具栏上的"复制"按钮)，或选择"编辑"|"复制"命令，即执行 COPYCLIP 命令， AutoCAD 提示如下。

> 选择对象:(选择箱体零件图中的 3 个视图)
> 选择对象:✓

将新绘制的图形所在的窗口设置为活动窗口。单击"标准"工具栏上的"粘贴"按钮 ，或选 择"编辑"|"粘贴"命令，即执行 PASTECLIP 命令，AutoCAD 提示如下。

指定插入点:

在窗口内的恰当位置拾取一点，AutoCAD 将箱体零件复制到新建图形中。

● 整理

关闭箱体零件图形；删除新图形中箱体零件的各标注尺寸；根据图 13-1 调整各视图的位置；同时对俯视图进行剖面线的删除，将俯视图相对于其水平对称线镜像以及填充剖面线等操作，结果如图 13-3 所示。

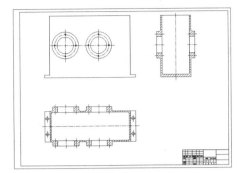

图 13-3　整理结果

 提示

为了讲解清晰，当打开多个图形后，本例均利用平铺窗口的方式显示各图形。但当用户进行复制到剪贴板操作时，如果已有要复制的图形，当打开图形之后，可以直接进行复制到剪贴板操作，不必平铺窗口。

02 装配轴

● 打开齿轮轴文件

在 AutoCAD 环境中打开图 11-41(a)所示的齿轮轴零件(此零件位于本书光盘中的文件“DWG\第 11 章\图 11-41a.dwg”中)，选择“窗口”|“垂直平铺”命令，AutoCAD 在绘图屏幕显示打开的图形文件与新绘图形文件，如图 13-4 所示。

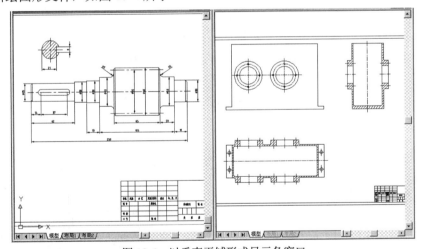

图 13-4　以垂直平铺形式显示各窗口

● 将轴图形添加到新绘图形中

使轴零件所在的窗口为活动窗口。单击“标准”工具栏上的“复制”按钮，或选择“编辑”|“复制”命令，即执行 COPYCLIP 命令，AutoCAD 提示如下。

选择对象:(选择轴零件图中的轴图形，选择时不需要选择各尺寸)
选择对象:↙

使新绘图形所在的窗口为活动窗口。单击"标准"工具栏上的"粘贴"按钮，或选择"编辑"│
"粘贴"命令，即执行 PASTECLIP 命令，AutoCAD 提示如下。

指定插入点:

在窗口内拾取一点，AutoCAD 将轴零件复制到新绘图形中，如图 13-5 所示。

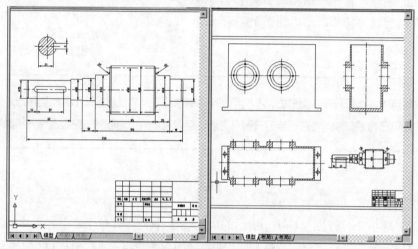

图 13-5　复制轴零件至新绘图形中

● 整理

关闭轴零件图形；执行 ERASE 命令，删除添加到新绘图形中的轴零件的各标注尺寸；并执行
ROTATE 命令，将轴旋转-90°，以便将其装配到箱体，如图 13-6 所示。

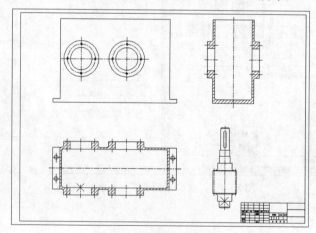

图 13-6　整理轴后的结果

● 装配轴

执行 MOVE 命令，AutoCAD 提示如下。

　　选择对象:(选择图 13-6 中的轴)

　　选择对象:↙

　　指定基点或 [位移(D)] <位移>:　(在图 13-6 中，在轴上有小叉标记处捕捉对应点)

　　指定第二个点或 <使用第一个点作为位移>:(在图 13-6 中，在俯视图有小叉标记处捕捉对应点)

执行结果如图 13-7 所示，完成齿轮轴的装配。

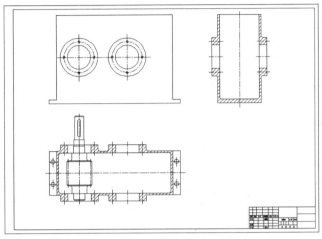

图 13-7　装配轴

　　使用类似的方法，装配如图 11-41(b)所示的轴(此零件位于本书光盘中的文件"DWG\第 11 章\图 11-41b.dwg"中)，结果如图 13-8 所示。

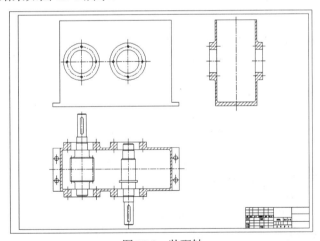

图 13-8　装配轴

 提示

　　如果零件图中图形的方向与其在装配图中的装配方向一致，则不需要对图形进行旋转。对于这样的图形，可以在原图形中执行 COPYBASE 命令(带基点复制，选择"编辑"|"带基点复制"命令)将图形按指定的基点复制到剪贴板，然后在新图形中直接将其粘贴到指定的位置即可。

03 装配轴承

● 打开轴承文件

在 AutoCAD 环境中打开 10.3.1 节绘制的图 10-52 所示向心轴承(此零件位于本书光盘中的文件 "DWG\第 10 章\图 10-52.dwg" 中),选择"窗口"|"垂直平铺"命令,AutoCAD 在绘图屏幕显示打开的图形文件与新绘图形文件,如图 13-9 所示。

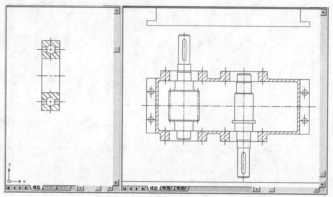

图 13-9   以垂直平铺形式显示各窗口

● 将轴承图形添加到新绘图形中

使轴承零件所在的窗口为活动窗口,执行 COPYCLIP 命令,将轴承复制到剪贴板;使新绘图形所在窗口为活动窗口,执行 PASTECLIP 命令,将轴承零件复制到新绘图形中,并使轴承旋转 90°,如图 13-10 所示(已关闭了轴承零件图形)。

● 装配轴承

利用复制或移动命令,将图 13-10 中的轴承装到轴的对应位置,如图 13-11 所示。

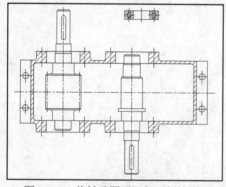

图 13-10   将轴承图形添加到新绘图形

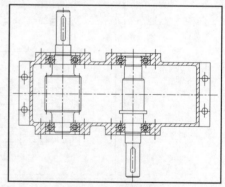

图 13-11   装配轴承

04 装配端盖

打开如图 11-72(a)和图 11-72(b)所示的端盖图形(这两个零件的零件图分别位于本书光盘中的文件 "DWG\第 11 章\图 11-72a.dwg" 和 "DWG\第 11 章\图 11-72b.dwg" 中),并将窗口垂直平铺排列,如图 13-12 所示。

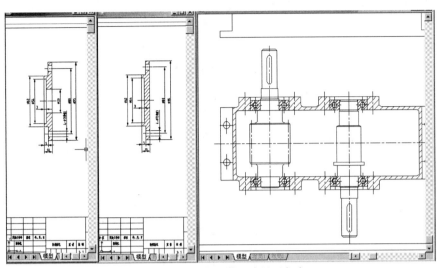

图 13-12　以垂直平铺形式显示各窗口

通过复制、粘贴以及旋转等方式，将端盖装配到对应的位置，结果如图 13-13 所示。

从图 13-13 中可以看出，在端盖部位有许多线交叉，还需要进一步整理。放大其中的一个端盖区域进行分析，如图 13-14 所示。

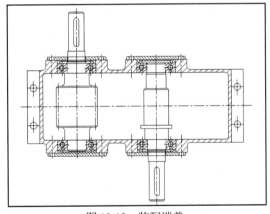

图 13-13　装配端盖

根据装配图的绘图标准，对图 13-14 进行删除、修剪和重新填充剖面线等操作，结果如图 13-15 所示。

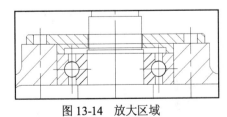

图 13-14　放大区域

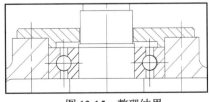

图 13-15　整理结果

对其他端盖区域进行同样的处理，结果如图 13-16 所示。

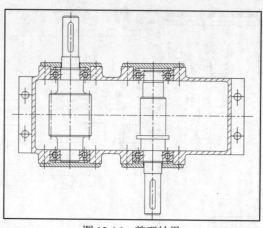

图 13-16　整理结果

05 装配齿轮、皮带轮和套

使用类似的方法，在图 13-16 所示的俯视图中装配图 11-126 所示的齿轮(此零件位于本书光盘中的文件"DWG\第 11 章\图 11-126.dwg"中)、图 11-195 所示的皮带轮(此零件位于本书光盘中的文件"DWG\第 11 章\图 11-195.dwg"中)和套(此零件位于本书光盘中的文件"DWG\第 13 章\套.dwg"中)，结果如图 13-17 所示。

根据绘图标准对图 13-17 作进一步整理，结果如图 13-18 所示。

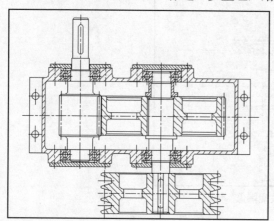

图 13-17　装皮带轮、齿轮和套

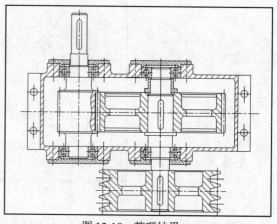

图 13-18　整理结果

06 填写标题栏

双击图中的标题栏，从弹出的"增强属性编辑器"中填写对应内容，如图 13-19 所示。

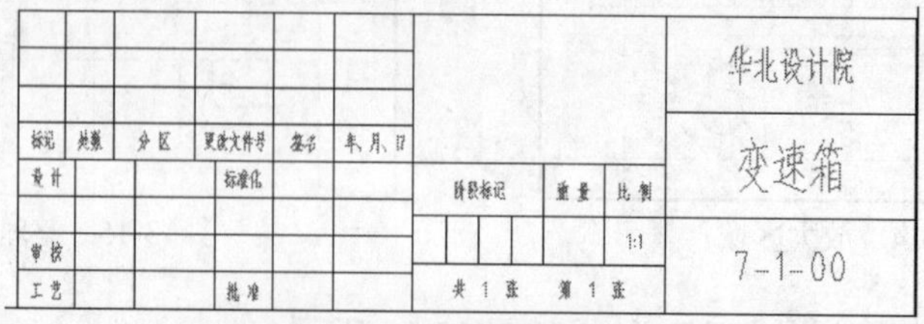

标记	处数	分区	更改文件号	签名	年、月、日				华北设计院
设计			标准化			阶段标记	重量	比例	变速箱
								1:1	
审核									7-1-00
工艺			批准			共 1 张	第 1 张		

图 13-19　填写标题栏

提示

在使用 AutoCAD 进行绘图过程中，用户在任何时候均可填写标题栏。

07 绘制主视图

根据装配关系，在主视图中绘制对应投影皮带轮和端盖，并进行整理，如图 13-20 所示。

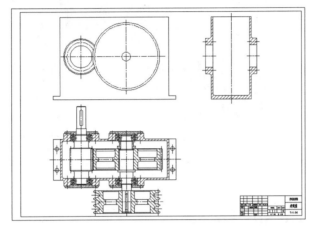

图 13-20 绘制主视图

08 绘制左视图

从图 13-1 中可以看出，左视图中主要显示了端盖、皮带轮以及两根轴的部分投影。下面绘制左视图。

● 复制和旋转

执行 COPY 命令，将俯视图中对应的皮带轮、端盖以及部分轴复制到图形的空白部位，执行 ROTATE 命令，将复制得到的图形旋转 90º，如图 13-21 所示。

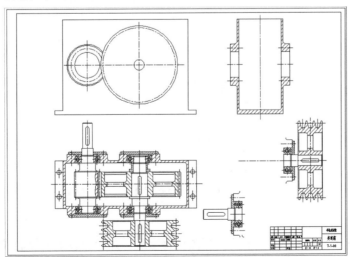

图 13-21 复制、旋转部分图形

● 整理

根据图 13-1 中的左视图，对通过复制得到的图形进行删除和延伸等操作，并删除右侧视图中的剖面线，如图 13-22 所示(图中的小叉仅用于后续操作说明)。

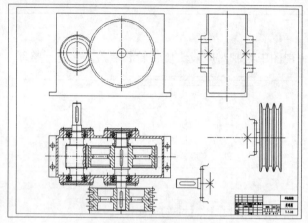

图 13-22 整理结果

● 移动

执行 MOVE 命令，AutoCAD 提示如下。

选择对象:(在图 13-22 中的左下角位置，选择皮带轮及各相关图形)
选择对象:↙
指定基点或 [位移(D)] <位移>:(在有小叉处拾取对应点)
指定第二个点或 <使用第一个点作为位移>:(在图 13-22 所示的右侧视图中，在右侧小叉处拾取对应点)

对表示左轴头的图形进行类似的处理，结果如图 13-23 所示。

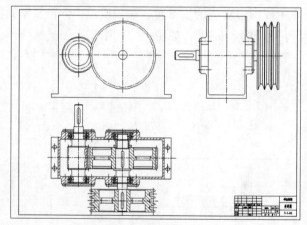

图 13-23 移动结果

● 整理

根据图 13-1，继续对图 13-23 中的右侧视图进行整理，并绘制表示顶板的线等，结果如图 13-24 所示。

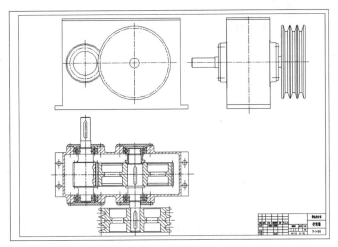

图 13-24　整理结果

09　标注尺寸

● 标注尺寸

参照图 13-1 所示，对图 13-24 标注尺寸，结果如图 13-25 所示。

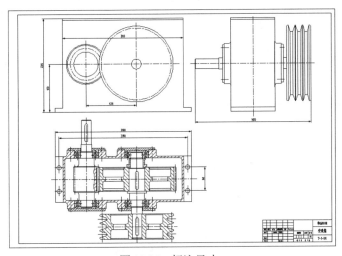

图 13-25　标注尺寸

读者还可以对图 13-25 作进一步处理，如绘制或插入螺栓等。

至此，完成根据零件图绘制变速箱的操作，将该图形命名并进行保存。

本书光盘中的文件"DWG\第 13 章\图 13-1.dwg"是本练习图形的最终结果。

13.2　绘制装配图的主要过程

本章 13.1 节介绍了如何根据零件图绘制装配图，此过程是在已有零件图的基础上进行的。其实通常的绘图过程是先绘制装配图，然后再拆零件图。本节将介绍几个绘制装配图的示例。

13.2.1 绘制手柄装配图

本小节将绘制最简单的装配图：如图 13-26 所示的手柄装配图(图中给出了主要尺寸)。

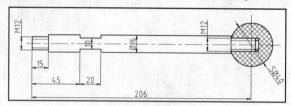

图 13-26　手柄装配图

从图 13-26 中可以看出，手柄装配图由手柄杆和手柄球两个零件组成，具体绘图过程如下所示。

01 建立新图形

首先，创建与图幅对应的样板文件，并通过该样板文件建立新图形(在样板中，应参照 2.1 节进行设置图层和绘制图框等操作；也可以直接以光盘中的文件 DWT\Gb-a3-h.dwt 为样板建立新图形)。

02 绘制中心线

将"中心线"图层置为当前图层。执行 LINE 命令，绘制对应的中心线，如图 13-27 所示(图中给出了参考尺寸)。

03 绘制圆和直线

参照图 13-26，在"粗实线"图层绘制表示手柄球的圆和手柄杆的各条平行直线，如图 13-28 所示。

图 13-27　绘制中心线

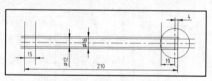

图 13-28　绘制圆和平行线

04 修剪

对图 13-28 进行修剪，结果如图 13-29 所示。

05 绘制直线

根据图 13-26，分别在"细实线"图层绘制表示螺纹内径的细实线，在"粗实线"图层绘制辅助线，结果如图 13-30 所示。

图 13-29　修剪结果

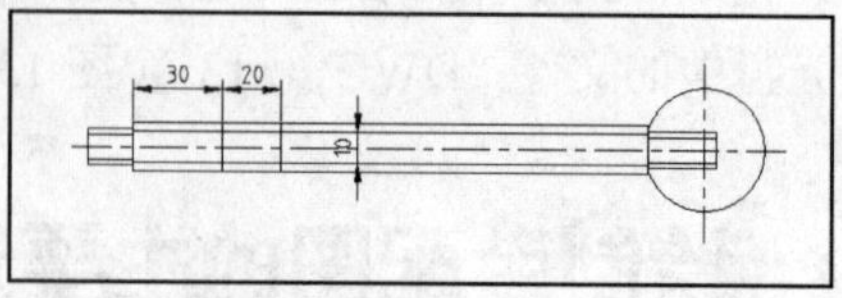

图 13-30　绘制直线

06 修剪

对图 13-30 进行修剪，结果如图 13-31 所示。

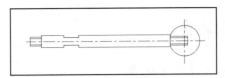

图 13-31　修剪结果

07 绘制直线

在手柄杆右端以及手柄球的螺纹孔处，分别在"粗实线"图层和"细实线"图层绘制对应的表示螺纹孔的直线，如图 13-32 所示。

08 填充剖面线

将"剖面线"图层设为当前图层。执行 HATCH 命令，打开"图案填充和渐变色"对话框，利用该对话框进行填充设置，如图 13-33 所示。

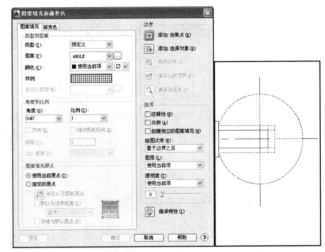

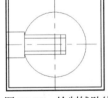

图 13-32　绘制辅助线

图 13-33　填充设置

从图 13-33 中可以看出，填充图案为 ANSI37，填充角度为 0，填充比例为 1，并通过"拾取点"按钮确定了填充边界(如图 13-33 中的虚线部分所示)。

单击"确定"按钮，完成填充操作，结果如图 13-34 所示。

09 标注尺寸

将"尺寸标注"图层置为当前图层，根据图 13-26 标注尺寸，结果如图 13-35 所示。

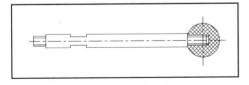

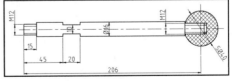

图 13-34　填充结果

图 13-35　标注尺寸

至此，完成图形的绘制。将该图形命名并保存到磁盘，本章 13.3.1 节将用到该图形。

本书光盘中的文件"DWG\第 13 章\图 13-26.dwg"是本练习图形的最终结果。

13.2.2 绘制钻模装配图

本小节将绘制如图 13-36 所示的钻模装配图。

绘图主要步骤如下。

01 建立新图形

首先，以光盘中的文件 DWT\Gb-a3-v.dwt 为样板建立新图形。

02 绘制中心线

将"中心线"图层置为当前图层。执行 LINE 命令，绘制对应的中心线，如图 13-37 所示(图中给出了参考尺寸)。

03 绘制俯视图主要图形

● 绘制圆和六边形

将"粗实线"图层置为当前图层。根据图 13-36，绘制俯视图中的各圆与六边形，如图 13-38 所示。

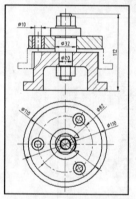

图 13-36 钻模装配图

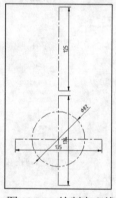

图 13-37 绘制中心线

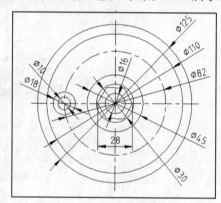

图 13-38 绘制俯视图

● 环形阵列

执行 ARRAYPOLAR 命令，将直径为 18 和 10 的圆相对于水平与垂直中心线的交点做环形阵列，如图 13-39 所示。

● 绘制中心线和螺纹内径

根据图 13-36，在"中心线"图层为图 13-39 中通过阵列得到的圆绘制对应的中心线，并分别执行"绘圆"和"打断"命令，在"细实线"图层绘制表示螺纹内径的 3/4 圆，如图 13-40 所示。

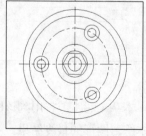

图 13-39 环形阵列

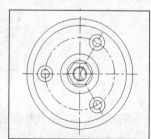

图 13-40 绘制中心线及螺纹内径

● 绘制平行线及修剪

在图 13-40 中绘制如图 13-41 所示的两条平行线,然后进行修剪,结果如图 13-42 所示。

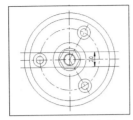

图 13-41 绘制平行线 1

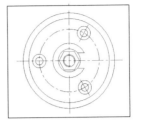

图 13-42 修剪结果 1

04 绘制主视图

● 绘制平行线和辅助线

根据图 13-36,绘制对应的水平平行线,并从俯视图向主视图绘制辅助线,如图 13-43 所示。

● 修剪

根据图 13-36,对图 13-43 进行修剪,结果如图 13-44 所示。

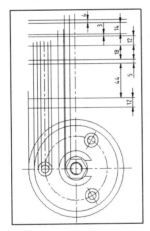

图 13-43 绘制平行线 2

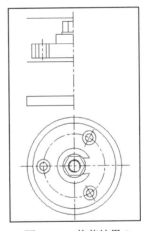

图 13-44 修剪结果 2

● 绘制平行线和辅助线

根据图 13-36,对图 13-44 绘制对应的平行线与辅助线,结果如图 13-45 所示。

● 整理

参照图 13-36,对图 13-45 进行修剪和创建圆角等操作,结果如图 13-46 所示。

● 镜像

执行 MIRROR 命令,对图 13-46 中主视图中的相关图形相对于垂直中心线镜像,结果如图 13-47 所示。

● 复制和整理

参照图 13-36,将主视图中位于上方的六角螺母复制到下方对应的位置,并进行绘制直线和修剪等操作,同时在螺栓部位绘制表示螺纹内径的对应细实线,结果如图 13-48 所示。

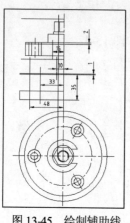
图 13-45　绘制辅助线

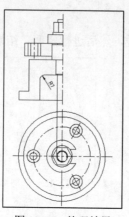
图 13-46　整理结果

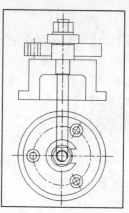
图 13-47　镜像结果

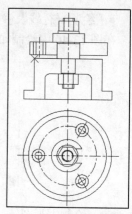
图 13-48　复制和整理结果

- 绘制辅助圆

执行 CIRCLE 命令，AutoCAD 提示如下。

> 指定圆的圆心或 [三点(3P)/两点(2P)/切点、切点、半径(T)]:(从对象捕捉快捷菜单选择"自"项)
> 基点: <偏移>:(在图 13-48 中，在有小叉标记处捕捉对应点)
> <偏移>: @-15,0↙
> 指定圆的半径或 [直径(D)]:28↙

执行结果如图 13-49 所示。

- 修剪

对图 13-49 执行 TRIM 命令，进行修剪，得到如图 13-50 所示的结果。

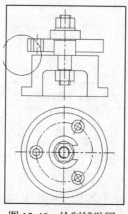
图 13-49　绘制辅助圆

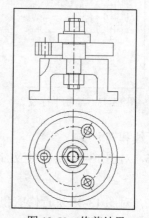
图 13-50　修剪结果

05 整理

至此，基本完成图形的绘制，用户还可以对图形做进一步整理，如在新绘圆弧处按投影关系处理或在俯视图的开口垫圈处绘制投影圆等，结果如图 13-51 所示。

06 填充剖面线

参照图 13-36，执行 HATCH 命令，对主视图填充剖面线，如图 13-52 所示。

最后，绘制所加工零件的轮廓，结果如图 13-53 所示。

07 标注尺寸

参照图 13-36，对图 13-53 标注尺寸，结果如图 13-54 所示。

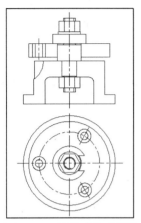 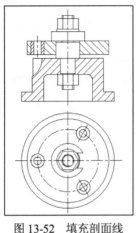 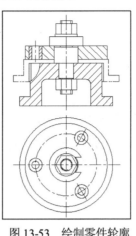 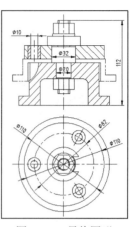

图 13-51　按投影关系绘图　　图 13-52　填充剖面线　　图 13-53　绘制零件轮廓　　图 13-54　最终图形

至此，完成图形的绘制，将该图形命名并保存到磁盘，本书 13.3.2 节将用到此图。

本书光盘中的文件"DWG\第 13 章\图 13-36.dwg"是本练习图形的最终结果。

13.3　根据装配图拆零件图

利用 AutoCAD，用户可以方便地从装配图中拆零件图。本节通过几个实例介绍从装配图中拆零件图的具体过程。

13.3.1　绘制手柄杆

本小节将根据图 13-26 所示的手柄装配图绘制如图 13-55 所示的手柄杆零件图。

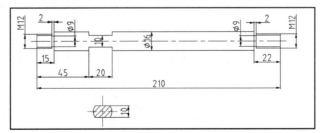

图 13-55　手柄杆零件图

绘图主要过程如下。

01 打开图形

打开图 13-26 所示的图形。

02 复制图形

通过比较图 13-55 和图 13-26 可知，手柄杆零件图中的主要图形与装配图中的对应图形一致。故可以在装配图中，利用复制操作提取出该部分图形。执行 COPY 命令，AutoCAD 提示如下。

> 选择对象:(选择装配图(参照图 13-26)中表示手柄杆的图形对象，包括其中心线，相关尺寸等)
> 选择对象:↙
> 指定基点或 [位移(D)/模式(O)] <位移>:(在绘图屏幕确定一点)
> 指定第二个点或 [阵列(A)]<使用第一个点作为位移>:(拖动鼠标，将所选择图形向下拖动到另一位置后单击鼠标拾取键)
> 指定第二个点或 [阵列(A)]/退出(E)/放弃(U)] <退出>:↙

执行结果如图 13-56 所示(位于左边的图形是原装配图)。

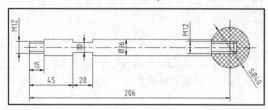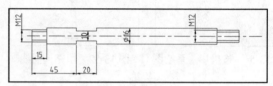

图 13-56　复制结果

03 绘制退刀槽

根据图 13-55 所示，在两端的螺纹根部绘制退刀槽，并标注退刀槽的相关尺寸，如图 13-57 所示。

04 绘制剖面图

参照图 13-55，在对应位置绘制剖面图，结果如图 13-58 所示。

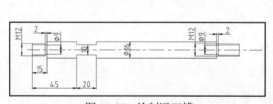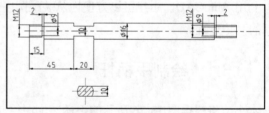

图 13-57　绘制退刀槽　　　　　　　　　图 13-58　绘制剖面图

05 标注尺寸

在图 13-58 中，调整右端尺寸 M12 的标注位置，并标注其余尺寸，同时调整中心线的长度，结果如图 13-59 所示。至此，完成图形的绘制。下面将它移动到另一文件中。

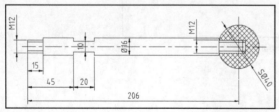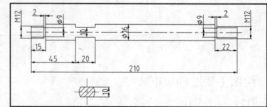

图 13-59　标注尺寸等

06 新建图形文件

以光盘中的文件 DWT\Gb-a3-h.dwt 为样板建立新图形。

07 剪切和粘贴

● 剪切

激活图 13-59 所示图形所在的窗口，单击"标准"工具栏上的"剪切"按钮✂，或选择"编辑"｜"剪切"命令，即执行 CUTCLIP 命令，AutoCAD 提示如下。

> 选择对象:(选择图 13-59 中的手柄杆及对应尺寸)
> 选择对象:✓

AutoCAD 将对应图形放到剪贴板。

● 粘贴

激活新创建的图形。单击"标准"工具栏上的"粘贴"按钮📋，或选择"编辑"｜"粘贴"命令，即执行 PASTECLIP 命令，AutoCAD 提示如下。

> 指定插入点:

在该提示下确定插入点后，AutoCAD 将剪贴板上的图形粘贴到新建图形中。

08 其他操作

在新建图形中，可以调整各视图的位置，标注技术要求。最后，双击标题栏块，填写标题栏，结果如图 13-60 所示。

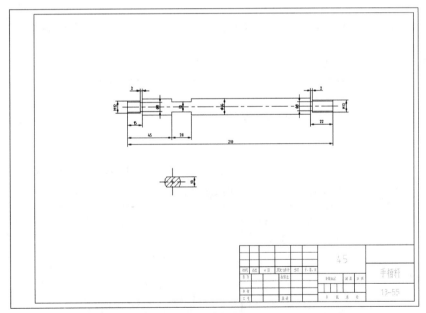

图 13-60　最终图形

至此，完成图形的绘制，将该图形命名并进行保存。

本书光盘中的文件"DWG\第 13 章\图 13-55.dwg"是本练习图形的最终结果。

13.3.2 绘制轴

本小节将根据图 13-36 绘制如图 13-61 所示的竖轴。

绘图主要过程如下。

01 打开图形

打开如图 13-36 所示的图形，如图 13-62 所示(图中只显示了主视图)。

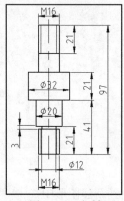

图 13-61　竖轴

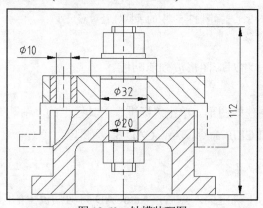

图 13-62　钻模装配图

02 复制图形

在打开的图形中，执行 COPY 命令，AutoCAD 提示如下。

> 选择对象:(选择图 13-62 中的轴图形。如果只选择轴有困难，可以同时选择相邻的其他图形)
> 选择对象:↙
> 指定基点或 [位移(D)/模式(O)] <位移>:(在绘图屏幕确定一点)
> 指定第二个点或 [阵列(A)] <使用第一个点作为位移>:(向右拖动鼠标，将所选择图形拖动到对应位置后单击鼠标拾取键)
> 指定第二个点或 [阵列(A)/退出(E)/放弃(U)] <退出>:↙

执行结果如图 13-63 所示。

从图 13-63 中可以看出，新得到的轴上存在多余线段，同时也缺少某些线。根据图 13-61，删除图 13-63 中多余的线，并补绘图形，结果如图 13-64 所示。

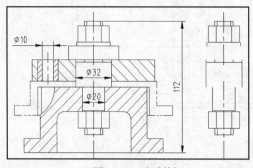

图 13-63　复制轴

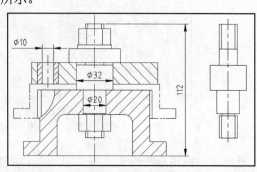

图 13-64　整理结果

03 标注尺寸

对图 13-64 中的轴标注尺寸，结果如图 13-65 所示。

04 新建图形文件

以光盘文件 DWT/Gb-a4-v.dwt 为样板建立新图形。

05 剪切和粘贴

● 剪切

激活图 13-65 所示图形所在的窗口，单击"标准"工具栏上的"剪切"按钮 ✂，或选择"编辑"|"剪切"命令，即执行 CUTCLIP 命令，AutoCAD 提示如下。

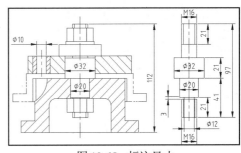

图 13-65　标注尺寸

> 选择对象:(选择图 13-65 中的轴及对应尺寸)
> 选择对象:↙

AutoCAD 将对应的图形放到剪贴板中。

● 粘贴

激活新创建的图形。单击"标准"工具栏上的"粘贴"按钮 📋，或选择"编辑"|"粘贴"命令，即执行 PASTECLIP 命令，AutoCAD 提示如下。

> 指定插入点:

在该提示下确定插入点位置后，AutoCAD 将剪贴板上的图形粘贴到新建图形中。

06 填写标题栏

在新建图形中填写标题栏，如图 13-66 所示。

至此，完成图形的绘制，将该图形命名并进行保存。

本书光盘中的文件"DWG\第 13 章\图 13-61.dwg"是本练习图形的最终结果。

从前面的两个例子可以看出，利用 AutoCAD 从装配图拆零件图的一般方法如下。首先，从装配图中将需要绘制的零件部分复制到图中的空白处。如果图中空间不足，可复制到图框线之外，但应通过执行 LIMITS 命令(位于菜单"格式"|"图形界限")，利用 OFF 选项，取消对绘图范围的设置，以便绘图。然后对复制的图形进行整理，如删除多余的线、绘制新线或标注尺寸等。由于是在装配图中绘图，因此可以通过查询距离等工具方便地了解图形尺寸等信息。完成这些工作后，将装配图中经过复制、整理后的图形剪切并粘贴到新图形中，如果需要，可在新图形中调整

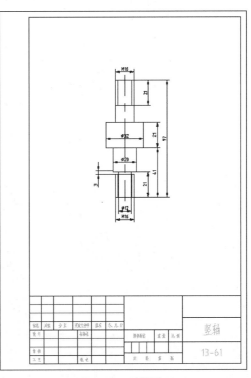

图 13-66　最终图形

各视图的位置。最后，填写标题栏并将新图形进行保存。

13.4 习题

1. 分别绘制如图 13-67 所示的两个装配图(图中只给出了主要尺寸，其余尺寸由读者确定)。

2. 根据图 13-67(a)所示装配图绘制联轴器的各个零件图。

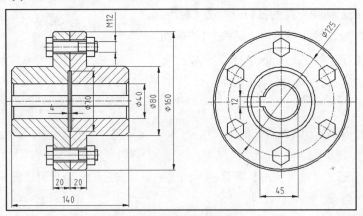

(a) 联轴器装配图

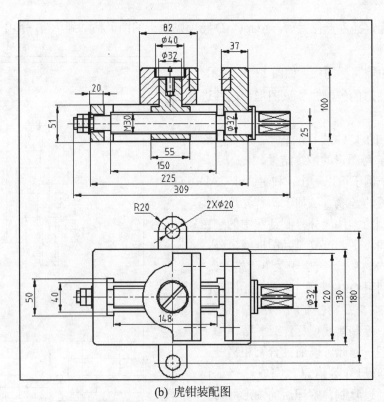

(b) 虎钳装配图

图 13-67 绘制装配图

第14章 三维设计

三维模型分为线框模型、曲面模型和实体模型。线框模型用顶点和邻边表示形体。曲面模型用有向棱边围成的部分定义形体表面，由面的集合来定义形体；曲面模型在线框模型的基础上增加了有关面边(环边)信息以及表面特征、棱边的连接方向等内容。实体模型则在表面模型的基础上明确定义了在表面的哪一侧存在实体，从而增加了给定点与形体之间的关系信息。

三维模型具有直观、形象等特点，是 CAD 技术的发展趋势之一。AutoCAD 2014 提供了较强的三维绘图功能。本章重点介绍利用 AutoCAD 2014 绘制三维实体零件的方法和技巧。首先介绍模型的显示方式(视觉样式)，然后示范常用实体模型的创建过程，最后介绍如何利用实体模型生成二维图形。

14.1 视觉样式控制

使用 AutoCAD 2014 进行三维造型时，用户可以控制三维模型的视觉样式，即显示效果。

AutoCAD 的三维模型可以分别按二维线框、三维隐藏、三维线框、概念以及真实等视觉样式显示。用户可以控制三维模型的视觉样式，即显示效果。

用于设置视觉样式的命令是 VSCURRENT，利用视觉样式面板或菜单等(参见图 7-4 与图 7-5)，也可以方便地设置视觉样式。

打开本书光盘中的文件"DWG\第 14 章\图 14-1.dwg"，如图 14-1 所示。该模型目前以二维线框视觉样式显示，尝试以其他视觉样式显示该模型。

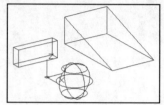

图 14-1 二维线框

步骤如下。

01 三维线框视觉样式

单击功能区中的"视图"|"视觉样式"| (线框)按钮，或选择"视图"|"视觉样式"|"线框"命令，得到三维线框视觉样式，如图 14-2 所示(注意 UCS 图标)。

02 三维隐藏视觉样式

单击功能区中的"视图"|"视觉样式"| (隐藏)按钮，或选择"视图"|"视觉样式"|"消隐"命令，得到三维隐藏视觉样式，如图 14-3 所示。

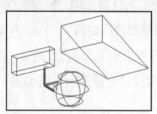

图 14-2 三维线框视觉样式

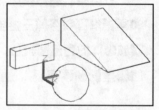

图 14-3 三维隐藏视觉样式

03 真实视觉样式

单击功能区中的"视图"|"视觉样式"| (真实)按钮，或选择"视图"|"视觉样式"|"真实"命令，得到真实视觉样式，如图 14-4 所示。

04 概念视觉样式

单击功能区中的"视图"|"视觉样式"| (概念)按钮，或选择"视图"|"视觉样式"|"概念"命令，得到概念视觉样式，如图 14-5 所示。

图 14-4 真实视觉样式

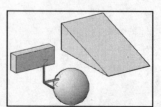

图 14-5 概念视觉样式

05 着色视觉样式

单击功能区中的"视图"|"视觉样式"| ▲(着色)按钮，或选择"视图"|"视觉样式"|"着色"命令，得到着色视觉样式，如图 14-6 所示。

06 带边缘着色视觉样式

单击功能区中的"视图"|"视觉样式"| ▲(带边缘着色)按钮，或选择"视图"|"视觉样式"|"带边缘着色"命令，得到带边缘着色视觉样式，如图 14-7 所示。

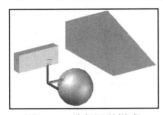

图 14-6 着色视觉样式

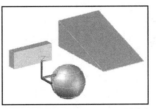

图 14-7 带边缘着色视觉样式

07 灰度视觉样式

单击功能区中的"视图"|"视觉样式"| ▲(灰度)按钮，或选择"视图"|"视觉样式"|"灰度"命令，得到灰度视觉样式，如图 14-8 所示。

08 勾画视觉样式

单击功能区中的"视图"|"视觉样式"| ▲(勾画)按钮，或选择"视图"|"视觉样式"|"勾画"命令，得到勾画视觉样式，如图 14-9 所示。

09 X 射线视觉样式

单击功能区中的"视图"|"视觉样式"| ▲(X 射线)按钮，或选择"视图"|"视觉样式"|"X射线"命令，得到 X 射线视觉样式，如图 14-10 所示。

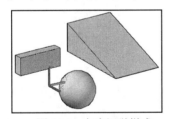

图 14-8 灰度视觉样式

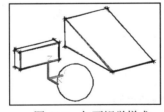

图 14-9 勾画视觉样式

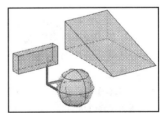

图 14-10 X 射线视觉样式

提示

> 为了提高本书中图形的清晰度，在介绍三维绘图的过程中，将大部分实体模型以二维线框视觉样式显示。用户在绘图时，可以采用自己喜欢的视觉样式来显示模型。

14.2 创建简单三维实体

本节将创建一些较为简单的三维实体零件，包括手柄、轴、阀门、端盖、管接头、轴承、定位块和皮带轮等。

14.2.1 创建手柄

本小节将创建如图 14-11(a)所示的手柄的三维实体，结果如图 14-11(b)所示。

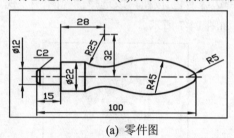

(a) 零件图   (b) 实体模型

图 14-11 手柄

手柄一般是回转型零件，基于这一特点，当创建手柄的三维图形时，通常先绘制出它的一半二维轮廓，然后将其绕轴线旋转而生成三维图形。

步骤如下。

01 绘制轮廓

首先，选择"视图"|"三维视图"|"平面视图"|"当前 UCS"命令，切换到平面视图。平面视图是指使当前 UCS 的 XY 平面与绘图屏幕平行，以便绘制二维轮廓图。

然后，根据图 14-11(a)绘制手柄的半轮廓图，如图 14-12 所示。

02 创建封闭多段线

图 14-12 是用 LINE 等命令绘制的。当使用旋转的方法创建三维实体时，要求被旋转对象是一条封闭对象。选择"修改"|"对象"|"多段线"命令，即执行 PEDIT 命令，AutoCAD 提示如下。

> 选择多段线或[多条(M)]:(选择图 14-12 中构成手柄轮廓的任一条线)
> 选定的对象不是多段线
> 是否将其转换为多段线? <Y>✓
> 输入选项
> [闭合(C)/合并(J)/宽度(W)/编辑顶点(E)/拟合(F)/样条曲线(S)/非曲线化(D)/线型生成(L)/反转(R)/放弃(U)]: J✓
> 选择对象:(选择图 14-12 中的其他各图形对象)
> 输入选项
> [打开(O)/合并(J)/宽度(W)/编辑顶点(E)/拟合(F)/样条曲线(S)/非曲线化(D)/线型生成(L)/反转(R)/放弃(U)]:✓

03 旋转成实体

单击功能区中的"常用"|"建模"| 🔲(旋转)按钮，或选择"绘图"|"建模"|"旋转"命令，即执行 REVOLVE 命令，AutoCAD 提示如下。

> 选择要旋转的对象或 [模式(MO)]:(选择已得到的封闭轮廓多段线)
> 选择要旋转的对象或 [模式(MO)]:✓
> 指定轴起点或根据以下选项之一定义轴 [对象(O)/X/Y/Z] <对象>:(捕捉手柄轮廓图形的左下角点)
> 指定轴端点:(捕捉手柄轮廓图形的右下角点)
> 指定旋转角度或 [起点角度(ST)/反转(R)/表达式(EX)] <360>:✓

执行结果如图 14-13 所示(已将各尺寸删除)。

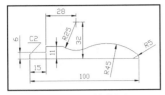

图 14-12 轮廓图

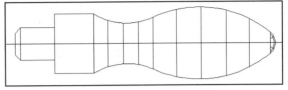

图 14-13 手柄实体

04 改变视点及视觉样式

选择"视图"|"三维视图"|"西南等轴测"命令,以"西南等轴测"视点观看实体,结果如图 14-14 所示。

选择"视图"|"视觉样式"|"真实"命令,将模型以真实视觉样式显示,结果如图 14-15 所示。

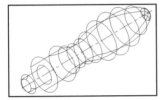

图 14-14 以"西南等轴测"视点观看实体

图 14-15 真实视觉样式

本书光盘中的文件"DWG\第 14 章\图 14-11.dwg"是本练习图形的最终结果。

14.2.2 创建轴

本小节将创建如图 11-41(b)所示轴的三维实体,结果如图 14-16 所示。

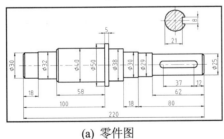

(a) 零件图

(b) 实体模型

图 14-16 轴

轴零件一般也是回转型零件。同样,利用这一特点,当创建轴的三维实体时,通常先绘制出轴零件一半的轮廓,然后将其绕轴线旋转,再进行其他处理,如倒角和创建键槽等。

步骤如下。

01 绘制轮廓

首先,选择"视图"|"三维视图"|"平面视图"|"当前 UCS"命令,切换到平面视图。

根据图 14-16(a),执行 LINE 等命令绘制轴的半轮廓图,结果如图 14-17 所示。

读者也可以打开已绘制的图 11-41(b),直接将其修改成如图 14-17 所示的形式。

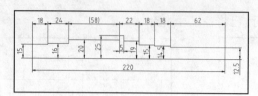

图 14-17　轮廓图

02 创建封闭多段线

选择"修改"|"对象"|"多段线"命令，AutoCAD 提示如下。

> 选择多段线或 [多条(M)]:(选择图 14-17 中的任意一条直线)
> 选定的对象不是多段线　是否将其转换为多段线?<Y>↙
> 输入选项
> [闭合(C)/合并(J)/宽度(W)/编辑顶点(E)/拟合(F)/样条曲线(S)/非曲线化(D)/线型生成(L)/反转(R)/放弃(U)]:J↙
> (执行"合并(J)"选项)
> 选择对象:(选择图 14-17 中的其余直线)
> 选择对象:↙
> 输入选项
> [闭合(C)/合并(J)/宽度(W)/编辑顶点(E)/拟合(F)/样条曲线(S)/非曲线化(D)/线型生成(L)/反转(R)/放弃(U)]:↙

执行结果如图 14-18 所示(图中已删除了尺寸)。

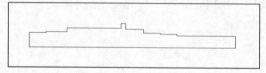

图 14-18　合并结果

注意

虽然图 14-18 看上去与图 14-17 相同，但图 14-18 中的轮廓已成为一条多段线。如果在图 14-18 中的轮廓上的任意一点单击，得到的结果如图 14-19(a)所示，说明它是一个整体；如果在图 14-17 中的轮廓上的任意一个对象上单击，则结果如图 14-19(b)所示，即只选中被单击的对象。

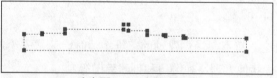

(a) 选中图 14-18 中的多段线

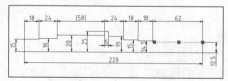

(b) 选中图 14-17 中的一个对象

图 14-19　多段线与非多段线区别的演示

03 旋转成实体

单击功能区中的"常用"|"建模"|(旋转)按钮，或选择"绘图"|"建模"|"旋转"命令，AutoCAD 提示如下。

选择要旋转的对象或 [模式(MO)]:(选择图 14-18 中的多段线对象)

选择要旋转的对象或 [模式(MO)]:↙

指定轴起点或根据以下选项之一定义轴 [对象(O)/X/Y/Z] <对象>:(在图 14-18 中，捕捉位于下方的水平直线的左端点)

指定轴端点:(在图 14-18 中，捕捉位于下方的水平直线的右端点)

指定旋转角度或 [起点角度(ST)/反转(R)/表达式(EX)] <360>:↙

执行结果如图 14-20 所示。

04 改变视点

选择"视图"|"三维视图"|"东北等轴测"命令，结果如图 14-21 所示，表示以视点(1,1,1)观察实体。

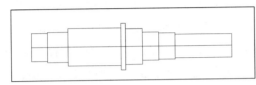
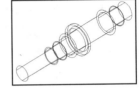

图 14-20 旋转结果　　　　　　图 14-21 以视点(1,1,1)观察实体

05 倒角

单击功能区中的"常用"|"修改"| ◻(倒角)按钮，或选择"修改"|"倒角"命令，AutoCAD 提示如下。

选择第一条直线或 [放弃(U)/多段线(P)/距离(D)/角度(A)/修剪(T)/方式(E)/多个(M)]:(在图 14-21 中，拾取左端面的棱边(即图中位于最左面的圆))

基面选择...

输入曲面选择选项 [下一个(N)/当前(OK)] <当前>:↙

指定基面的倒角距离或 [表达式(E)]: 2↙

指定其他曲面的倒角距离或 [表达式(E)]: 2↙

选择边或 [环(L)]:(再拾取图 14-21 中的左端面棱边)

选择边或 [环(L)]:↙

执行结果如图 14-22 所示。

使用同样的方法，在需要倒角的另外两个端面上创建倒角，结果如图 14-23 所示。

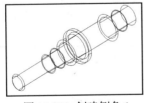
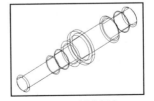

图 14-22 创建倒角 1　　　　　　图 14-23 创建倒角 2

06 创建键槽

● 新建 UCS

单击功能区"常用"|"坐标"| ⌐(原点)按钮，或选择"工具"|"新建 UCS"|"原点"命令，

AutoCAD 提示如下。

指定新原点 <0,0,0>:

在该提示下捕捉图 14-23 中左端面的圆心，结果如图
14-24 所示，即对应的圆心是新 UCS 的原点。

图14-24中的坐标系统图标说明当前坐标系的坐标方向和
原点位置。

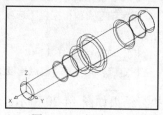

图 14-24　新建 UCS

 提示

> 如果在绘图窗口中未显示 UCS 图标，选择"视图"|"显示"|"UCS 图标"|"开"命令，即可显示
> 该图标；如果 UCS 图标没有显示在新 UCS 的原点位置，利用"视图"|"显示"|"UCS 图标"|"原点"
> 命令，可使其显示在 UCS 的原点；如果已使 UCS 图标显示在原点，但实际的图标仍显示在绘图屏幕的
> 左下角，这是因为 UCS 图标与绘图窗口边界相交或超出了绘图窗口，此时通过实时缩放操作，缩小图形
> 的显示，图标就会显示在对应的原点位置。

● 继续建立新 UCS

单击功能区中的"常用"|"坐标"| ⊾(原点)按钮，或选择"工具"|"新建 UCS"|"原点"命
令，AutoCAD 提示如下。

指定新原点 <0,0,0>:-12,0,8.5✓(因为键槽底面与中心线所在平面之间的距离是 8.5，键槽中有一半圆的圆心
与相邻端面的距离是 12)

执行结果如图 14-25 所示。

● 切换到平面视图

选择"视图"|"三维视图"|"平面视图"|"当前 UCS"命令，结果如图 14-26 所示。

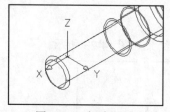

图 14-25　新建 UCS

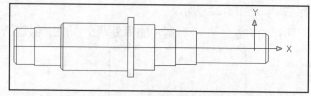

图 14-26　以平面视图形式显示图形

● 绘制圆与直线

参照图 14-16(a)，执行 CIRCLE 命令绘制直径为 8 的两个圆，执行 LINE 命令绘制对应的两条水
平切线，结果如图 14-27 所示。

● 修剪

执行 TRIM 命令，对图 14-27 进行修剪，结果如图 14-28 所示。

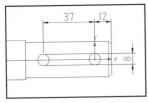

图 14-27 绘制圆与切线

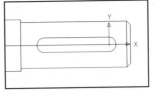

图 14-28 修剪结果

● 合并

选择"修改"|"对象"|"多段线"命令，AutoCAD 提示如下。

> 选择多段线或 [多条(M)]:(选择图 14-28 中表示键槽轮廓的任意一条线)
>
> 选定的对象不是多段线 是否将其转换为多段线?<Y>↙
>
> 输入选项
>
> [闭合(C)/合并(J)/宽度(W)/编辑顶点(E)/拟合(F)/样条曲线(S)/非曲线化(D)/线型生成(L)/反转(R)/放弃(U)]:J↙
> (执行"合并(J)"选项)
>
> 选择对象:(选择图 14-28 中表示键槽轮廓的其余图形对象)
>
> 选择对象:↙
>
> 输入选项
>
> [闭合(C)/合并(J)/宽度(W)/编辑顶点(E)/拟合(F)/样条曲线(S)/非曲线化(D)/线型生成(L)/反转(R)/放弃(U)]:↙

执行结果与图 14-28 相似,但对应图形已成为一条多段线。

选择"视图"|"三维视图"|"东北等轴测"命令，结果如图 14-29 所示，即以视点(1,1,1)观察该实体。

图 14-29 中，键槽轮廓是位于当前 UCS 的 XY 平面上的一条封闭多段线。

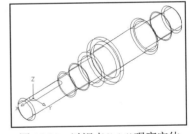

图 14-29 以视点(1,1,1)观察实体

● 拉伸

单击功能区中的"常用"|"建模"| ▣(拉伸)按钮，或选择"绘图"|"建模"|"拉伸"命令，AutoCAD 提示如下。

> 选择要拉伸的对象或 [模式(MO)]:(选择图 14-29 中表示键槽轮廓的曲线)
>
> 选择要拉伸的对象或 [模式(MO)]:↙
>
> 指定拉伸的高度或或 [方向(D)/路径(P)/倾斜角(T)/表达式(E)]:20↙

执行结果如图 14-30 所示。

● 差集操作

单击功能区中的"常用"|"实体编辑"| ◎(差集)按钮，或选择"修改"|"实体编辑"|"差集"命令，AutoCAD 提示如下。

> 选择要从中减去的实体或面域...
>
> 选择对象:(选择图 14-30 中的轴实体)
>
> 选择对象:↙
>
> 选择要减去的实体或面域 ..

选择对象:(选择图 14-30 中的拉伸实体)
选择对象: ↙

执行结果如图 14-31 所示。

至此，完成轴实体的绘制。将轴以真实视觉样式显示，最终结果如图 14-32 所示。

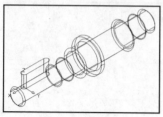
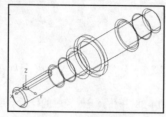
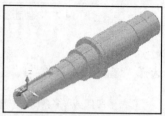

图 14-30　拉伸结果　　　　图 14-31　差集操作结果　　　　图 14-32　真实视觉样式

最后，将轴实体命名并进行保存。本书第 15 章将用到此轴实体。

本书光盘中的文件"DWG\第 14 章\图 14-16.dwg"是本练习图形的最终结果。

14.2.3　创建阀门

本小节将创建图 14-33 所示的阀门三维实体。

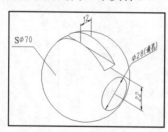

图 14-33　阀门

本阀门实体要通过建立不同的 UCS 来绘制。步骤如下。

01 创建球体

单击功能区中的"常用"|"建模"| ◯(球体)按钮，或选择"绘图"|"建模"|"球体"命令，AutoCAD 提示如下。

指定中心点或 [三点(3P)/两点(2P)/切点、切点、半径(T)]:0,0,0↙
指定半径或 [直径(D)]: 35↙

选择"视图"|"三维视图"|"东北等轴测"命令改变视点，结果如图 14-34 所示。

02 创建圆孔

- 建立新 UCS

单击功能区中的"常用"|"坐标"| ⌐(X)按钮，或选择"工具"|"新建 UCS"|X 命令，AutoCAD 提示如下。

指定绕 X 轴的旋转角度 <90>:↙

执行结果如图 14-35 中的坐标系图标所示。

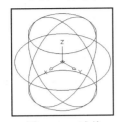

图 14-34　球体

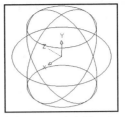

图 14-35　建立新 UCS

● 创建圆柱体

单击功能区中的"常用"|"建模"|□(圆柱体)按钮，或选择"绘图"|"建模"|"圆柱体"命令，AutoCAD 提示如下。

> 指定底面的中心点或 [三点(3P)/两点(2P)/切点、切点、半径(T)/椭圆(E)]: 0,0,-50✓
> 指定底面半径或 [直径(D)]:14✓
> 指定高度或 [两点(2P)/轴端点(A)]:100✓

执行结果如图 14-36 所示(也可以以点(0,0,0)为圆心绘制圆柱体，然后将其沿 Z 轴负方向移动一定的距离)。

● 差集操作

单击功能区中的"常用"|"实体编辑"|◎(差集)按钮，或选择"修改"|"实体编辑"|"差集"命令，即执行 SUBTRACT 命令，AutoCAD 提示如下。

> 选择要从中减去的实体或面域...
> 选择对象:(选择图 14-36 中的球体)
> 选择对象: ✓
> 选择要减去的实体或面域...
> 选择对象:(选择图 14-36 中的圆柱体)
> 选择对象:✓

执行结果如图 14-37 所示。

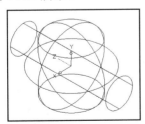

图 14-36　绘制圆柱体

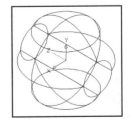

图 14-37　差集结果

03 创建凹槽

● 创建长方体

单击功能区中的"常用"|"建模"|□(长方体)按钮，或选择"绘图"|"建模"|"长方体"命令，AutoCAD 提示如下。

指定第一个角点或 [中心(C)]:6,22,40✓
指定其他角点或 [立方体(C)/长度(L)]:@-12,50,-80✓

执行结果如图 14-38 所示。

● 差集操作

对球体和长方体执行差集操作，结果如图 14-39 所示(真实视觉样式)。至此，完成阀门三维实体的创建。

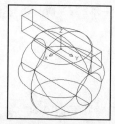

图 14-38　绘制长方体

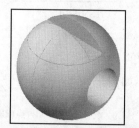

图 14-39　真实视觉样式

本书光盘中的文件"DWG\第 14 章\图 14-39.dwg"是本练习图形的最终结果。

14.2.4　创建端盖

本节将创建如图 11-72(a)所示端盖的三维实体图形，结果如图 14-40 所示(图 14-40(a)是与图 11-72(a)对应的零件图，图 14-40(b)是对应的实体模型；图 14-40(c)是与图 11-72(b)对应的实体模型)。

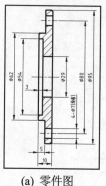

(a) 零件图

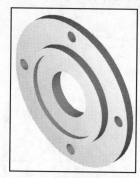

(b) 实体模型 1

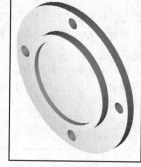

(c) 实体模型 2

图 14-40　端盖

步骤如下。

01 绘制封闭多段线

首先选择"视图"|"三维视图"|"平面视图"|"当前 UCS"命令，切换到平面视图。

然后利用绘制多段线命令，绘制图 14-40(a)所示端盖的半轮廓。选择"绘图"|"多段线"命令，AutoCAD 提示如下。

指定起点:(在绘图屏幕恰当位置确定一点)
指定下一个点或 [圆弧(A)/半宽(H)/长度(L)/放弃(U)/宽度(W)]: @0,27✓

指定下一点或 [圆弧(A)/闭合(C)/半宽(H)/长度(L)/放弃(U)/宽度(W)]: @3,0↙
指定下一点或 [圆弧(A)/闭合(C)/半宽(H)/长度(L)/放弃(U)/宽度(W)]: @0,4↙
指定下一点或 [圆弧(A)/闭合(C)/半宽(H)/长度(L)/放弃(U)/宽度(W)]: @-5,0↙
指定下一点或 [圆弧(A)/闭合(C)/半宽(H)/长度(L)/放弃(U)/宽度(W)]: @0,16.5↙
指定下一点或 [圆弧(A)/闭合(C)/半宽(H)/长度(L)/放弃(U)/宽度(W)]: @-5,0↙
指定下一点或 [圆弧(A)/闭合(C)/半宽(H)/长度(L)/放弃(U)/宽度(W)]: @0,-47.5↙
指定下一点或 [圆弧(A)/闭合(C)/半宽(H)/长度(L)/放弃(U)/宽度(W)]: C↙ (封闭多边形)

执行结果如图 14-41 所示。

02 旋转成实体

单击功能区中的 "常用"|"建模"| ◎(旋转)按钮，或选择"绘图"|"建模"|"旋转"命令，
AutoCAD 提示如下。

选择要旋转的对象或 [模式(MO)]: (选择图 14-41 中的多段线对象)
选择要旋转的对象或 [模式(MO)]:↙
指定轴起点或根据以下选项之一定义轴 [对象(O)/X/Y/Z] <对象>: (在图 14-41 中，捕捉多边形的左下角点)
指定轴端点:(在图 14-41 中，捕捉多边形的右下角点)
指定旋转角度或 [起点角度(ST)/反转(R)/表达式(EX)]<360>:↙

旋转完毕后，选择"视图"|"三维视图"|"东北等轴测"命令改变视点，结果如图 14-42 所示。

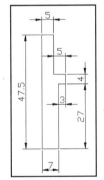

图 14-41 绘制多段线

图 14-42 旋转结果

03 新建 UCS

单击功能区中的"常用"|"坐标"| ⌐(原点)按钮，或选择"工具"|"新建 UCS"|"原点"命
令，AutoCAD 提示如下。

指定新原点 <0,0,0>:

在该提示下，在图 14-42 中捕捉左端面的圆心，结果如图 14-43 所示，即对应的左端面圆心是新
UCS 的原点。

04 旋转 UCS

单击功能区中的"常用"|"坐标"| ⌐(Y)按钮，或选择"工具"|"新建 UCS"|Y 命令，AutoCAD
提示如下。

指定绕 Y 轴的旋转角度 <90>:↙

执行结果如图 14-44 所示(注意坐标系图标中的坐标轴方向)。

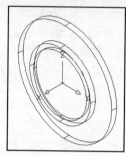 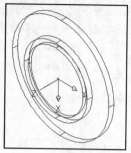

图 14-43　新建 UCS　　　　　　图 14-44　旋转 UCS

05 创建圆柱体

● 创建大圆柱体

单击功能区中的"常用"|"建模"|▢(圆柱体)按钮，或选择"绘图"|"建模"|"圆柱体"命令，AutoCAD 提示如下。

指定底面的中心点或 [三点(3P)/两点(2P)/切点、切点、半径(T)/椭圆(E)]:0,0,0↙
指定底面半径或 [直径(D)]: 14.5↙
指定高度或 [两点(2P)/轴端点(A)]: -20↙(负值表示圆柱体的高度方向沿当前 UCS 的 Z 轴反方向)

执行结果如图 14-45 所示。

● 创建小圆柱体

单击功能区中的"常用"|"建模"|▢(圆柱体)按钮，或选择"绘图"|"建模"|"圆柱体"命令，AutoCAD 提示如下。

指定底面的中心点或 [三点(3P)/两点(2P)/切点、切点、半径(T)/椭圆(E)]:40,0,0↙
指定底面半径或 [直径(D)]: 3.5↙
指定高度或 [两点(2P)/轴端点(A)]: -20↙

执行结果如图 14-46 所示。

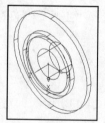 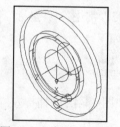

图 14-45　创建大圆柱体　　　　　图 14-46　创建小圆柱体

06 三维阵列

选择"修改"|"三维操作"|"三维阵列"命令，即执行 3DARRAY 命令，AutoCAD 提示如下。

选择对象:(选择图 14-46 中的小圆柱体)

选择对象: ✓

输入阵列类型 [矩形(R)/环形(P)] <矩形>:P✓ (环形阵列)

输入阵列中的项目数目:4✓

指定要填充的角度 (+=逆时针, -=顺时针) <360>:✓

旋转阵列对象? [是(Y)/否(N)] <Y>:✓

指定阵列的中心点:(捕捉图 14-46 中左端面的圆心位置)

指定旋转轴上的第二点:0,0,100✓

执行结果如图 14-47 所示。

07 差集操作

单击功能区中的"常用" | "实体编辑" | ◎◎(差集)按钮，或选择"修改" | "实体编辑" | "差集"命令，AutoCAD 提示如下。

选择要从中减去的实体或面域...

选择对象:(选择图 14-47 中的旋转实体)

选择对象:✓

选择要减去的实体或面域 ..

选择对象:(选择图 14-47 中的 4 个小圆柱体和 1 个大圆柱体)

选择对象: ✓

执行结果如图 14-48 所示。

将图 14-48 以真实视觉样式显示，结果如图 14-49 所示。

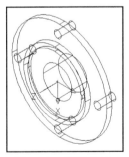
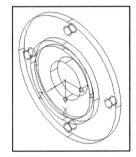

图 14-47　阵列结果　　　　图 14-48　差集操作结果　　　　图 14-49　真实视觉样式

将新得到的实体命名并进行保存。本书第 15 章将用到此端盖实体。此外，创建图 11-72(b)所示端盖的实体并将其进行保存，本书第 15 章也将用到此端盖实体(创建过程略)。

本书光盘中的文件"DWG\第 14 章\图 14-40b.dwg"和"DWG\第 14 章\图 14-40c.dwg"分别是与图 14-40(b)和图 14-40(c)对应的实体模型。

14.2.5　创建管接头

本节将创建如图 14-50 所示的管接头三维实体模型。

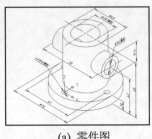

(a) 零件图

(b) 实体模型

图 14-50 管接头

步骤如下。

01 创建直径为 76、高为 10 的圆柱体

单击功能区中的"常用"|"建模"|▢(圆柱体)按钮，或选择"绘图"|"建模"|"圆柱体"命令，AutoCAD 提示如下。

```
指定底面的中心点或 [三点(3P)/两点(2P)/切点、切点、半径(T)/椭圆(E)]:0,0,0↙
指定底面半径或 [直径(D)]: D↙
指定直径: 76↙
指定高度或 [两点(2P)/轴端点(A)]: 10↙
```

02 改变视点

选择"视图"|"三维视图"|"西南等轴测"命令，结果如图 14-51 所示。

03 创建直径为 46 的圆柱体

单击功能区中的"常用"|"建模"|▢(圆柱体)按钮，或选择"绘图"|"建模"|"圆柱体"命令，AutoCAD 提示如下。

```
指定底面的中心点或 [三点(3P)/两点(2P)/切点、切点、半径(T)/椭圆(E)]:0,0,0↙
指定底面半径或 [直径(D)]: D↙
指定直径: 46↙
指定高度或 [两点(2P)/轴端点(A)]: 65↙
```

执行结果如图 14-52 所示。

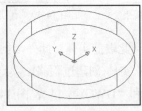

图 14-51 创建圆柱体 1

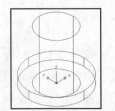

图 14-52 创建圆柱体 2

04 创建直径为 30 的圆柱体

单击功能区中的"常用"|"建模"|▢(圆柱体)按钮，或选择"绘图"|"建模"|"圆柱体"命令，AutoCAD 提示如下。

> 指定底面的中心点或 [三点(3P)/两点(2P)/切点、切点、半径(T)/椭圆(E)]:0,0,0✓
> 指定底面半径或 [直径(D)]: D✓
> 指定直径: 30✓
> 指定高度或 [两点(2P)/轴端点(A)]: 70✓

执行结果如图 14-53 所示。

05 创建直径为 6 的小圆柱体

单击功能区中的"常用"|"建模"|▭(圆柱体)按钮，或选择"绘图"|"建模"|"圆柱体"命令，AutoCAD 提示如下。

> 指定底面的中心点或 [三点(3P)/两点(2P)/切点、切点、半径(T)/椭圆(E)]: 30.5,0✓
> 指定底面半径或 [直径(D)]: D✓
> 指定直径: 6✓
> 指定高度或 [两点(2P)/轴端点(A)]: 15✓

执行结果如图 14-54 所示。

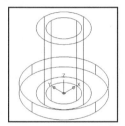

图 14-53 创建圆柱体 3

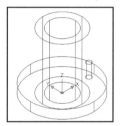

图 14-54 创建圆柱体 4

06 阵列

选择"修改"|"三维操作"|"三维阵列"命令，即执行 3DARRAY 命令，AutoCAD 提示如下。

> 选择对象:(选择图 14-54 中的小圆柱体)
> 选择对象:✓
> 输入阵列类型 [矩形(R)/环形(P)] <矩形>:P✓
> 输入阵列中的项目数目: 4✓
> 指定要填充的角度 (+=逆时针, -=顺时针) <360>:✓
> 旋转阵列对象? [是(Y)/否(N)] <Y>:✓
> 指定阵列的中心点:(捕捉图 14-54 中大圆柱体的顶面圆心)
> 指定旋转轴上的第二点:(捕捉图 14-54 中大圆柱体的底面圆心)

执行结果如图 14-55 所示。

07 旋转 UCS

单击功能区中的"常用"|"坐标"|▣(X)按钮，或选择"工具"|"新建 UCS"|X 命令，AutoCAD 提示如下。

> 指定绕 X 轴的旋转角度 <90>:✓

执行结果如图 14-56 所示。

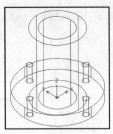

图 14-55　阵列结果

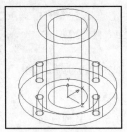

图 14-56　新建 UCS

08　创建直径为 24 的圆柱体

单击功能区中的"常用"|"建模"| ▣(圆柱体)按钮,或选择"绘图"|"建模"|"圆柱体"命令,AutoCAD 提示如下。

> 指定底面的中心点或 [三点(3P)/两点(2P)/切点、切点、半径(T)/椭圆(E)]: 0,42,35↙
> 指定底面半径或 [直径(D)]: D↙
> 指定直径: 24↙
> 指定高度或 [两点(2P)/轴端点(A)]: -70↙

09　创建直径为 16 的圆柱体

单击功能区中的"常用"|"建模"| ▣(圆柱体)按钮,或选择"绘图"|"建模"|"圆柱体"命令,AutoCAD 提示如下。

> 指定底面的中心点或 [三点(3P)/两点(2P)/切点、切点、半径(T)/椭圆(E)]: 0,42,35↙
> 指定底面半径或 [直径(D)]: D↙
> 指定直径: 16↙
> 指定高度或 [两点(2P)/轴端点(A)]: -80↙

执行结果如图 14-57 所示。

10　布尔操作

● 并集操作

单击功能区中的"常用"|"实体编辑"| ◎(并集)按钮,或选择"修改"|"实体编辑"|"并集"命令,AutoCAD 提示如下。

> 选择对象:(选择直径为 76、46 和 24 的圆柱体)
>
> 选择对象:↙

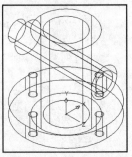

图 14-57　创建圆柱体

● 差集操作

单击功能区中的"常用"|"实体编辑"| ◎(差集)按钮,或选择"修改"|"实体编辑"|"差集"命令,AutoCAD 提示如下。

> 选择要从中减去的实体或面域...
> 选择对象:(选择通过并集操作得到的实体)
> 选择对象:↙
> 选择要减去的实体或面域 ..

选择对象:(分别选择 4 个小圆柱体和直径为 30 和 16 的圆柱体)

执行结果如图 14-58 所示。将其以真实视觉样式显示,结果如图 14-59 所示。

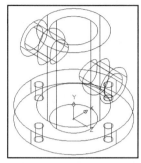

图 14-58 布尔操作结果

图 14-59 真实视觉样式

至此,完成管接头三维实体的创建,将图形命名并进行保存。

本书光盘中的文件 "DWG\第 14 章\图 14-50.dwg" 是本练习图形的最终结果。

14.2.6 创建轴承

本节将创建图 10-52 所示的向心轴承的三维实体,结果如图 14-60 所示。

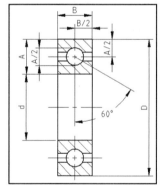

(a) 零件图(其中:D=62;d=30;B=16;A=16)

(b) 实体模型

图 14-60 向心轴承

步骤如下。

01 绘制封闭线与旋转轴线

参照图 14-60(a)以及 10.3.1 节介绍的绘图步骤,在平面视图中绘制如图 14-61 所示的封闭轮廓以及旋转轴线。

读者也可以打开图 10-52,将其直接修改成如图 14-61 所示的形式。

02 合并

执行 PEDIT 命令,将图 14-61 中的两条封闭曲线分别合并成一条多段线。合并后,图中的两条封闭曲线均成为封闭多段线。

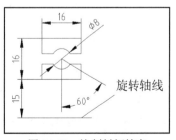

图 14-61 绘制封闭轮廓

03 旋转成实体

单击功能区中的"常用"|"建模"|⬛(旋转)按钮，或选择"绘图"|"建模"|"旋转"命令，AutoCAD 提示如下。

> 选择要旋转的对象或 [模式(MO)]: (选择通过合并得到的如图 14-61 所示的两条多段线对象)
> 选择要旋转的对象或 [模式(MO)]:↙
> 指定旋转轴的起点或
> 定义轴依照 [对象(O)/X 轴(X)/Y 轴(Y)]: (在图 14-61 中，捕捉水平旋转轴线的左端点)
> 指定轴端点:(在图 14-61 中，捕捉水平旋转轴线的右端点)
> 指定旋转角度或 [起点角度(ST)/反转(R)/表达式(EX)] <360>:↙

旋转完毕后，选择"视图"|"三维视图"|"东北等轴测"命令改变视点，结果如图 14-62 所示。

04 新建 UCS

单击功能区中的"常用"|"坐标"|⬛(原点)按钮，或选择"工具"|"新建 UCS"|"原点"命令，AutoCAD 提示如下。

> 指定新原点 <0,0,0>:

在该提示下，捕捉图 14-62 中左端面的圆心，结果如图 14-63 所示，即对应圆心是新 UCS 的原点(建立新 UCS 是为了在绘制表示轴承滚珠的球体时，可以方便地确定其球心位置)。

05 创建球体

单击功能区中的"常用"|"建模"|⬜(球体)按钮，或选择"绘图"|"建模"|"球体"命令，AutoCAD 提示如下。

> 指定中心点或 [三点(3P)/两点(2P)/切点、切点、半径(T)]:-8,0,23↙(确定球体的球心位置,具体坐标可参见图 14-61)
> 指定半径或 [直径(D)]: 4↙

执行结果如图 14-64 所示。

图 14-62　旋转结果

图 14-63　新建 UCS

06 三维阵列

选择"修改"|"三维操作"|"三维阵列"命令，即执行 3DARRAY 命令，AutoCAD 提示如下。

> 选择对象:(选择图 14-64 中的球体)
> 选择对象: ↙
> 输入阵列类型 [矩形(R)/环形(P)] <矩形>:P↙ (环形阵列)

输入阵列中的项目数目:16↙
指定要填充的角度 (+=逆时针, -=顺时针) <360>:↙
旋转阵列对象? [是(Y)/否(N)] <是>:↙
指定阵列的中心点:(在图 14-64 中,捕捉旋转轴上的一端点)
指定旋转轴上的第二点:(在图 14-64 中,捕捉旋转轴上的另一端点)

执行结果如图 14-65 所示。

执行 ERASE 命令删除旋转轴直线。

将图 14-65 以真实视觉样式显示,结果如图 14-66 所示。

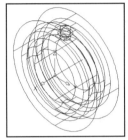
图 14-64 绘制球体

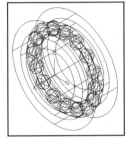
图 14-65 阵列结果

图 14-66 真实视觉样式

至此,完成向心轴承的三维实体的创建,将图形命名并进行保存。

本书光盘中的文件"DWG\第 14 章\图 14-60.dwg"是本练习图形的最终结果。

14.2.7 创建定位块

本节将绘制如图 14-67 所示的定位块三维实体。

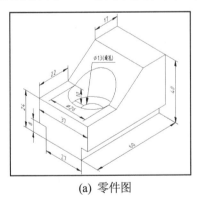
(a) 零件图

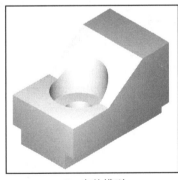
(b) 实体模型

图 14-67 定位块

01 创建 UCS

在 AutoCAD 绘图环境中,创建如图 14-68 所示的 UCS。

首先选择"视图"|"三维视图"|"东北等轴测"命令改变视点(坐标系图标为图 14-69 所示的形式),然后选择"工具"|"新建 UCS"|Z 命令,使 UCS 绕 Z 轴旋转 90°,再选择"工具"|"新建 UCS"|X 命令,使 UCS 绕 X 轴旋转 90°。

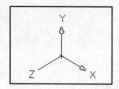

图 14-68 坐标系图标 1

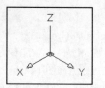

图 14-69 坐标系图标 2

02 绘制封闭多段线

选择"绘图"|"多段线"命令，AutoCAD 提示如下。

```
指定起点: 0,0↙
指定下一个点或 [圆弧(A)/半宽(H)/长度(L)/放弃(U)/宽度(W)]: 27,0↙
指定下一点或 [圆弧(A)/闭合(C)/半宽(H)/长度(L)/放弃(U)/宽度(W)]: @0,8↙
指定下一点或 [圆弧(A)/闭合(C)/半宽(H)/长度(L)/放弃(U)/宽度(W)]: @5,0↙
指定下一点或 [圆弧(A)/闭合(C)/半宽(H)/长度(L)/放弃(U)/宽度(W)]: @0,16↙
指定下一点或 [圆弧(A)/闭合(C)/半宽(H)/长度(L)/放弃(U)/宽度(W)]: @-37,0↙
指定下一点或 [圆弧(A)/闭合(C)/半宽(H)/长度(L)/放弃(U)/宽度(W)]: @0,-16↙
指定下一点或 [圆弧(A)/闭合(C)/半宽(H)/长度(L)/放弃(U)/宽度(W)]: @5,0↙
指定下一点或 [圆弧(A)/闭合(C)/半宽(H)/长度(L)/放弃(U)/宽度(W)]: @0,-8↙
指定下一点或 [圆弧(A)/闭合(C)/半宽(H)/长度(L)/放弃(U)/宽度(W)]: C↙
```

执行结果如图 14-70 所示(如果得到的图形较小，可改变其显示比例)。

03 拉伸

单击功能区中的"常用"|"建模"| ⬚(拉伸)按钮，或选择"绘图"|"建模"|"拉伸"命令，AutoCAD 提示如下。

```
选择要拉伸的对象或 [模式(MO)]: (选择图 14-70 中的封闭对象)
选择要拉伸的对象或 [模式(MO)]:↙
指定拉伸的高度或 [方向(D)/路径(P)/倾斜角(T)/表达式(E)]: -60↙
```

执行结果如图 14-71 所示。

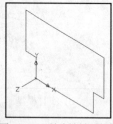

图 14-70 绘制封闭轮廓

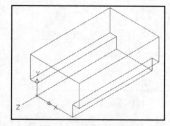

图 14-71 拉伸结果

04 新建 UCS

单击功能区中的"常用"|"坐标"| ⬚(原点)按钮，或选择"工具"|"新建 UCS"|"原点"命令，AutoCAD 提示如下。

```
指定新原点 <0,0,0>:
```

在此提示下捕捉图 14-71 中的对应角点，执行结果如图 14-72 所示。

单击功能区中的"常用"|"坐标"| <kbd>(Y)</kbd>按钮，或选择"工具"|"新建 UCS"|Y 命令，AutoCAD
提示如下。

> 指定绕 Y 轴的旋转角度 <90>:↙

执行结果如图 14-73 所示。

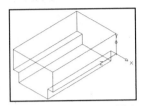

图 14-72 改变 UCS 原点

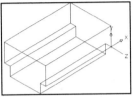

图 14-73 旋转 UCS

05 绘制封闭多段线

选择"绘图"|"多段线"命令，AutoCAD 提示如下。

> 指定起点: 0,16↙
> 指定下一个点或 [圆弧(A)/半宽(H)/长度(L)/放弃(U)/宽度(W)]: @0,16↙
> 指定下一点或 [圆弧(A)/闭合(C)/半宽(H)/长度(L)/放弃(U)/宽度(W)]: @-17,0↙
> 指定下一点或 [圆弧(A)/闭合(C)/半宽(H)/长度(L)/放弃(U)/宽度(W)]: @-21,-16↙
> 指定下一点或 [圆弧(A)/闭合(C)/半宽(H)/长度(L)/放弃(U)/宽度(W)]: C↙

执行结果如图 14-74 所示。

06 拉伸

单击功能区中的"常用"|"建模"| <kbd>(拉伸)</kbd>按钮，或选择"绘图"|"建模"|"拉伸"命令，
AutoCAD 提示如下。

> 选择要拉伸的对象或 [模式(MO)] : (选择图 14-74 中的封闭对象)
> 选择要拉伸的对象或 [模式(MO)] :↙
> 指定拉伸的高度或 [方向(D)/路径(P)/倾斜角(T)/表达式(E)]: -37↙

执行结果如图 14-75 所示。

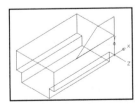

图 14-74 绘制封闭多段线

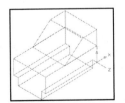

图 14-75 拉伸为实体

07 新建 UCS

单击功能区中的"常用"|"坐标"| <kbd>(原点)</kbd>按钮，或选择"工具"|"新建 UCS"|"原点"命
令，AutoCAD 提示如下。

> 指定新原点 <0,0,0>: -38,16,-18.5↙

单击功能区中的"常用"|"坐标"| ⬚(X)按钮,或选择"工具"|"新建 UCS"|X 命令,AutoCAD 提示如下。

> 指定绕 X 轴的旋转角度 <90>:↙

执行结果如图 14-76 中的坐标系图标所示,新 UCS 的 XY 平面位于大拉伸实体的顶面上。

08 创建圆柱体

单击功能区中的"常用"|"建模"| ▢(圆柱体)按钮,或选择"绘图"|"建模"|"圆柱体"命令,AutoCAD 提示如下。

> 指定底面的中心点或 [三点(3P)/两点(2P)/切点、切点、半径(T)/椭圆(E)]:0,0,10↙
> 指定底面半径或 [直径(D)]: D↙
> 指定直径: 26↙
> 指定高度或 [两点(2P)/轴端点(A)]: -30↙

单击功能区中的"常用"|"建模"| ▢(圆柱体)按钮,或选择"绘图"|"建模"|"圆柱体"命令,AutoCAD 提示如下。

> 指定底面的中心点或 [三点(3P)/两点(2P)/切点、切点、半径(T)/椭圆(E)]:0,0,0↙
> 指定底面半径或 [直径(D)]: D↙
> 指定直径: 13↙
> 指定高度或 [两点(2P)/轴端点(A)]: 45↙

执行结果如图 14-77 所示。

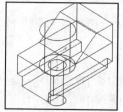

图 14-76 新建 UCS   图 14-77 创建圆柱体

09 布尔操作

● 并集操作

单击功能区中的"常用"|"实体编辑"| ◍(并集)按钮,或选择"修改"|"实体编辑"|"并集"命令,AutoCAD 提示如下。

> 选择对象:(选择图 14-77 中通过拉伸操作得到的两个实体)
> 选择对象:↙

● 差集操作

单击功能区中的"常用"|"实体编辑"| ◍(差集)按钮,或选择"修改"|"实体编辑"|"差集"

命令，AutoCAD 提示如下。

> 选择要从中减去的实体或面域...
> 选择对象:(选择通过并集操作得到的实体)
> 选择对象:✓
> 选择要减去的实体或面域 ..
> 选择对象:(分别选择图 14-77 中的两个圆柱体)

执行结果如图 14-78 所示。将其以真实视觉样式显示，结果如图 14-79 所示。

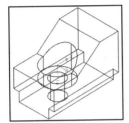

图 14-78 布尔操作结果

图 14-79 真实视觉样式

至此，完成定位块三维实体的创建，将该图形命名并进行保存。

本书光盘中的文件"DWG\第 14 章\图 14-67.dwg"是本练习图形的最终结果。

14.2.8 创建皮带轮

本节将创建图 11-195 所示皮带轮的三维实体，结果如图 14-80 所示。

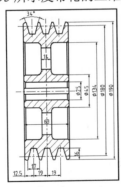
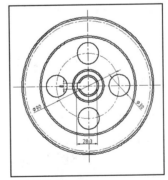

(a) 零件图

(b) 实体模型

图 14-80 皮带轮

步骤如下。

01 绘制封闭线与旋转轴线

参照图 14-80(a)，绘制如图 14-81 所示的封闭轮廓以及旋转轴线。

读者也可以打开已绘制的图 11-195，直接修改成如图 14-81 所示形式。

02 合并成多段线

选择"修改"|"对象"|"多段线"命令，AutoCAD 提示如下。

> 选择多段线或 [多条(M)]:(选择图 14-81 中的任意一条直线段)
> 选定的对象不是多段线 是否将其转换为多段线?<Y>✓
> 输入选项
> [闭合(C)/合并(J)/宽度(W)/编辑顶点(E)/拟合(F)/样条曲线(S)/非曲线化(D)/线型生成(L)/反转(R)/放弃(U)]: J✓
> (执行"合并(J)"选项)
> 选择对象:(选择图 14-81 中构成封闭图形的其他图形对象)
> 选择对象:✓
> 输入选项
> [闭合(C)/合并(J)/宽度(W)/编辑顶点(E)/拟合(F)/样条曲线(S)/非曲线化(D)/线型生成(L)/反转(R)/放弃(U)]:✓

执行结果如图 14-82 所示。图 14-82 与图 14-81 看似相同，但图 14-82 中的轮廓已成为一条多段线。

03 旋转成实体

单击功能区中的"常用"|"建模"| 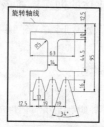(旋转) 按钮，或选择"绘图"|"建模"|"旋转"命令，AutoCAD 提示如下。

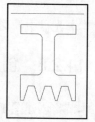

图 14-81　绘制封闭轮廓　　　图 14-82　合并结果

> 选择要旋转的对象或 [模式(MO)]:(选择图 14-82 中的封闭多段线对象)
> 选择要旋转的对象或 [模式(MO)]:✓
> 指定旋转轴的起点或
> 指定轴起点或根据以下选项之一定义轴 [对象(O)/X/Y/Z] <对象>:(在图 14-82 中，捕捉水平旋转轴线的左端点)
> 指定轴端点:(在图 14-82 中，捕捉水平旋转轴线的右端点)
> 指定旋转角度或 [起点角度(ST)/反转(R)/表达式(EX)] <360>:✓

旋转完毕后，选择"视图"|"三维视图"|"东北等轴测"命令改变视点，结果如图 14-83 所示。

04 新建 UCS

单击功能区中的"常用"|"坐标"| (原点)按钮，或选择"工具"|"新建 UCS"|"原点"命令，AutoCAD 提示如下。

> 指定新原点 <0,0,0>:

在该提示下，在图 14-83 中捕捉左端面的圆心，得到的结果如

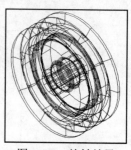

图 14-83　旋转结果

338

图 14-84 所示,即对应圆心是新 UCS 的原点。为提高坐标系图标清晰度,对图 14-84 执行 HIDE 命令(即消隐命令)。

05 旋转 UCS

单击功能区"常用"|"坐标"|⌐(Y)按钮,或选择"工具"|"新建 UCS"|Y 命令,AutoCAD 提示如下。

> 指定绕 Y 轴的旋转角度 <90>:✓

执行结果如图 14-85 所示(注意坐标系图标中的坐标轴方向)。

06 创建圆柱体

单击功能区中的"常用"|"建模"|◻(圆柱体)按钮,或选择"绘图"|"建模"|"圆柱体"命令,AutoCAD 提示如下。

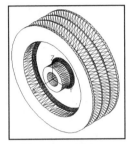
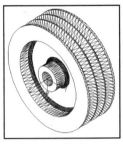

图 14-84 新建 UCS　　　图 14-85 旋转 UCS

> 指定底面的中心点或 [三点(3P)/两点(2P)/切点、切点、半径(T)/椭圆(E)]:45,0,0✓
> 指定底面半径或 [直径(D)]: 15✓
> 指定高度或 [两点(2P)/轴端点(A)]: -70✓

执行结果如图 14-86 所示。

07 三维阵列

选择"修改"|"三维操作"|"三维阵列"命令,即执行 3DARRAY 命令,AutoCAD 提示如下。

> 选择对象:(选择图 14-86 中的小圆柱体)
> 选择对象: ✓
> 输入阵列类型 [矩形(R)/环形(P)] <矩形>:P✓ (环形阵列)
> 输入阵列中的项目数目:4✓
> 指定要填充的角度 (+=逆时针, -=顺时针) <360>:✓
> 旋转阵列对象? [是(Y)/否(N)] <是>:✓
> 指定阵列的中心点:(捕捉在步骤**01**绘制的旋转轴上的一端点)
> 指定旋转轴上的第二点:(捕捉在步骤**01**绘制的旋转轴上的另一端点)

执行结果如图 14-87 所示。

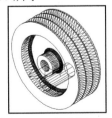
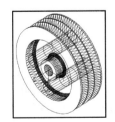

图 14-86 绘制圆柱体　　　　图 14-87 阵列结果

08 差集操作

单击功能区中的"常用"|"实体编辑"|◎(差集)按钮,或选择"修改"|"实体编辑"|"差集"

命令，AutoCAD 提示如下。

> 选择要从中减去的实体或面域...
> 选择对象:(选择图 14-87 中的旋转实体)
> 选择对象:↙
> 选择要减去的实体或面域 ..
> 选择对象:(选择图 14-87 中的 4 个圆柱体)
> 选择对象: ↙

执行结果如图 14-88 所示。

09 创建长方体

单击功能区中的"常用"|"建模"| ⬜(长方体)按钮，或选择"绘图"|"建模"|"长方体"命令，AutoCAD 提示如下。

> 指定第一个角点或 [中心(C)]:15.8,4,0↙
> 指定其他角点或 [立方体(C)/长度(L)]:@-5,-8,-70↙

执行结果如图 14-89 所示。

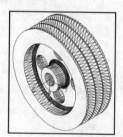

图 14-88　差集操作结果

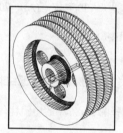

图 14-89　绘制长方体

10 差集操作

在图 14-89 中，将皮带轮与新创建的长方体进行差集操作，结果如图 14-90 所示(过程略)。

11 创建倒角

单击功能区中的"常用"|"修改"|⬜(倒角)按钮，或选择"修改"|"倒角"命令，AutoCAD 提示如下。

> 选择第一条直线或 [放弃(U)/多段线(P)/距离(D)/角度(A)/修剪(T)/方式(E)/多个(M)]:(在图 14-90 中，拾取左端面的棱边)
> 基面选择...
> 输入曲面选择选项 [下一个(N)/当前(OK)] <当前>:↙
> 指定基面的倒角距离或 [表达式(E)]: 2↙
> 指定其他曲面的倒角距离或 [表达式(E)]: 2↙
> 选择边或 [环(L)]:(再拾取图 14-90 中的左端面棱边)
> 选择边或 [环(L)]:↙

执行结果如图 14-91 所示。

参照图 14-80(a)，对图 14-91 中的其他棱边创建倒角，结果如图 14-92 所示。

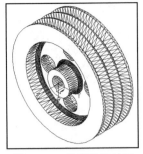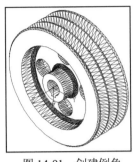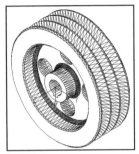

图 14-90　差集操作结果　　　　图 14-91　创建倒角　　　　图 14-92　倒角结果

至此，完成皮带轮的创建，将该图形命名并进行保存。

本书第 15 章将用到该实体。

本书光盘中的文件"DWG\第 14 章\图 14-80.dwg"是本练习图形的最终结果。

14.3　三维图形显示设置

在 AutoCAD 中对前面介绍的示例进行消隐操作或以不同的视觉样式显示时，得到图形的光滑度有可能不符合要求，如图 14-93 所示。

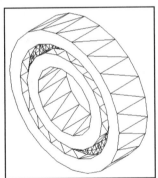

图 14-93　轴承消隐图和渲染图

使用 AutoCAD 2014 创建三维图形时，可以通过一些系统变量控制实体的显示方式。设置 AutoCAD 系统变量的方法：在 AutoCAD 命令窗口中，在"命令:"提示行输入变量的名称，然后按 Enter 键，根据提示输入新值。

14.3.1　系统变量 ISOLINES

系统变量 ISOLINES 用于确定实体模型的轮廓线数量，其有效值范围为 0~2047，默认值为 4。图 14-94(a)、图 14-94(b)和图 14-94(c)分别示范了系统变量 ISOLINES 为不同值时的显示效果。

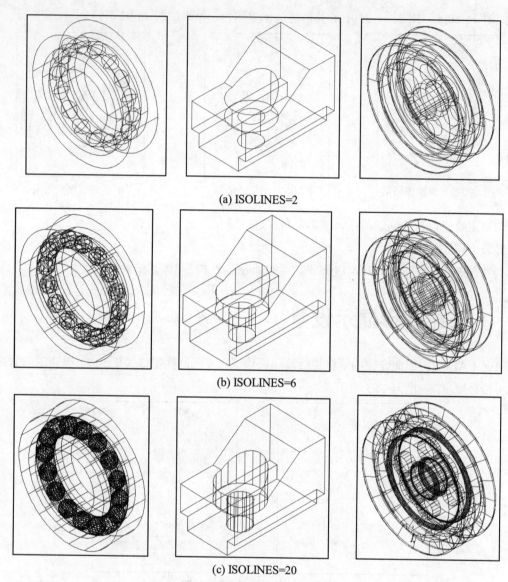

(a) ISOLINES=2

(b) ISOLINES=6

(c) ISOLINES=20

图 14-94　系统变量 ISOLINES 影响示例

注意

　　更改系统变量 ISOLINES 及后面介绍的 FACETRES 和 DISPSILH 的值后，需要执行 REGEN 命令重新生成图形，才能够显示设置后的效果。选择"视图"｜"重生成"命令即可执行 REGEN 命令。

14.3.2　系统变量 FACETRES

　　系统变量 FACETRES 用于控制当实体以消隐、不同的视觉样式或渲染模式显示时的表面光滑程度，有效值范围为 0~10，默认值为 0.5。系统变量 FACETRES 的值越大，实体消隐或渲染后的表面越光滑，执行操作的时间越长。图 14-95(a)和图 14-95(b)分别给出了系统变量 FACETRES 为不同值时的概念视觉样式和真实视觉样式的效果(左图为概念视觉样式，右图为真实视觉样式)。

(a) FACETRES=0.1   (b) FACETRES=2

图 14-95 系统变量 FACETRES 影响示例图

14.3.3 系统变量 DISPSILH

系统变量 DISPSILH 用于确定对实体进行消隐后是否显示实体的轮廓线，其有效值为 0 和 1，默认值为 0。当系统变量 DISPSILH 为 1 时，显示实体的轮廓线，否则不显示。

对于前面绘制的轴承、定位块和皮带轮等实体模型，如果系统变量 DISPSILH 采用默认值 0，消隐后的效果如图 14-96(a)所示。如果将系统变量 DISPSILH 的值设为 1，然后执行 HIDE 命令消隐，则得到的效果如图 14-96(b)所示。

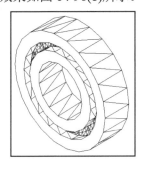 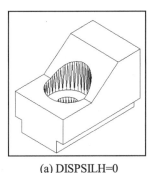 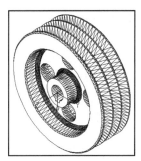

(a) DISPSILH=0

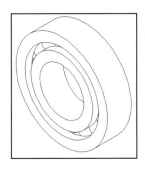  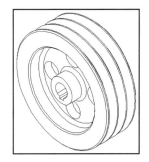

(b) DISPSILH=1

图 14-96 系统变量 DISPSILH 影响示例图

14.3.4 利用对话框设置系统变量

除了在命令窗口中可以设置系统变量，利用 AutoCAD 2014 提供的"选项"对话框中的"显示"选项卡，也可以设置系统变量 FACETRES 和 ISOLINES 的值。

选择"工具"|"选项"命令，即执行 OPTIONS 命令，打开"选项"对话框。在如图 14-97 所示的"显示"选项卡中，"渲染对象的平滑度"文本框用于设置系统变量 FACETRES 的值；"每个曲面的轮廓素线"文本框用于设置系统变量 ISOLINES 的值。

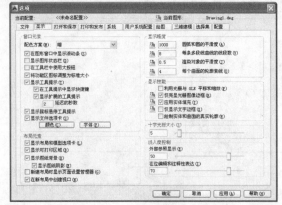

图 14-97 "选项"对话框

14.4 创建复杂三维零件

本节将创建一些结构较为复杂的三维实体零件。

14.4.1 创建支座

本小节将创建如图 11-224 所示支座的三维实体，最终结果如图 14-98(b)所示。

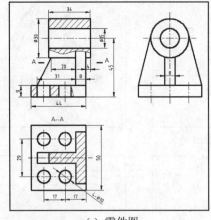

(a) 零件图

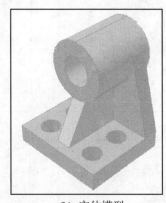

(b) 实体模型

图 14-98 支座

步骤如下。

01 创建表示底座的长方体(尺寸：44×50×9)

单击功能区中的"常用"|"建模"| ☐(长方体)按钮，或选择"绘图"|"建模"|"长方体"命

令，AutoCAD 提示如下。

> 指定第一个角点或 [中心(C)]:(在绘图屏幕恰当位置确定一点)
> 指定其他角点或 [立方体(C)/长度(L)]:@44,50,9✓

选择"视图"|"三维视图"|"东北等轴测"命令改变视点，结果如图 14-99 所示。

02 新建 UCS

单击功能区的"常用"|"坐标"|∠(原点)按钮，或选择"工具"|"新建 UCS"|"原点"命令，AutoCAD 提示如下。

> 指定新原点 <0,0,0>:

在该提示下，在图 14-99 所示长方体中，捕捉位于右上侧棱边的中点，结果如图 14-100 所示。

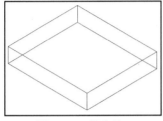

图 14-99　长方体

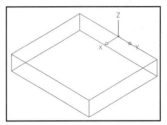

图 14-100　新建 UCS

03 创建圆柱体

单击功能区中的"常用"|"建模"|▢(圆柱体)按钮，或选择"绘图"|"建模"|"圆柱体"命令，AutoCAD 提示如下。

> 指定底面的中心点或 [三点(3P)/两点(2P)/切点、切点、半径(T)/椭圆(E)]:34,14.5,0✓ (请参考图 14-98(a))
> 指定底面半径或 [直径(D)]: 5✓
> 指定高度或 [两点(2P)/轴端点(A)] -12✓

执行结果如图 14-101 所示。

04 矩形阵列

如图 14-102 所示，选择"修改"|"阵列"|"矩形阵列"命令，即执行 ARRAYRECT 命令，AutoCAD 提示如下。

> 选择对象:(选择图 14-101 中的圆柱体)
> 选择对象:✓
> 选择夹点以编辑阵列或 [关联(AS)/基点(B)/计数(COU)/间距(S)/列数(COL)/行数(R)/层数(L)/退出(X)] <退出>:OU✓
> 输入列数数或 [表达式(E)]: 2✓
> 输入行数数或 [表达式(E)]: 2✓
> 选择夹点以编辑阵列或 [关联(AS)/基点(B)/计数(COU)/间距(S)/列数(COL)/行数(R)/层数(L)/退出(X)] <退出>: S✓
> 指定列之间的距离或 [单位单元(U)]>: -27✓
> 指定行之间的距离:-29✓
> 选择夹点以编辑阵列或 [关联(AS)/基点(B)/计数(COU)/间距(S)/列数(COL)/行数(R)/层数(L)/退出(X)] <退出>:✓

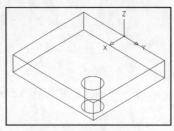

图 14-101　创建圆柱体

图 14-102　"阵列"子菜单

执行结果如图 14-103 所示。

05 差集操作

单击功能区中的"常用"|"实体编辑"|◎(差集)按钮，或选择"修改"|"实体编辑"|"差集"命令，AutoCAD 提示如下。

> 选择要从中减去的实体或面域...
> 选择对象:(选择图 14-103 中的长方体)
> 选择对象:✓
> 选择要减去的实体或面域 ..
> 选择对象:(选择图 14-103 中的 4 个圆柱体)
> 选择对象: ✓

执行结果如图 14-104 所示。

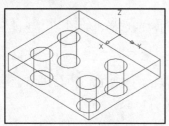

图 14-103　阵列结果

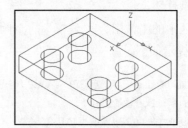

图 14-104　差集操作结果

06 新建 UCS

单击功能区中的"常用"|"坐标"|ⷆ(Y)按钮，或选择"工具"|"新建 UCS"|Y 命令，AutoCAD 提示如下。

> 指定绕 Y 轴的旋转角度 <90>:-90✓

执行结果如图 14-105 所示。

07 创建圆柱体

● 创建直径为 30 的圆柱体

单击功能区中的"常用"|"建模"|▢(圆柱体)按钮，或选择"绘图"|"建模"|"圆柱体"命令，AutoCAD 提示如下。

> 指定底面的中心点或 [三点(3P)/两点(2P)/切点、切点、半径(T)/椭圆(E)]:36,0,0✓(请参考图 14-98(a))

指定底面半径或 [直径(D)]: 15↙
指定高度或 [两点(2P)/轴端点(A)]: -34↙

● 创建直径为 15 的圆柱体

单击功能区中的"常用"|"建模"| ▭(圆柱体)按钮，或选择"绘图"|"建模"|"圆柱体"命令，AutoCAD 提示如下。

指定底面的中心点或 [三点(3P)/两点(2P)/切点、切点、半径(T)/椭圆(E)]:36,0,0↙
指定底面半径或 [直径(D)]: 7.5↙
指定高度或 [两点(2P)/轴端点(A)]: -38↙

执行结果如图 14-106 所示。

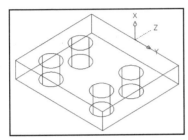

图 14-105　新建 UCS

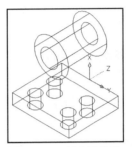

图 14-106　创建圆柱体

08 绘制封闭线

绘制如图 14-107 中由粗线表示的封闭多段线。绘图方法：分别从基座长方体的两角点向圆绘制切线，再用直线连接切线的对应端点，然后执行 PEDIT 命令，将 4 条线合并成 1 条多段线。

09 移动圆柱体

选择"修改"|"移动"命令，AutoCAD 提示如下。

选择对象:(选择图 14-107 中的直径分别为 30 和 15 的两个圆柱体)
选择对象:↙
指定基点或 [位移(D)] <位移>: 0,0,0↙
指定第二个点或 <使用第一个点作为位移>: @0,0,4↙

执行结果如图 14-108 所示。

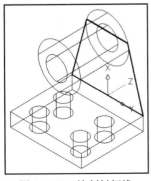

图 14-107　绘制封闭线

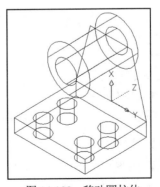

图 14-108　移动圆柱体

10 拉伸

单击功能区中的"常用"|"建模"| ▣(拉伸)按钮，或选择"绘图"|"建模"|"拉伸"命令，AutoCAD 提示如下。

> 选择要拉伸的对象或 [模式(MO)]:(选择图 14-108 中的封闭多段线)
> 选择要拉伸的对象或 [模式(MO)]:✓
> 指定拉伸的高度或 [方向(D)/路径(P)/倾斜角(T)/表达式(E)]: -8✓

执行结果如图 14-109 所示。

11 并集操作

单击功能区中的"常用"|"实体编辑"|◎(并集)按钮，或选择"修改"|"实体编辑"|"并集"命令，AutoCAD 提示如下。

> 选择对象:(在该提示下选择图 14-109 中的大圆柱体、通过拉伸得到的实体以及底座实体)
> 选择对象:✓

执行结果如图 14-110 所示。

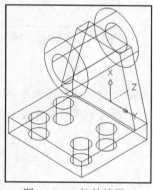

图 14-109　拉伸结果

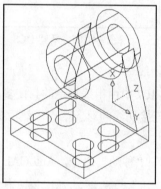

图 14-110　并集结果

12 差集操作

单击功能区中的"常用"|"实体编辑"|◎(差集)按钮，或选择"修改"|"实体编辑"|"差集"命令，AutoCAD 提示如下。

> 选择要从中减去的实体或面域...
> 选择对象:(选择图 14-110 中通过并集操作得到的实体)
> 选择对象:✓
> 选择要减去的实体或面域 ..
> 选择对象:(选择图 14-110 中直径为 15 的圆柱体)
> 选择对象: ✓

执行结果如图 14-111 所示。

13 建立新 UCS

建立新 UCS，如图 14-112 中 UCS 图标所示(方法：将原 UCS 移动到对应棱边的中点，并绕 X

轴旋转 90°)。

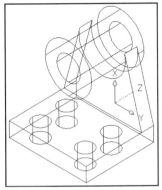

图 14-111 差集操作结果

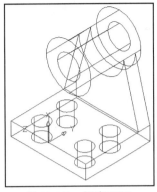

图 14-112 新建 UCS

14 绘制封闭线

绘制如图 14-113 中由粗线表示的封闭多段线。在该多段线中，下面各端点分别位于对应棱边的中点，上面端点位置如图 14-114 视图中的粗线所示。

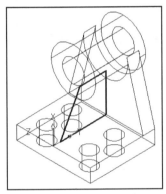

图 14-113 绘制多段线

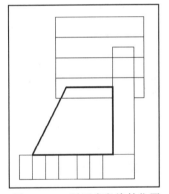

图 14-114 显示多段线的位置

15 拉伸

单击功能区中的"常用"|"建模"| ⊡(拉伸)按钮，或选择"绘图"|"建模"|"拉伸"命令，AutoCAD 提示如下。

> 选择要拉伸的对象或 [模式(MO)]:(选择图 14-113 中的封闭多段线)
> 选择要拉伸的对象或 [模式(MO)]:↙
> 指定拉伸的高度或 [方向(D)/路径(P)/倾斜角(T)/表达式(E)]: 8↙

执行结果如图 14-115 所示。

16 移动

选择"修改"|"移动"命令，AutoCAD 提示如下。

> 选择对象:(选择图 14-115 中通过拉伸得到的实体)
> 选择对象:↙

指定基点或 [位移(D)] <位移>: 0,0,0↙
指定第二个点或 <使用第一个点作为位移>: @0,0,-4↙

执行结果如图 14-116 所示。

17 并集

单击功能区中的"常用"|"实体编辑"| ⫝⫝(并集)按钮，或选择"修改"|"实体编辑"|"并集"
命令，AutoCAD 提示如下。

选择对象:(选择图 14-116 中的移动实体以及另一个实体)
选择对象:↙

执行结果如图 14-117 所示。

将图 14-117 以真实视觉样式显示，结果如图 14-118 所示。至此，完成图形的绘制。将该图形命
名并进行保存。

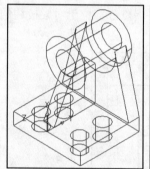
图 14-115　拉伸结果

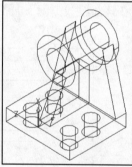
图 14-116　移动结果

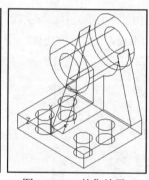
图 14-117　并集结果

图 14-118　真实视觉样式

本书光盘中的文件"DWG\第 14 章\图 14-98.dwg"是本练习图形的最终结果。

14.4.2　创建齿轮

本节将创建如图 11-126 所示的渐开线圆柱直齿轮的三维实体，结果如图 14-119(b)所示。

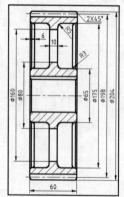
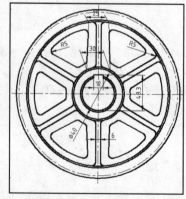

(a) 零件图

(b) 实体模型

图 14-119 齿轮

渐开线齿轮的轮齿是由两条渐开线作为齿廓组成，如图 14-120 所示。渐开线的绘制方法(参见图 14-121)：当直线 BK 沿一圆周做纯滚动时，直线上任一点 K 的轨迹 AK 即为该圆的渐开线，该圆称为渐开线的基圆，直线 BK 称为渐开线的发生线。

图 14-120 渐开线齿轮

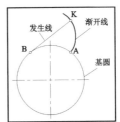

图 14-121 渐开线生成原理

假设对于图 14-119 所示的齿轮，其模数为 3，齿数为 66，分度圆半径为 99，压力角为 20°，则基圆半径为 99×cos20°=93.03。

下面将根据渐开线轮齿的特点创建齿轮实体。

01 绘制渐开线轮廓

● 改变视点，新建 UCS

为使所创建齿轮的显示方位与图 14-80 所示皮带轮等零件的显示方位一致(第 15 章将装配该齿轮和皮带轮)，首先需要改变视点，然后新建 UCS。

选择"视图"|"三维视图"|"东北等轴测"命令改变视点，此时的坐标系图标如图 14-122(a)所示。

单击功能区中的"常用"|"坐标"|（Z)按钮，或选择"工具"|"新建 UCS"|Z 命令，AutoCAD 提示如下。

　指定绕 Z 轴的旋转角度 <90>:✓

执行 Z 命令后的坐标系图标如图 14-122(b)所示。

单击功能区中的"常用"|"坐标"|（X)按钮，或选择"工具"|"新建 UCS"|X 命令，AutoCAD 提示如下。

　指定绕 X 轴的旋转角度 <90>:✓

执行后的坐标系图标如图 14-122(c)所示。

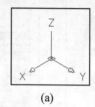 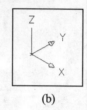 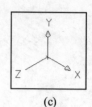

| (a) | (b) | (c) |

图 14-122　改变视点

- 绘制基圆

在图 14-122(c)所示的坐标形式下绘制基圆。执行 CIRCLE 命令，AutoCAD 提示如下。

指定圆的圆心或 [三点(3P)/两点(2P)/切点、切点、半径(T)]: 0,0↙(以坐标原点为圆心)
指定圆的半径或 [直径(D)]: 93.03↙(基圆半径)

执行结果如图 14-123 所示。

- 切换到平面视图

选择"视图" | "三维视图" | "平面视图" | "当前 UCS"命令，切换到平面视图，结果如图 14-124 所示。

- 绘制直线和切线

从圆心到基圆的右象限点绘制一条半径线，再从该象限点向下绘制一条长约 50 的垂直线，如图 14-125 所示。

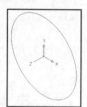 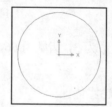 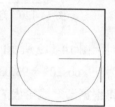

图 14-123　绘制基圆　　　图 14-124　以平面视图方式显示图形　　　图 14-125　绘制直线和切线

- 环形阵列

单击"修改"工具栏中的"环形阵列"按钮，或选择"修改" | "环形阵列"命令，即执行 ARRAYPOLAR 命令，AutoCAD 提示如下。

选择对象:(选择图 14-125 中的直线和切线)
选择对象:↙
指定阵列的中心点或 [基点(B)/旋转轴(A)]: (捕捉圆心)
选择夹点以编辑阵列或 [关联(AS)/基点(B)/项目(I)/项目间角度(A)/填充角度(F)/行(ROW)/层(L)/旋转项目(ROT)/退出(X)] <退出>: I↙
输入阵列中的项目数或 [表达式(E)] :19↙
选择夹点以编辑阵列或 [关联(AS)/基点(B)/项目(I)/项目间角度(A)/填充角度(F)/行(ROW)/层(L)/旋转项目(ROT)/退出(X)] <退出>: A↙
指定项目间的角度或 [表达式(EX)]: 1.5↙
选择夹点以编辑阵列或 [关联(AS)/基点(B)/项目(I)/项目间角度(A)/填充角度(F)/行(ROW)/层(L)/旋转项目(ROT)/退出(X)] <退出>:↙

执行结果如图 14-126 所示(局部放大图)。

● 截取切线

在图 14-126 中,在相对于垂直线倾斜 1.5°的切线上,从它与半径线的交点处沿切线截取长为 2.44 的线段;在倾斜 3°的切线上,从交点处沿切线截取长为 2×2.44 的线段;在倾斜 4.5°的切线上,从交点处沿切线截取长为 3×2.44 的线段;以此类推,结果如图 14-127 所示(因为当直线沿基圆圆周作纯滚动时,发生线在某位置的长度是它所滚过的圆弧的弧长,1.5°圆弧的对应弧长是 2.44)。

截取直线的方法有多种。其中一种方式是先以对应的交点(切点)绘制对应半径(即截取长度)的辅助圆,然后以该圆为剪切边修剪对应的直线,最后删除辅助圆。

● 绘制渐开线

选择"绘图"|"多段线"命令,然后在确定多段线端点的提示下,依次捕捉图 14-127 所示切线的各端点,结果如图 14-128 所示(因为各点之间的距离较近,因此使用连接各端点的直线段近似代替曲线)。至此,完成渐开线轮廓的绘制。

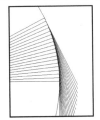
图 14-126 阵列结果

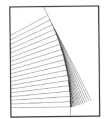
图 14-127 截取切线

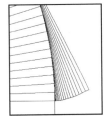
图 14-128 绘制渐开线

02 绘制齿根圆、齿顶圆和分度圆

执行 CIRCLR 命令,AutoCAD 提示如下。

> 指定圆的圆心或 [三点(3P)/两点(2P)/切点、切点、半径(T)]:(捕捉基圆圆心)
> 指定圆的半径或 [直径(D)]:D↙
> 指定圆的直径:204↙(齿顶圆直径)

执行 CIRCLR 命令,AutoCAD 提示如下。

> 指定圆的圆心或 [三点(3P)/两点(2P)/切点、切点、半径(T)]:(捕捉基圆圆心)
> 指定圆的半径或 [直径(D)]: D↙
> 指定圆的直径: 190.5↙(齿根圆直径)

执行 CIRCLR 命令,AutoCAD 提示如下。

> 指定圆的圆心或 [三点(3P)/两点(2P)/切点、切点、半径(T)]:(捕捉基圆圆心)
> 指定圆的半径或 [直径(D)]: D↙
> 指定圆的直径: 198↙(分度圆直径)

执行结果如图 14-129 所示。

删除图 14-129 中的基圆以及各半径线和切线,并用齿顶圆和齿根圆对渐开线作修剪,结果如图 14-130 所示。

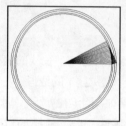

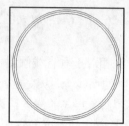

图 14-129　绘制齿根圆等　　　　　　　　图 14-130　整理结果

03 镜像齿廓

● 绘制镜像线

为了通过镜像得到另一半齿廓，首先需要绘制镜像线。首先从圆心向分度圆与渐开线的交点绘制一条直线，如图 14-131 所示。

● 旋转镜像线

执行 ROTATE 命令，AutoCAD 提示如下。

> 选择对象:(选择图 14-131 中的直线)
> 选择对象:↙
> 指定基点:(捕捉圆心)
> 指定旋转角度，或 [复制(C)/参照(R)] <0>: 1.36↙(因为分度圆齿厚对应的圆心角是：360÷66÷2=2.72)

执行结果如图 14-132 所示。

● 镜像

选择"修改"|"镜像"命令，AutoCAD 提示如下。

> 选择对象:(选择图 14-132 中的渐开线)
> 选择对象:↙
> 指定镜像线的第一点:(图 14-132 中，捕捉镜像线的一端点)
> 指定镜像线的第二点:(图 14-132 中，捕捉镜像线的另一端点)
> 是否删除源对象？ [是(Y)/否(N)] <N>:↙

执行结果如图 14-133 所示。

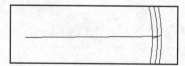

图 14-131　从圆心向交点绘制直线　　　图 14-132　旋转直线　　　图 14-133　镜像结果

04 环形阵列

单击"修改"工具栏中的"环形阵列"按钮 ，或选择"修改"|"环形阵列"命令，即执行 ARRAYPOLAR 命令，AutoCAD 提示如下。

> 选择对象:(选择图 14-133 中的两条渐开线)
> 选择对象:↙
> 指定阵列的中心点或 [基点(B)/旋转轴(A)]:
> 选择夹点以编辑阵列或 [关联(AS)/基点(B)/项目(I)/项目间角度(A)/填充角度(F)/行(ROW)/层(L)/旋转项目

(ROT)/退出(X)] <退出>: I✓
        输入阵列中的项目数或 [表达式(E)]: 66✓
        选择夹点以编辑阵列或 [关联(AS)/基点(B)/项目(I)/项目间角度(A)/填充角度(F)/行(ROW)/层(L)/旋转项目
(ROT)/退出(X)] <退出>: F✓
        指定填充角度(+=逆时针、-=顺时针)或 [表达式(EX)] <360>:✓
        选择夹点以编辑阵列或 [关联(AS)/基点(B)/项目(I)/项目间角度(A)/填充角度(F)/行(ROW)/层(L)/旋转项目
(ROT)/退出(X)] <退出>:✓

执行结果如图 14-134 所示(局部放大图)。

05 整理

对图 14-134 执行 ERASE 命令删除分度圆与镜像线;使用表示齿轮齿廓的各渐开线对齿根圆和齿顶圆进行修剪,结果如图 14-135 所示(图中已通过执行 CIRCLE 命令绘制了半径为 175 的圆)。

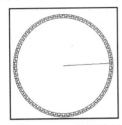

图 14-134　阵列结果

图 14-135　整理结果

06 生成面域

选择“绘图”|“边界”命令,即执行 BPOLY 命令,打开“边界创建”对话框,如图 14-136 所示。在其“对象类型”下拉列表框中选择“面域”选项,表示将创建面域。单击“拾取点”按钮,在“拾取内部点:”提示下,在图 14-135 中的圆与齿轮轮廓之间任意确定一点,AutoCAD 提示“已创建 2 个面域”,表示已创建出由轮齿轮廓和圆构成的 2 个面域(如果用户进行此操作时软件执行时间较长,甚至出现计算机没有响应等现象,请参照位于图 14-137 后面的说明进行操作)。

单击功能区中的“常用”|“实体编辑”| ◎(差集)按钮,或选择“修改”|“实体编辑”|“差集”命令,AutoCAD 提示如下。

选择要从中减去的实体或面域...
选择对象:(选择由齿轮轮廓构成的面域)
选择对象:✓
选择要减去的实体或面域...
选择对象:(选择由圆构成的面域)
选择对象:✓

07 拉伸

单击功能区中的“常用”|“建模”| ▣(拉伸)按钮,或选择“绘图”|“建模”|“拉伸”命令,AutoCAD 提示如下。

选择要拉伸的对象或 [模式(MO)]: (选择新创建的面域)
选择要拉伸的对象或 [模式(MO)]:✓
指定拉伸的高度或 [方向(D)/路径(P)/倾斜角(T)/表达式(E)]: 60✓

355

选择"视图"|"三维视图"|"东南等轴测"命令改变视点，得到如图 14-137 所示的齿轮圈实体。

图 14-136　"边界创建"对话框

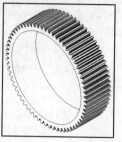

图 14-137　齿轮圈实体

通过"边界创建"对话框确定面域时，由于操作对象较复杂，因此当利用"拾取点"按钮，以在图 14-135 中的圆与齿轮轮廓之间任意确定一点的方式来确定组成面域的区域时，可能会出现计算机没有响应，甚至死机的现象。如果出现此类问题，可以按以下步骤绘制齿轮实体。

- 绘制辅助直线，如图 14-138 所示。
- 执行 TRIM 命令进行修剪，如图 14-139 所示(图 14-139 为放大显示效果)。
- 执行 PEDIT 命令，将图 14-139 所示图形对象合并成一条多段线。
- 执行 EXTRUDE 命令，将与图 14-139 相似的合并后的图形进行拉伸，拉伸高度为 60。

执行 ARRAYPOLAR 命令，将通过拉伸得到的实体进行 360° 环形阵列(项目总数：66)，结果如图 14-140 所示。

- 执行 UNION 命令，对图 14-140 中的各实体进行并集操作，最后得到如图 14-137 所示的结果。

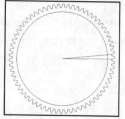

图 14-138　绘制辅助直线

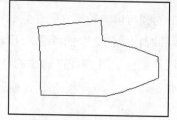

图 14-139　修剪结果

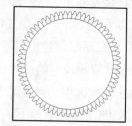

图 14-140　阵列结果

08 新建 UCS

为绘制如图 14-119 所示齿轮中的轮幅板等，首先要建立如图 14-141 中坐标系图标所示的 UCS(新 UCS 的原点位于齿轮左端面的圆心)。

提示

为提高消隐等操作的速度，可以将系统变量 FACETRES 和 ISOLINES 设置成较小的值。

09 设置平面视图

选择"视图"|"三维视图"|"平面视图"|"当前 UCS"命令，结果如图 14-142 所示。

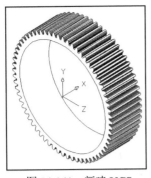

图 14-141　新建 UCS

图 14-142　平面视图

10　绘制轮廓与旋转直线

参照图 14-119，在已有齿轮的一侧绘制如图 14-143 所示的轮廓图。

11　合并成多段线

执行 PEDIT 命令，将图 14-143 中的轮廓线合并成一条多段线。

12　旋转成实体

单击功能区中的"常用"|"建模"|🍶(旋转)按钮，或选择"绘图"|"建模"|"旋转"命令，AutoCAD 提示如下。

> 选择要旋转的对象或 [模式(MO)]:(选择图 14-143 中的多段线对象)
> 选择要旋转的对象或 [模式(MO)]:✓
> 指定轴起点或根据以下选项之一定义轴 [对象(O)/X/Y/Z] <对象>:(在图 14-143 中，捕捉水平中心线的左端点)
> 指定轴端点:(在图 14-143 中，捕捉水平中心线的右端点)
> 指定旋转角度或 [起点角度(ST)/反转(R)/表达式(EX)] <360>:✓

执行结果如图 14-144 所示。

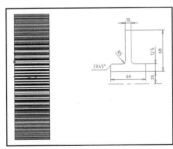

图 14-143　绘制轮廓

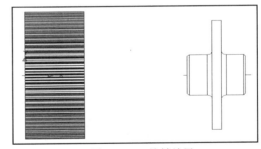

图 14-144　旋转结果

13　新建 UCS

首先选择"视图"|"三维视图"|"东北等轴测"命令改变视点，然后定义如图 14-145 所示的 UCS(新 UCS 的原点位于小圆台左端面的圆心位置)。

14　设置平面视图、绘制轮廓

选择"视图"|"三维视图"|"平面视图"|"当前 UCS"命令设置平面视图，并绘制如图 14-146 所示的轮廓(图中给出了尺寸。由于新创建的旋转实体与已有齿圈圆心不同，因此在平面视图中结果

表现为如图 14-146 所示)。

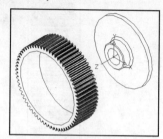

图 14-145　新建 UCS

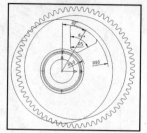

图 14-146　以平面视图模式绘制轮廓

15 合并、拉伸及阵列

- 执行 PEDIT 命令,将在图 14-146 中新绘制的轮廓合并成一条多段线。
- 执行 EXTRUDE 命令,将新绘制的轮廓拉伸成实体(注意:拉伸高度应为-60)。

执行 ARRAYPOLAR 命令,将拉伸后的实体进行环形阵列,结果如图 14-147 所示。

16 绘制长方体

单击功能区中的"常用"|"建模"|　□(长方体)按钮,或选择"绘图"|"建模"|"长方体"命令,AutoCAD 提示如下。

> 指定第一个角点或 [中心(C)]: 6,0,0↙
> 指定其他角点或 [立方体(C)/长度(L)]: @-12,23.3,-70↙

执行结果如图 14-148 所示。

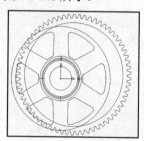

图 14-147　阵列结果

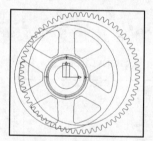

图 14-148　绘制长方体

17 差集操作

单击功能区中的"常用"|"实体编辑"|　◎◎(差集)按钮,或选择"修改"|"实体编辑"|"差集"命令,AutoCAD 提示如下。

> 选择要从中减去的实体或面域...
> 选择对象:(在图 14-148 中,选择通过旋转得到的实体)
> 选择对象:↙
> 选择要减去的实体或面域 ..
> 选择对象:(在图 14-148 中,选择通过阵列得到的各实体及长方体)
> 选择对象: ↙

选择"视图"|"三维视图"|"东北等轴测"命令改变视点,结果如图 14-149 所示。

18 移动

选择"修改"|"移动"命令，AutoCAD 提示如下。

> 选择对象:(在图 14-149 中，选择位于右侧的实体)
> 选择对象:↙
> 指定基点或 [位移(D)] <位移>:0,0,0↙
> 指定第二个点或 <使用第一个点作为位移>:(在图 14-149 中，捕捉位于左侧齿圈的左端面的圆心)

执行结果如图 14-150 所示。

19 并集操作

执行 UNION 命令，在"选择对象:"提示下选择图 14-150 中的两个实体，结果如图 14-151 所示。

20 创建倒角和圆角

参照图 14-119，对图 14-151 所示齿轮的对应边创建倒角和圆角，结果如图 14-152 所示。

 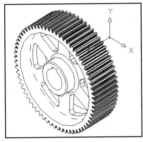  

图 14-149 差集结果　　　图 14-150 移动结果　　　图 14-151 并集结果　　图 14-152 创建倒角和圆角

图 14-153 是以概念视觉样式显示的齿轮实体。

将新创建的齿轮实体命名并进行保存，本书第 15 章将用到该齿轮实体。

本书光盘中的文件"DWG\第 14 章\图 14-119.dwg"是本练习图形的最终结果。

此外，创建与图 11-41(a)对应的齿轮轴实体，结果如图 14-154 所示，将其命名并进行保存，本书第 15 章将用到该齿轮轴实体。

 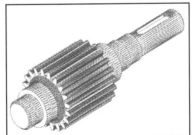 

图 14-153 概念视觉样式　　　　　　图 14-154 齿轮轴实体

本书光盘中的文件"DWG\第 14 章\图 14-154.dwg"是本练习图形的最终结果。

14.4.3 创建箱体

本节将创建图 14-155(a)所示箱体零件的三维实体，结果如图 14-155(b)所示。

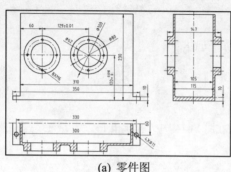
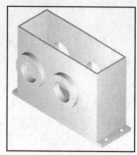

(a) 零件图　　　　　　　　　(b) 实体模型

图 14-155　箱体

步骤如下。

01 创建长方体

执行 BOX 命令，AutoCAD 提示如下。

> 指定第一个角点或 [中心(C)]:(在绘图屏幕恰当位置确定一点)
> 指定其他角点或 [立方体(C)/长度(L)]: @115,310,220↙

选择"视图" | "三维视图" | "东北等轴测"命令改变视点，结果如图 14-156 所示，图中已建立了如坐标系图标所示形式的新 UCS。

执行 BOX 命令，AutoCAD 提示如下。

> 指定第一个角点或 [中心(C)]: 5,5↙
> 指定其他角点或 [立方体(C)/长度(L)]: @300,105,240↙

继续执行 BOX 命令，AutoCAD 提示如下。

> 指定第一个角点或 [中心(C)]: -20,0,0↙
> 指定其他角点或 [立方体(C)/长度(L)]:@350,115,-10↙

执行结果如图 14-157 所示。

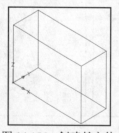
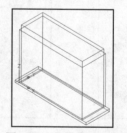

图 14-156　创建长方体 1　　　　　　　　图 14-157　创建长方体 2

02 布尔操作

在图 14-157 中，对两个大长方体进行差集操作，然后与位于下面的扁平长方体进行并集操作，结果如图 14-158 所示。注意，执行布尔操作后，应使原 UCS 绕 X 轴旋转 90°，才能得到如图 14-157 中的 UCS 图标所示的新 UCS。

03 创建圆柱体

单击功能区中的"常用"|"建模"| ▢(圆柱体)按钮，或选择"绘图"|"建模"|"圆柱体"命令，AutoCAD 提示如下。

> 指定底面的中心点或 [三点(3P)/两点(2P)/切点、切点、半径(T)/椭圆(E)]: 60,110↙
> 指定底面半径或 [直径(D)]: 50↙
> 指定高度或 [两点(2P)/轴端点(A)]: 16↙

继续执行 CYLINDER 命令，AutoCAD 提示如下。

> 指定底面的中心点或 [三点(3P)/两点(2P)/切点、切点、半径(T)/椭圆(E)]: 60,110,-10↙
> 指定底面半径或 [直径(D)]: 31↙
> 指定高度或 [两点(2P)/轴端点(A)]: 30↙

执行结果如图 14-159 所示。

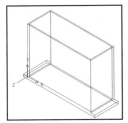
图 14-158 布尔操作结果

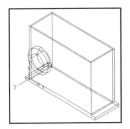
图 14-159 创建圆柱体

04 切换到平面视图，建立新 UCS

选择"视图"|"三维视图"|"平面视图"|"当前 UCS"命令，并建立新 UCS，结果如图 14-160 所示(新 UCS 的原点仍位于箱体面上，但与圆柱体同心)。

05 创建圆柱体

因螺栓孔尺寸很小，本例将用孔近似代替螺栓孔。

单击功能区中的"常用"|"建模"| ▢(圆柱体)按钮，或选择"绘图"|"建模"|"圆柱体"命令，AutoCAD 提示如下。

> 指定底面的中心点或 [三点(3P)/两点(2P)/切点、切点、半径(T)/椭圆(E)]: 0,40,-10↙
> 指定底面半径或 [直径(D)]: 3↙
> 指定高度或 [两点(2P)/轴端点(A)]: 30↙

执行结果如图 14-161 所示。

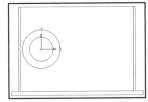
图 14-160 切换到平面视图

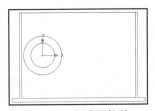
图 14-161 创建圆柱体

执行 ARRAYPOLAR 命令，对新绘制的小圆柱体进行环形阵列，结果如图 14-162 所示(阵列后，已通过"视图" | "三维视图" | "东北等轴测"命令改变了视点)。

06 复制

执行 COPY 命令，AutoCAD 提示如下。

> 选择对象:(在图 14-162 中，选择各圆柱体)
> 选择对象:✓
> 指定基点或 [位移(D)/模式(O)] <位移>:(在绘图屏幕任意确定一点)
> 指定第二个点或 [阵列(A)] <使用第一个点作为位移>: @129,0✓
> 指定第二个点或 [阵列(A)/退出(E)/放弃(U)] <退出>:✓

执行结果如图 14-163 所示。

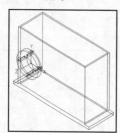
图 14-162　环形阵列结果

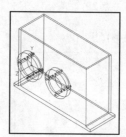
图 14-163　复制结果

07 三维镜像

选择"修改" | "三维操作" | "三维镜像"命令，即执行 MIRROR3D 命令，AutoCAD 提示如下。

> 选择对象:(在图 14-163 中，选择全部圆柱体)
> 选择对象: ✓
> 指定镜像平面 (三点) 的第一个点或
> [对象(O)/最近的(L)/Z 轴(Z)/视图(V)/XY 平面(XY)/YZ 平面(YZ)/ZX 平面(ZX)/三点(3)] <三点>:XY✓
> 指定 XY 平面上的点 <0,0,0>: 0,0,57.5✓
> 是否删除源对象？ [是(Y)/否(N)] <否>:✓

执行结果如图 14-164 所示。

08 布尔操作

● 并集操作

执行 UNION 命令，AutoCAD 提示如下。

> 选择对象:(在图 14-164 中，选择长方体实体和直径为 50 的 4 个圆柱体)
> 选择对象: ✓

● 差集操作

执行 SUBTRACT 命令，AutoCAD 提示如下。

> 选择要从中减去的实体或面域...

选择对象:(在图 14-164 中，选择由并集操作得到的实体)

选择对象:↙

选择要减去的实体或面域 ..

选择对象:(在图 14-164 中，选择其余各圆柱体)

选择对象:↙

执行结果如图 14-165 所示。

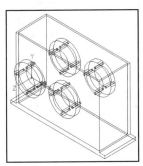

图 14-164 镜像结果

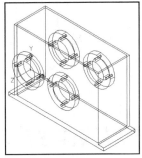

图 14-165 布尔操作结果

09 新建 UCS

建立如图 14-166 中坐标系图标所示的新 UCS(过程略)。

10 创建圆柱体

单击功能区中的"常用"|"建模"| □(圆柱体)按钮，或选择"绘图"|"建模"|"圆柱体"命令，AutoCAD 提示如下。

指定底面的中心点或 [三点(3P)/两点(2P)/切点、切点、半径(T)/椭圆(E)]: 10,27.5↙

指定底面半径或 [直径(D)]: 5.5↙

指定高度或 [两点(2P)/轴端点(A)]: -15↙

执行结果如图 14-167 所示。

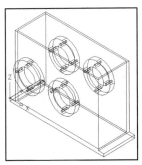

图 14-166 新建 UCS

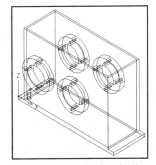

图 14-167 创建圆柱体

在图 14-167 中，对新绘制的圆柱体进行阵列操作，结果如图 14-168 所示。

11 差集操作

执行 SUBTRACT 命令，将箱体实体与新绘制的 4 个小圆柱体进行差集操作，结果如图 14-169 所示。

至此，完成箱体三维实体的绘制。以真实视觉样式显示，结果如图 14-170 所示。

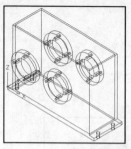

图 14-168 三维镜像结果

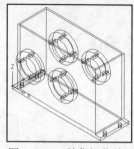
图 14-169 差集操作结果

图 14-170 真实视觉样式

将箱体实体命名并进行保存，本书第 15 章还将用到此实体。

本书光盘中的文件"DWG\第 14 章\图 14-155.dwg"是本练习图形的最终结果。

14.5 由三维实体生成二维图

本小节将创建支架的三维实体，如图 14-171 所示，并由其生成如图 14-172 所示的二维图形(图中给出了主要尺寸)。

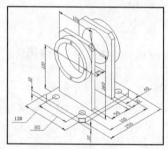
图 14-171 支架

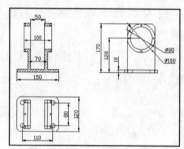
图 14-172 支架二维图形

14.5.1 创建支架实体

01 创建底板长方体

单击功能区中的"常用"|"建模"| □(长方体)按钮，或选择"绘图"|"建模"|"长方体"命令，AutoCAD 提示如下。

> 指定第一个角点或 [中心(C)]: 0,0,0✓
> 指定其他角点或 [立方体(C)/长度(L)]: @150,120,10✓

02 创建侧板长方体

执行 BOX 命令，AutoCAD 提示如下。

> 指定第一个角点或 [中心(C)]: 100,10,10
> 指定其他角点或 [立方体(C)/长度(L)]: @10,100,160

选择"视图"|"三维视图"|"东北等轴测"命令改变视点，结果如图 14-173 所示。

03 建立新 UCS

单击功能区中的"常用"|"坐标"|⛿(Y)按钮，或选择"工具"|"新建 UCS"|Y 命令，AutoCAD 提示如下。

指定绕 Y 轴的旋转角度 <90>:✓

结果如图 14-174 中的坐标系图标所示。

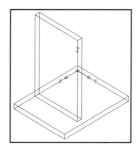
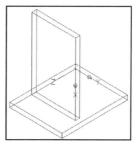

图 14-173　创建底板与侧板　　　　图 14-174　建立新 UCS

04 创建直径为 100 的圆柱体

单击功能区中的"常用"|"建模"|▱(圆柱体)按钮，或选择"绘图"|"建模"|"圆柱体"命令，AutoCAD 提示如下。

指定底面的中心点或 [三点(3P)/两点(2P)/切点、切点、半径(T)/椭圆(E)]: -110,60,100✓
指定底面半径或 [直径(D)]: 50✓
指定高度或 [两点(2P)/轴端点(A)]: 25✓

05 创建直径为 80 的圆柱体

单击功能区中的"常用"|"建模"|▱(圆柱体)按钮，或选择"绘图"|"建模"|"圆柱体"命令，AutoCAD 提示如下。

指定底面的中心点或 [三点(3P)/两点(2P)/切点、切点、半径(T)/椭圆(E)]: -110,60,100✓
指定底面半径或 [直径(D)]: 40✓
指定高度或 [两点(2P)/轴端点(A)]: 50✓

执行结果如图 14-175 所示。

06 三维镜像

选择"修改"|"三维操作"|"三维镜像"命令，即执行 MIRROR3D 命令，AutoCAD 提示如下。

选择对象: (选择图 14-175 中的侧板以及大、小圆柱体)
选择对象:✓
指定镜像平面的第一个点(三点) 或
[对象(O)/最近的(L)/Z 轴(Z)/视图(V)/XY 平面(XY)/YZ 平面(YZ)/ZX 平面(ZX)/三点(3)] <三点>: XY✓(镜像面与 XY 平面平行)
指定 XY 平面上的点 <0,0,0>:0,0,75✓(确定镜像面上的任一点)

执行结果如图 14-176 所示。

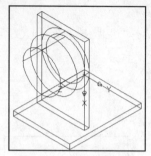

图 14-175 创建圆柱体

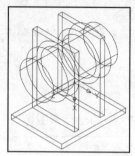

图 14-176 镜像结果

07 布尔操作

● 并集操作

单击功能区中的"常用"|"实体编辑"| ◎(并集)按钮，或选择"修改"|"实体编辑"|"并集"命令，AutoCAD 提示如下。

> 选择对象:(选择图 14-176 中的底板、两个侧板和 2 个粗圆柱体)
> 选择对象:✓

● 差集操作

单击功能区中的"常用"|"实体编辑"| ◎(差集)按钮，或选择"修改"|"实体编辑"|"差集"命令，AutoCAD 提示如下。

> 选择要从中减去的实体或面域...
> 选择对象:(选择由前一步骤得到的新并集实体)
> 选择对象:✓
> 选择要减去的实体或面域 ..
> 选择对象:(选择图 14-176 中的两个细圆柱体)
> 选择对象: ✓

执行结果如图 14-177 所示。

08 其他操作

继续对图 14-177 进行倒角和创建孔等操作，最终真实视觉样式结果如图 14-178 所示。

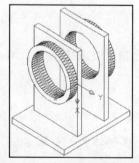

图 14-177 布尔操作结果(消隐图)

图 14-178 真实视觉样式

本书光盘中的文件"DWG\第 14 章\图 14-171.dwg"是本练习图形的最终结果。

14.5.2 生成二维图形

设在 AutoCAD 中已打开如图 14-171 所示的支座(位于本书光盘中的文件"DWG\第 14 章\图 14-171.dwg"中)，下面介绍由其生成二维图形的操作过程。

01 建立 UCS

对图 14-171 所示支架建立如图 14-179 中坐标系图标所示的 UCS(二维线框视觉样式)。

02 切换到布局

单击绘图屏幕上的"布局 2"标签，打开"布局 2"选项卡，AutoCAD 切换到"布局"窗口。如图 14-180 所示，"布局 1"中已有对应的操作结果。读者可单击"布局 1"标签进行观看。

读者完成本步骤后，在操作界面中可能并未出现图 14-180 中所示的图形，属于正常情况。此时用户还需要通过"文件"|"页面设置管理器"命令设置图纸的大小及打印设备。本例采用 A4 图纸。

执行 ERASE 命令删除图 14-180 所示布局中的已有视口，即删除图形，删除时应在"选择对象:"提示下拾取实线方框边界。如果完成前面的步骤后，操作界面中没有图 14-180 中所示的图形，可忽略此步骤。

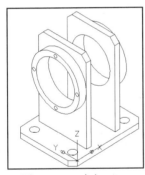

图 14-179 建立 UCS

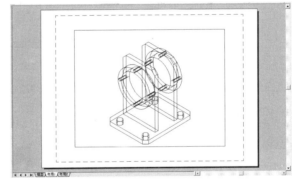

图 14-180 布局

提示

　　如果打开的模式是以真实或概念视觉样式显示，此时单击绘图界面中的"模式"标签，切换到模型空间，使模型以二维线框视觉样式显示，然后再单击"布局 2"标签，切换到布局，进行下面的操作。

03 使用 SOLVIEW 命令创建俯视图

选择"绘图"|"建模"|"设置"|"视图"命令，即执行 SOLVIEW 命令，AutoCAD 提示如下。

```
输入选项 [UCS(U)/正交(O)/辅助(A)/截面(S)]: U↙ (根据当前 UCS 创建视图)
输入选项 [命名(N)/世界(W)/?/当前(C)] <当前>:↙
输入视图比例 <1>: 0.5↙
指定视图中心:(确定视图的中心位置，参见图 14-181)
指定视图中心 <指定视口>:↙ (也可以在该提示下改变视图的中心位置)
```

指定视口的第一个角点:(确定视口的一个角点位置，参见图 14-181)
指定视口的对角点:(确定视口的另一个角点位置，参见图 14-181)
输入视图名:View1↙

执行结果如图 14-181 所示。

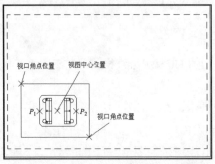

图 14-181　在布局中创建 View1 视图

提示

通过 SOLVIEW 命令创建视口后，AutoCAD 自动创建一些图层，用于控制每个视口中的可见线和不可见线。这些图层的默认名称及其可控制的对象类型如表 14-1 所示。

表 14-1　图层名称及对象类型

图 层 名 称	对 象 类 型
视图名-VIS	可见线
视图名-HID	隐藏线
视图名-DIM	尺寸
视图名-HAT	填充的图案(如果创建了截面)
VPORTS	视口边界

04 创建主视图

因为主视图是剖视图，因此通过 SOLVIEW 命令的"截面(S)"选项创建。在步骤 **03** 中创建 View1 视图后，AutoCAD 继续提示"输入选项 [UCS(U)/正交(O)/辅助(A)/截面(S)]:"，此时可通过"截面(S)"选项创建主视图。如果在步骤 **03** 中创建 View1 视图后退出了命令的执行，则需要重新执行 SOLVIEW 命令，从提示"输入选项 [UCS(U)/正交(O)/辅助(A)/截面(S)]:"中执行"截面(S)"选项。

执行"截面(S)"选项，AutoCAD 提示如下。

指定剪切平面的第一个点:(捕捉图 14-181 中左垂直线上的中点 P_1 点)
指定剪切平面的第二个点:(捕捉图 14-181 中右垂直线上的中点 P_2 点)
指定要从哪侧查看:(在图 14-181 中的 P_1、P_2 点的下方任意拾取一点)
输入视图比例 <0.5>:↙
指定视图中心:(在主视图位置确定视图的中心位置，参见图 14-182)
指定视图中心 <指定视口>:↙
指定视口的第一个角点:(确定视口的一个角点位置，参见图 14-182)
指定视口的对角点:(确定视口的另一个角点位置，参见图 14-182)
输入视图名:View2↙

执行结果如图 14-182 所示。

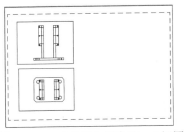

图 14-182　在布局中创建 View2 视图

提示

因为主视图是剖视图，所以本例先创建俯视图，然后创建主视图。

05 创建左视图

在步骤**04**中创建 View2 视图后，AutoCAD 继续提示"输入选项 [UCS(U)/正交(O)/辅助(A)/截面(S)]:"，此时可通过"正交(O)"选项创建主视图。如果在步骤**04**创建 View2 视图后退出了命令的执行，重新执行 SOLVIEW 命令，在提示"输入选项 [UCS(U)/正交(O)/辅助(A)/截面(S)]:"下执行"正交(O)"选项。

执行"正交(O)"选项，AutoCAD 提示如下。

> 指定视口要投影的那一侧: (在与 View2 视图对应的视口左边界上拾取一点)
> 指定视图中心: (确定视图的中心位置，参见图 14-183)
> 指定视图中心 <指定视口>:↙
> 指定视口的第一个角点: (确定视口的一个角点位置，参见图 14-183)
> 指定视口的对角点: (确定视口的另一个角点位置，参见图 14-183)
> 输入视图名: View3↙
> 输入选项 [UCS(U)/正交(O)/辅助(A)/截面(S)]: ↙

执行结果如图 14-183 所示。

06 对齐视图位置

利用 MVSETUP 命令，可以将几个布局中的视图对齐。在图 14-183 所示各视图中，主视图与左视图不在同一高度。下面使用 MVSETUP 命令调整左视图的垂直位置，使其 B 点与主视图的 A 点水平对齐。

执行 MVSETUP 命令，AutoCAD 提示如下。

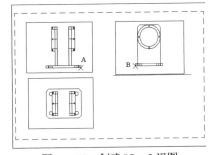

图 14-183　创建 View3 视图

> 输入选项 [对齐(A)/创建(C)/缩放视口(S)/选项(O)/标题栏(T)/放弃(U)]: A↙
> 输入选项 [角度(A)/水平(H)/垂直对齐(V)/旋转视图(R)/放弃(U)]: H↙

> 指定基点: (在主视图中捕捉 A 点)
> 指定视口中平移的目标点: (在左视图中捕捉 B 点)

执行结果：左视图垂直方向移动位置，使其 B 点与主视图的 A 点水平对齐。如图 14-184 所示。

07 通过 SOLDRAW 命令生成轮廓图和剖视图

SOLDRAW 命令的作用：对于由 SOLVIEW 命令创建的视图，为执行"UCS(U)"、"正交(O)"

或"辅助(A)"选项创建的投影视图创建轮廓线，为执行"截面(S)"选项创建的截面图的截面创建填充图案(如剖面线)。

选择"绘图"|"建模"|"设置"|"图形"命令，即执行 SOLDRAW 命令，AutoCAD 提示如下。

> 选择要绘图的视口...
> 选择对象：

在此提示下选择视口边界，如果视口中的视图是由 SOLVIEW 命令的"UCS(U)"、"正交(O)"或"辅助(A)"选项创建的投影视图，AutoCAD 为该投影视图创建轮廓线；如果视口中的视图是由 SOLVIEW 命令的"截面(S)"选项创建的截面图，则 AutoCAD 利用当前的填充图案填充截面。

提示

只有使用 SOLVIEW 命令创建了视图后，才可以执行 SOLDRAW 命令。

创建截面填充图案之前，应先设置所用图案的名称、填充的比例及角度。可以通过系统变量 HPNAME、HPSCALE 和 HPANG 设置所用图案的名称、填充比例和角度；也可以用 AutoCAD 默认提供的图案填充后，通过编辑图案来设置新的填充图案、填充比例和角度。

对已创建成轮廓或填充图案的视口重新执行 SOLDRAW 命令，AutoCAD 将删除这些轮廓线或填充图案，然后生成更新后的轮廓线或填充图案。

对图 14-184 所示各视口执行 SOLDRAW 命令，得到的结果如图 14-185 所示。

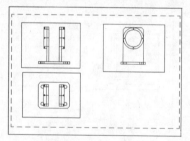

图 14-184　对齐视图位置

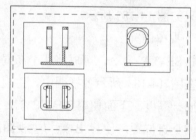

图 14-185　使用 SOLDRAW 命令生成轮廓图或剖视图

提示

如果在执行 SOLDRAW 命令前，系统加载了 HIDDEN 线型，则对由 SOLVIEW 命令的"UCS(U)"、"正交(O)"或"辅助(A)"选项创建的视口执行 SOLDRAW 命令后，隐藏线将以虚线显示(图 14-185 中的隐藏线均以虚线显示)。

由于隐藏线处于"视图名-HID"图层，因此在相应视口冻结该图层，可不显示隐藏线，如图 14-186 所示。

08 冻结图层 VPORTS，得到的结果如图 14-187 所示，此时可直接将其打印，即将三维实体生成二维图形后打印输出。

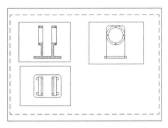

图 14-186 不显示隐藏线

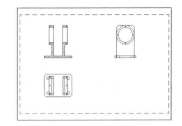

图 14-187 冻结图层 VPORTS 后的显示结果

09 标注尺寸

对图 14-187 中的各视图标注尺寸，结果如图 14-172 所示(标注方式与二维标注相同，此处不再重复介绍)。

至此，完成图形的绘制，将其命名并进行保存。

本书光盘中的文件"DWG\第 14 章\图 14-172.dwg"是本练习图形的最终结果。

14.6 标注尺寸

为三维图形标注尺寸时，除了应根据需要定义对应的尺寸标注样式外，还应满足机械制图标准规定的标注方式。国家机械制图标准规定：轴测图的线性尺寸，一般应沿轴测方向标注；尺寸数值为零件的基本尺寸，尺寸数字应按相应的轴测图形标注在尺寸线的上方；尺寸线必须与所标注的线段平行，尺寸延伸线一般应平行于某一轴测图。图 14-188 为一个满足标注标准要求的标注示例。

利用 AutoCAD 2014，可以方便地为三维图形标注尺寸。但标注时通常需要根据标注位置的不同而定义对应的 UCS，以使标注的尺寸满足制图要求。一般来说，当标注某一尺寸时，应使 UCS 的

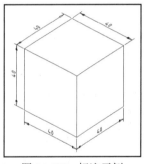

图 14-188 标注示例

XY 面与该尺寸所在平面相同，且 UCS 的坐标轴方向还应满足一定的要求。本节将以如图 14-189(a) 所示的底座(位于本书光盘中的文件"DWG\第 14 章\图 14-189(a).dwg"中)标注尺寸为例(标注结果如图 14-189(b)所示)，说明为三维图形标注尺寸的具体过程。

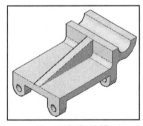

(a) 已有实体模型

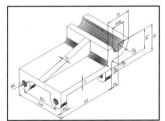

(b) 标注尺寸结果(线框视觉样式)

图 14-189 标注示例

标注过程如下。

01 打开图形

打开与图 14-189(a)对应的图形。

02 新建 UCS

新建 UCS，如图 14-190 中的坐标系图标所示(过程略)。

03 标注尺寸

分别执行 DIMLINEAR 或 DIMRADIUS 命令，然后根据提示标注位于当前 UCS 的 XY 平面上的对应尺寸，结果如图 14-191 所示。

04 新建 UCS

建立如图 14-192 中坐标系图标所示的 UCS(原 UCS 绕 Z 轴旋转–90°)。

05 标注尺寸

执行 DIMLINEAR 命令，根据提示标注位于当前 UCS 的 XY 平面上的对应尺寸，结果如图 14-193 所示。

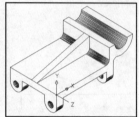 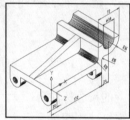 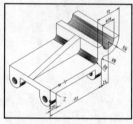 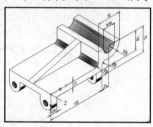

图 14-190　新建 UCS1　　图 14-191　标注尺寸 1　　图 14-192　新建 UCS2　　图 14-193　标注尺寸 2

06 新建 UCS

建立如图 14-194 中坐标系图标所示的 UCS。

07 标注尺寸

分别执行 DIMLINEAR 或 DIMDIAMETER 命令，根据提示标注位于当前 UCS 的 XY 平面上的对应尺寸，结果如图 14-195 所示。

08 新建 UCS

建立如图 14-196 中坐标系图标所示的 UCS。

09 标注尺寸

执行 DIMLINEAR，根据提示标注对应尺寸，结果如图 14-197 所示。

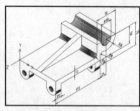 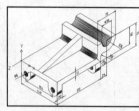 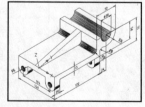 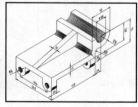

图 14-194　新建 UCS3　　图 14-195　标注尺寸 3　　图 14-196　新建 UCS4　　图 14-197　标注尺寸 4

至此，完成尺寸的标注，将图形命名并进行保存。

本书光盘中的文件"DWG\第 14 章\图 14-189(b).dwg"是本练习图形的最终结果。

14.7 习题

1. 创建如图 14-198 所示的各个三维实体，并标注尺寸(图中只给出了主要尺寸，未注尺寸由读者确定)。

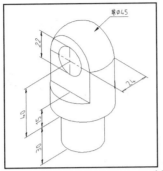

(a) 接头

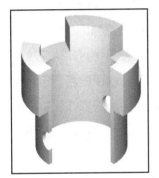
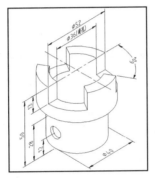

(b) 离合器爪

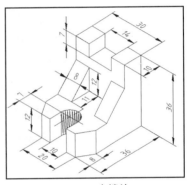

(c) 支撑块

图 14-198　实体模型

2. 对图 14-50 所示的实体(位于本书光盘中的文件"DWG\第 14 章\图 14-50.dwg")生成二维图形，结果如图 14-199 所示。

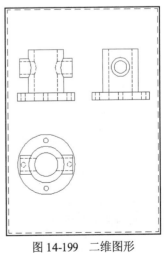

图 14-199　二维图形

第15章 实体装配

　　与在第 13 章介绍的二维装配方法类似，用户也可以将已有零件的实体模型进行装配，生成部件或设备的装配实体，以便显示部件或设备的整体效果。当进行产品展示或新产品的开发时，这一方法特别有效。本章将介绍利用 AutoCAD 2014 进行实体装配以及创建实体的分解图(又称为爆炸图或展开图)等具体过程。同样，利用实体装配功能，可以验证实体零件的设计是否正确以及是否满足装配要求。利用实体装配，无须制造出全部零件，就能够验证所设计的零件在装配后是否存在无法安装、干涉以及间隙太大或太小等缺陷，这也是计算机造型的强大优势所在。

15.1 装配实体

本节将在第 14 章中创建的箱体、轴、齿轮和皮带轮等实体装配成如图 15-1 所示的变速器。

具体过程如下。

图 15-1 变速器

01 装配轴承

● 打开图形

打开如图 14-155(b)所示的箱体实体(位于本书光盘中的文件"DWG\第 14 章\图 14-155.dwg"中)和如图 14-60(b)所示的轴承实体(位于本书光盘中的文件"DWG\第 14 章\图 14-60.dwg"中),选择"窗口"|"垂直平铺"命令将打开的两个窗口垂直平铺,如图 15-2 所示(以二维线框视觉样式显示,后面的介绍均采用此视觉样式)。

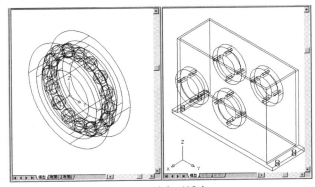

图 15-2 垂直平铺窗口

● 复制到剪贴板

激活位于左侧的窗口,选择"编辑"|"带基点复制"命令(注意,此处采用带基点复制),AutoCAD 提示如下。

> 指定基点:(在左侧所示窗口中,捕捉轴承右端面的圆心)
> 选择对象:(选择轴承)
> 选择对象:↙

● 粘贴

激活位于右侧的窗口,选择"编辑"|"粘贴"命令,AutoCAD 提示如下。

> 指定插入点:

在右侧的窗口中,在箱体左壁的内面上,捕捉某一孔的圆心,完成一个轴承的装配。

使用类似的方法,在其他 3 个孔中装配轴承,结果如图 15-3 所示(也可以通过三维镜像的方式实现位于右壁的轴承的装配)。装配完毕后,关闭轴承图形。

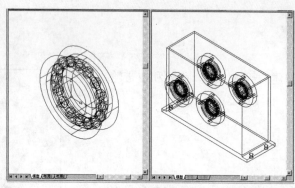

图 15-3　装配轴承

 提示

　　通过上述复制、粘贴方式装配图形时，两个图形中的 UCS 方位应保持相同，否则执行粘贴操作后，所粘贴图形的方位会发生变化。

02 装配齿轮轴

● 打开图形

打开如图 14-154 所示的齿轮轴实体图(位于本书光盘中的文件 "DWG\第 14 章\图 14-154.dwg" 中)，并垂直平铺打开的图形，如图 15-4 所示(为使图形清晰，已对轴消隐)。

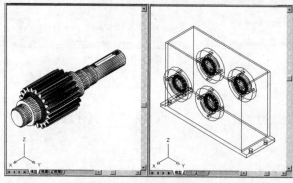

图 15-4　垂直平铺窗口

● 复制到剪贴板

激活位于左侧的窗口，选择"编辑"|"带基点复制"命令，AutoCAD 提示如下。

> 指定基点:(在左窗口所示的轴上，在位于左侧的第二个圆台上，捕捉其左端面的圆心)
> 选择对象:(选择轴)
> 选择对象:↙

● 粘贴

激活位于右侧的窗口，选择"编辑"|"粘贴"命令，AutoCAD 提示如下。

指定插入点:

在右侧的窗口中,在箱体左壁的内面上,捕捉对应孔的圆心,结果如图 15-5 所示。装配完毕后,关闭轴图形。

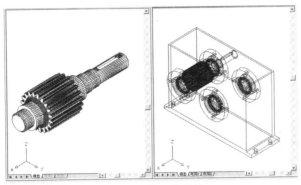

图 15-5　装配齿轮轴

03 装配其他实体

使用类似的方法,装配图 14-40(b)和图 14-40 端盖实体、图 14-16(b)所示的轴实体、图 14-80(b)所示的皮带轮实体、图 14-119(b)所示的齿轮实体(本书光盘中的文件夹 "DWG\第 14 章" 中提供有上述实体)以及套实体等(位于本书光盘中的文件 "DWG\第 14 章\套.dwg" 中),结果如图 15-6 所示。

对图 15-6 执行消隐操作,结果如图 15-7 所示。

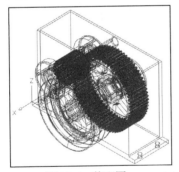

图 15-6　装配图

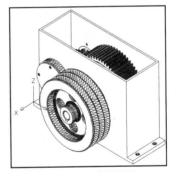

图 15-7　消隐结果

04 创建长方体

执行 BOX 命令,AutoCAD 提示(注意:此操作应在图 15-7 坐标系图标所示的 UCS 下进行)如下。

```
指定第一个角点或 [中心(C)]: 50,0,110↙
指定其他角点或 [立方体(C)/长度(L)]:@-200,350,120↙
```

执行结果如图 15-8 所示。

05 差集操作

执行 SUBTRACT 命令,AutoCAD 提示如下。

选择要从中减去的实体或面域……

选择对象:(在图 15-8 中，选择箱体实体)

选择对象:↙

选择要减去的实体或面域……

选择对象:(在图 15-8 中，选择长方体)

选择对象:↙

执行结果如图 15-9 所示(消隐图)。

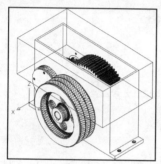

图 15-8　绘制长方体

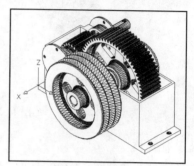

图 15-9　差集操作

06 其他操作

创建与步骤 **04** 相同的长方体，用该长方体同其中的一个端盖做差集操作。进行 3 次这样的操作，对其他 3 个端盖也进行相同的差集操作，最后的结果如图 15-10 所示(必须分别用长方体对端盖进行差运算。如果用一个长方体同时对 4 个端盖做差运算，其结果是使原来的 4 个端盖成为一个实体)。

07 旋转

需要说明的是，在图 15-10 中，皮带轮键槽与对应轴上的键槽不在同一个方位，相差 180°，还需要执行旋转命令将皮带轮绕其轴旋转 180°，如图 15-11 所示(过程略)。

图 15-12 是真实视觉样式显示的效果。

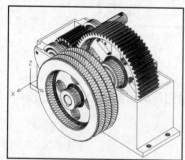

图 15-10　差集操作结果

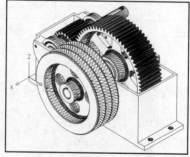

图 15-11　将皮带轮旋转 180°

图 15-12　真实视觉样式

08 改变视点

选择"视图"|"三维视图"|"西北等轴测"命令，结果如图 15-13 所示(已消隐)。

图 15-14 是对应的真实视觉样式的显示效果。

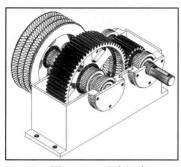

图 15-13 改变视点

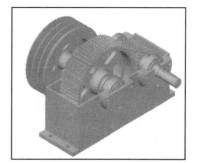

图 15-14 真实视觉样式

选择"视图"|"三维视图"|"西南等轴测"命令，结果如图 15-15 所示(已消隐)。
如图 15-16 所示是对应的真实视觉样式的显示效果。

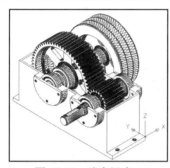

图 15-15 改变视点

图 15-16 真实视觉样式

本书光盘中的文件"DWG\第 15 章\图 15-1.dwg"是本练习图形的最终结果。

15.2 创建分解图

绘出实体装配图后，可以很容易地创建出如图 15-17 所示的分解图(又称为爆炸图或展开图)。

图 15-17 分解图

具体绘制过程如下。

打开与图 15-11 对应的图形，将其重命名并保存，然后删除箱体、齿轮轴及与该轴同轴的端盖等，结果如图 15-18 所示。如图 15-19 所示是对应的平面视图。

图 15-18　执行删除后的图形

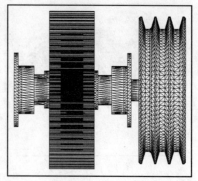

图 15-19　平面视图

将图 15-18 中的各实体沿 X 方向平移一定距离，并改变观看视点，结果如图 15-20 所示。

对图 15-20 消隐，结果如图 15-21 所示。

如图 15-22 所示是对应的真实视觉样式的显示效果。

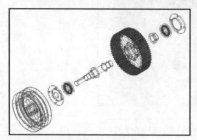

图 15-20　分解图

图 15-21　消隐图

图 15-22　真实视觉样式

本书光盘中的文件"DWG\第 15 章\图 15-22.dwg"是本练习图形的最终结果。

15.3　习题

1. 试以在第 14 章创建的如图 14-171 所示的支架为基础(位于本书光盘中的文件"DWG\第 14 章\图 14-171.dwg"中)，设计并创建与图 15-23 对应的轴承、端盖、轴及皮带轮等实体零件，并将它们装配成如图 15-23 所示的结果。

2. 根据图 15-23 创建其分解图，结果如图 15-24 所示。

图 15-23　装配体

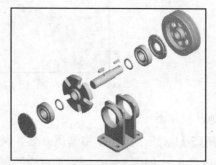

图 15-24　分解图